ゾル－ゲル法技術の最新動向
New Technology of Sol-Gel Processing

《普及版／Popular Edition》

監修 作花済夫

シーエムシー出版

刊行にあたって

　ゾル－ゲル法は光，電子，力学，化学，バイオなどさまざまの機能を持つ材料の合成を通じて情報化社会の発展，健康・環境・エネルギー問題の解決に寄与しつつある。この方法では，溶液から出発してゾル状態，ゲル状態を経て製品が作られるが，その最大の特徴は材料の低温合成が可能なことである。

　ゾル－ゲル法の実用化は1930年代のキスラーによるエアロゲルの製造にまでさかのぼることができる。その後1960年代後半からガラスや無機材料の加工，合成への応用が世界中で始められた。1980年代にはゾル－ゲル法という呼び名が定着するとともに，新たに有機－無機ハイブリッドの合成が注目を浴び，材料の研究者，技術者，各種製造会社に取り上げられ，以来ゾル－ゲル法は著しい発展を続けてきた。

　ゾル－ゲル法に関する最初のシーエムシー出版の単行本は『ゾル－ゲル法応用技術の新展開』で，2000年に出版された。その5年後の2005年後にはその間の進歩をカバーするために『ゾル－ゲル法のナノテクノロジーへの応用』が出版された。さらに，その後の発展は目を瞠るばかりであり，そのため，5年後の本年に本書『ゾル－ゲル法技術の最新動向』の出版企画に至ったものである。

　本書では，最新の情報を盛り込むために，上記前書に執筆されていない新しい著者23名にも執筆をお願いした。これは，執筆者合計の5割以上にあたる。前書の両方または一方にご執筆いただいた方の担当された章もゾル－ゲル法の最近の進歩に合わせて書き換えられていることは勿論である。

　さて，本書では，12の章がゾル－ゲル過程の説明にあてられている。ここで注目すべき点は，その半分にあたる6章が有機－無機ハイブリッドおよび関連材料に関している。このことは，この材料の合成にゾル－ゲル法が欠かせないことのほかに，種類，用途，応用の広さからみて，この材料が先端技術の発展にとって極めて重要であることを示している。

　また，本書全体の33章のうち上記12の章を除く21の章がゾル－ゲル法の応用にあてられている。ゾル－ゲル法が応用を目指す技術であるとの観点から本書でも応用を重視した。とくに，スピンオングラス，Liイオン二次電池，銀製品の防錆コーティング，眼鏡用プラスチックのハードコート処理，固定化酵素担体を始め多数の新しい応用が記されている。

　本書がゾル－ゲル法技術に関心のある研究者，技術者にとって恰好の参考書となることを期待している。

2010年5月

京都大学　名誉教授

作花済夫

普及版の刊行にあたって

本書は2010年に『ゾル-ゲル法技術の最新動向』として刊行されました。普及版の刊行にあたり，内容は当時のままであり加筆・訂正などの手は加えておりませんので，ご了承ください。

2016年10月

シーエムシー出版　編集部

執筆者一覧（執筆順）

作花 済夫	京都大学名誉教授
郡司 天博	東京理科大学　理工学部　工業化学科　准教授
安盛 敦雄	東京理科大学　基礎工学部　材料工学科　教授
野上 正行	名古屋工業大学　大学院工学研究科　未来材料創成工学専攻　教授
牧島 亮男	北陸先端科学技術大学院大学　特別学長顧問・教授
髙橋 雅英	大阪府立大学　大学院工学研究科　マテリアル工学分野　教授
余語 利信	名古屋大学　エコトピア科学研究所　教授
下嶋 敦	東京大学　大学院工学系研究科　化学システム工学専攻　准教授
若林 隆太郎	早稲田大学　大学院先進理工学研究科　応用化学専攻　博士後期課程；早稲田大学　各務記念材料技術研究所　助手
浦田 千尋	早稲田大学　大学院先進理工学研究科　応用化学専攻　博士後期課程
黒田 一幸	早稲田大学　理工学術院　教授
平島 碩	慶應義塾大学名誉教授
片桐 清文	名古屋大学　大学院工学研究科　化学・生物工学専攻　応用化学分野　助教
幸塚 広光	関西大学　化学生命工学部　化学・物質工学科　教授
中西 和樹	京都大学　大学院理学研究科　化学専攻　准教授
酒井 正年	扶桑化学工業㈱　電子材料本部　顧問
高橋 亮治	愛媛大学　理工学研究科　教授
柴田 修一	東京工業大学　大学院理工学研究科　教授
阿部 啓介	旭硝子㈱　中央研究所　主幹研究員
公文 創一	セントラル硝子㈱　硝子研究所　主任研究員

神谷 和孝	日本板硝子㈱　BP研究開発部　グループリーダー
松田 厚範	豊橋技術科学大学　電気・電子情報工学系　教授
下岡 弘和	九州工業大学　大学院工学研究院　物質工学研究系　助教
桑原 誠	東京大学名誉教授
永井 順一	NSSエンジニアリング㈱　開発部　部長
大崎 壽	㈱産業技術総合研究所　エレクトロニクス研究部門　招聘研究員
吉田 知也	㈱産業技術総合研究所　エレクトロニクス研究部門　研究員
長尾 昌善	㈱産業技術総合研究所　エレクトロニクス研究部門　主任研究員
皆合 哲男	日本板硝子㈱　BP研究開発部　グループリーダー
加藤 一実	㈱産業技術総合研究所　先進製造プロセス研究部門　テーラードリキッド集積研究グループ　研究グループ長
伊藤 省吾	兵庫県立大学　大学院工学研究科　准教授
森口 勇	長崎大学　工学部　物質工学講座　教授
山田 博俊	長崎大学　工学部　物質工学講座　准教授
田淵 智美	㈱造幣局　貨幣部　管理環境課　企画調整官
忠永 清治	大阪府立大学　大学院工学研究科　応用化学分野　准教授
清水 武洋	伊藤光学工業㈱　技術部　技術課　マネージャー
城﨑 由紀	岡山大学　大学院自然科学研究科　機能分子化学専攻　助教
都留 寛治	九州大学　大学院歯学研究院　口腔機能修復学講座　准教授
早川 聡	岡山大学　大学院自然科学研究科　機能分子化学専攻　准教授
尾坂 明義	岡山大学　大学院自然科学研究科　機能分子化学専攻　教授
宇山 浩	大阪大学　大学院工学研究科　応用化学専攻　教授

執筆者の所属表記は，2010年当時のものを使用しております。

目　　次

【ゾル－ゲル過程編】

第1章　ゾル－ゲル法の現状　　作花済夫

1　はじめに …………………………… 3
2　ゾル－ゲル法で作られる材料の微細構造 …………………………… 3
3　ゾル－ゲル法の研究動向 ………… 4
4　ゾル－ゲル法によって合成される材料の現状 …………………………… 6
　4.1　透明導電膜 …………………… 6
　4.2　発光材料（ルミネッセンス材料）…………………………… 7
　　4.2.1　蛍光材料 ………………… 8
　　4.2.2　レーザー ………………… 8
　　4.2.3　りん光材料（長時間光る材料）…………………………… 9
　　4.2.4　シンチレーション材料 … 9
　4.3　光触媒 ………………………… 9
　　4.3.1　TiO_2光触媒の応用 …… 9
　　4.3.2　作用表面積の増大 ……… 9
　　4.3.3　ドーピングの効果 ……… 10
　　4.3.4　可視光応答光触媒 ……… 10
　　4.3.5　プラスチック上の光触媒膜 … 10
　4.4　エアロゲル …………………… 11
　　4.4.1　サブクリティカル乾燥でつくられるシリカエアロゲル … 11
　　4.4.2　シリカ以外の物質のエアロゲル …………………………… 12
　　4.4.3　有機－無機ハイブリッドエアロゲル …………………… 12
5　おわりに …………………………… 13

第2章　新しいゾル－ゲル法の原料　　郡司天博

1　はじめに …………………………… 16
2　一次元ゾル－ゲル法の原料 ……… 17
3　二次元ゾル－ゲル法の原料 ……… 19
4　三次元ゾル－ゲル法の原料 ……… 21
5　おわりに …………………………… 23

第3章　ゲル化と無機バルク体の形成　　安盛敦雄

1　はじめに …………………………… 25
2　ゾル－ゲル法によるシリカゲルの作

	製プロセス ………………………… 25
2.1	反応に影響する因子 ……………… 26
2.2	ゲルの細孔構造に影響する因子 … 27
2.3	添加物のゲルの構造に及ぼす影響 ……………………………………… 27
3	多成分系バルクガラスの作製 ………… 28
3.1	高融点酸化物を含むケイ酸塩ガラスの作製 ……………………… 28
3.2	アルカリ金属・アルカリ土類金属酸化物などを含む多成分ケイ酸塩ガラスの作製 ……………… 29
4	ゾル-ゲル法を用いた機能性バルクガラスの作製 …………………………… 29
4.1	CdS微粒子分散光学ガラスの作製 ……………………………………… 29
4.2	屈折率分布ガラスの作製 ………… 29
4.3	磁性体微粒子分散ガラスの作製 … 29
5	おわりに ……………………………… 30

第4章　無機イオン・ナノ粒子分散材料の形成　　野上正行

1　はじめに ……………………………… 32
2　希土類イオン分散ガラス ……………… 32
3　ナノ粒子分散ガラス …………………… 34
4　ナノ粒子—希土類イオン共ドープガラス …………………………………… 35

第5章　有機・無機ナノコンポジットの形成　　牧島亮男

1　はじめに ……………………………… 38
2　有機・無機コンポジット，有機・無機ハイブリッドの例 ……………… 39
　2.1　光関連材料 ……………………… 39
　2.2　バイオ関連材料 ………………… 39
　2.3　光，バイオ関連以外の材料 …… 40
3　化学結合を考慮した有機・無機ナノハイブリッドの実例 ……………… 41
　3.1　有機色素・ケイ酸塩ナノハイブリッド材料 ……………………… 41
　3.2　ビタミンB_{12}を酸化チタンと複合化した材料 ……………………… 44

第6章　無溶媒縮合法による有機-無機ハイブリッドの合成と応用
　　　　　　　　　　　　　　　　　　　　　　　　　髙橋雅英

1　有機修飾無機系ポリマー材料 ………… 46
2　酸塩基反応を利用した有機-無機ハイブリッド材料の合成と応用 …………… 46
　2.1　リン酸と塩化ケイ素の反応性 …… 48
　2.2　有機修飾ケイリン酸系材料による再書き込み可能なフォログラ

フィックメモリー材料 ………… 50 ｜ 3　おわりに ………………………… 52

第7章　透明機能性ナノ結晶粒子／ポリマーハイブリッド材料
余語利信

1	はじめに ……………………… 54	4	磁性ナノ粒子／ポリマーハイブリッド ……………………………… 57
2	透明ハイブリッド材料 ………… 54	5	おわりに ……………………… 59
3	ペロブスカイトナノ結晶粒子／ポリマーハイブリッド ………………… 55		

第8章　自己組織化によるシリカ系有機・無機ハイブリッドの合成
下嶋　敦

1	はじめに ……………………… 60	4	形態制御―薄膜化― ………… 64
2	R'-Si(OR)$_3$型分子からのハイブリッド合成 ……………………… 60	5	形態制御―ベシクル形成― … 64
3	(RO)$_3$Si-R'-Si(OR)$_3$型分子からのハイブリッド合成 ………………… 63	6	シロキサン部の設計によるメソ構造制御 ………………………… 65
		7	おわりに ……………………… 67

第9章　メソ多孔体の作製
若林隆太郎，浦田千尋，黒田一幸

1	はじめに ……………………… 69	3.2	メソ構造解析 ………………… 73
2	組成制御 ……………………… 70	4	形態制御 ……………………… 73
2.1	修飾剤を用いた表面組成設計 … 70	4.1	メソ多孔体微粒子 …………… 73
2.2	異種金属の導入 ……………… 71	4.2	メソ多孔体薄膜の合成およびメソ孔の配向制御 ………………… 74
3	メソ構造制御 ………………… 72		
3.1	メソ構造制御 ………………… 72	5	おわりに ……………………… 75

第10章　バルクゲルの焼結
平島　碩

1	はじめに ……………………… 78	2	焼結の理論 …………………… 78

2.1 粘性流動焼結 ………………… 78	4 ホットプレス焼結 ………………… 80
2.2 拡散焼結 ……………………… 79	5 おわりに …………………………… 81
3 ゲル焼結の実際 ……………………… 79	

第11章 静電相互作用による分子組織体を利用した
　　　　ナノハイブリッドの作製と応用　　片桐清文

1 はじめに …………………………… 82	アーシェル粒子の作製とプロトン伝
2 静電相互作用を利用したハイブリッ	導体への応用 …………………… 84
ド超薄膜作製法としての交互積層法 … 83	5 コロイドをテンプレートとした中空
3 交互積層膜を利用したナノハイブ	カプセルの作製と外部刺激応答性材
リッドコーティング薄膜 …………… 83	料への応用 ……………………… 87
4 コロイド粒子への交互積層によるコ	6 おわりに …………………………… 90

第12章 膜の形成—スピンコーティング膜表面の放射状凹凸—
　　　　　　　　　　　　　　　　幸塚広光

1 はじめに …………………………… 91	5 静止基板上に作製されるゲル膜にお
2 触針式表面粗さ計によるストライ	けるその場観察 ………………… 97
エーションの定量的評価 …………… 92	6 ストライエーションの形成機構 …… 99
3 回転基板上に供給するゾルの量, ゾ	7 ストライエーションの形成を抑制す
ルの粘度, 基板回転速度の効果 ……… 92	るために：溶媒の揮発性の効果 …… 100
4 静止基板上に作製されるゲル膜にお	8 おわりに …………………………… 102
けるストライエーションの形成 ……… 95	

【ゾル−ゲル法の応用編】

〈多孔質モノリス〉

第13章　多孔質シリカによるモノリス型液体クロマトグラフィーカラム　　中西和樹

1　はじめに …………………………… 107
2　液体クロマトグラフィーの発展と課題 ……………………………………… 107
3　シリカ系モノリス型カラム ………… 108
4　モノリス型カラムの利点と課題 …… 109
5　バイオ分析，医療関連デバイスへの展開 ………………………………… 111
6　おわりに …………………………… 112

〈粒子および粉末〉

第14章　高純度コロイダルシリカの製法，特性とその応用例　　酒井正年

1　はじめに …………………………… 114
2　高純度コロイダルシリカの製造方法 … 114
3　高純度コロイダルシリカの特性 …… 115
4　高純度コロイダルシリカの応用例 … 117

第15章　固体触媒　　高橋亮治

1　固体触媒とその調製 ……………… 120
2　固体触媒のゾル−ゲル法による調製の概略 ……………………………… 121
3　シリカ担持金属触媒における高分散化 …………………………………… 122
4　階層細孔構造を有する固体触媒 …… 124
5　おわりに …………………………… 124

第16章　ガラス微小球レーザー　　柴田修一

1　球状光共振器の原理 ……………… 126
2　微小球レーザーの研究の歴史 …… 127
3　テラス微小球の作製とレーザー発振 … 128
4　光ファイバーカプラの作製と励起実験 ……………………………………… 130
5　おわりに …………………………… 132

〈膜およびコーティング〉

第17章　光反射防止膜　　阿部啓介

1　はじめに …………………………… 134
2　膜設計 ……………………………… 134
　2.1　透明性 ………………………… 134
　2.2　低反射特性 …………………… 135
　2.3　光入射角と膜厚設計 ………… 136
3　膜構成 ……………………………… 137
　3.1　単層低反射膜 ………………… 137
　3.2　多層低反射膜 ………………… 138
　3.3　多層膜間の界面強度 ………… 138
4　膜特性 ……………………………… 139
　4.1　実用特性 ……………………… 139
　4.2　低反射性 ……………………… 140
5　おわりに …………………………… 140

第18章　自動車用赤外線カットガラス　　公文創一

1　はじめに …………………………… 142
2　赤外線カットガラスの構成 ……… 142
3　赤外線カット膜 …………………… 142
4　おわりに …………………………… 146

第19章　自動車窓ガラス用撥水性膜　　神谷和孝

1　はじめに …………………………… 147
2　持続的な自動車用撥水ガラス …… 147
3　撥水剤および膜構成 ……………… 148
4　高耐久撥水コート ………………… 150
5　PFOA問題 ………………………… 151
6　おわりに …………………………… 151

第20章　ゾル－ゲルマイクロ・ナノパターニング　　松田厚範

1　はじめに …………………………… 153
2　エンボス法・インプリント法 …… 153
3　フォトリソグラフィー法 ………… 156
4　ソフトリソグラフィー法 ………… 158
5　固体表面のエネルギー差を利用する
　　方法 ……………………………… 158
6　チタニアの光触媒作用を利用する方
　　法 ………………………………… 160
7　電気泳動堆積と撥水－親水パターン
　　を利用する方法 ………………… 161
8　電気流体力学的不安定性を利用した
　　パターニング …………………… 162
9　光誘起自己組織化を利用したパター
　　ニング …………………………… 163

10 おわりに ……………………… 164

第21章　高誘電率ナノ結晶膜　　下岡弘和, 桑原　誠

1　はじめに ……………………… 167
2　高濃度アルコキシド溶液を用いるゾルーゲル法（高濃度ゾル－ゲル法）…… 168
3　BaTiO$_3$ナノ結晶自立膜の作製とその誘電特性 ……………………… 170
4　おわりに ……………………… 172

第22章　エレクトロクロミック膜　　永井順一

1　はじめに ……………………… 174
2　ゾルーゲル法によるエレクトロクロミック膜の作製 ……………… 175
　2.1　金属アルコキシドを用いるゾルーゲル法の一般論 ……………… 175
　2.2　タングステンアルコキシドを用いるゾルーゲル法によるWO$_3$膜 … 176
　2.3　タングステンアルコキシドの合成法 ……………………… 177
　　2.3.1　W(OR)$_6$の合成 ……… 177
　　2.3.2　WO(OR)$_4$の合成 …… 178
　2.4　アルコキシド以外を出発原料とするゾルーゲル法によるWO$_3$膜 … 178
　2.5　WO$_3$以外のゾルーゲル法によるEC薄膜 ……………… 179
3　おわりに ……………………… 179

第23章　スピンオングラス（SOG）　　大崎　壽, 吉田知也, 長尾昌善

1　はじめに ……………………… 181
2　SOGの用途と組成 …………… 181
3　拡散源としてのSOG ………… 182
4　平坦化SOG …………………… 183
5　低誘電率SOG ………………… 184
6　プラズマ処理によるSOG膜形成 …… 186

第24章　光触媒膜の窓ガラスへの適用　　皆合哲男

1　はじめに ……………………… 189
2　光触媒の特徴 ………………… 189
　2.1　ガラスの汚れ …………… 189
　2.2　光触媒クリーニングガラス（セルフクリーニングガラス）の特性 … 190
　2.3　その他の特性（空気浄化, 抗菌・抗ウィルス性など） ………… 192
3　光触媒クリーニングガラスの製造技

術 …………………………………… 192
3.1　溶液 ………………………………… 192
　　3.1.1　光触媒 ……………………… 192
　　3.1.2　シリコーンレジン ………… 193
　　3.1.3　フィラー …………………… 193
　　3.1.4　その他固形分 ……………… 193
　　3.1.5　溶媒 ………………………… 193
　　3.1.6　溶液に関する留意点 ……… 194
3.2　コーティング ………………………… 194
　　3.2.1　コーティング方法の検討 … 194
　　3.2.2　スプレー法での留意点 …… 195
3.3　焼成 ………………………………… 195
　　3.3.1　焼成 ………………………… 195
　　3.3.2　冷却時の割れ ……………… 196
4　おわりに ……………………………… 196

第25章　強誘電体薄膜　　加藤一実

1　はじめに ……………………………… 198
2　最近の研究例 ………………………… 198
　2.1　高誘電率誘電体薄膜：チタン酸バリウム（$BaTiO_3$） …………… 198
　2.2　非鉛系圧電体薄膜：ビスマス系層状強誘電体（$CaBi_4Ti_4O_{15}$） …… 201
　2.3　マルチフェロイック薄膜：ビスマスフェライト（$BiFeO_3$） ……… 203
3　おわりに ……………………………… 204

第26章　ゾル－ゲル法での分散・凝集のコントロールによる色素増感型太陽電池用ナノ結晶多孔質 TiO_2 膜の作製　　伊藤省吾

1　はじめに ……………………………… 207
2　光散乱粒子による変換効率の向上 …… 208
3　TiO_2 ゾルの乾燥粉末によるナノ粒子凝集とその色素増感太陽電池光電特性変化に関する研究 ………………… 209
　3.1　TiO_2 粉末からの TiO_2 ペーストの準備 ……………………………… 209
　3.2　TiO_2 ゾルからの TiO_2 ペーストの準備 ……………………………… 210
　3.3　調製したペーストの状態 ……… 211
　3.4　スクリーン印刷した TiO_2 透明層の表面 ………………………… 211
　3.5　ペーストから作製した色素増感太陽電池の光電特性 …………… 212
4　二次粒子から作製するメソ・マクロポーラス TiO_2 薄膜による色素増感型湿式太陽電池 ………………………… 216
5　単分散 P-25 ペースト重ね塗りによるメソ・マクロポーラス膜の構造制御 ……………………………………… 219
6　おわりに ……………………………… 223

第27章　燃料電池へのゾル-ゲル法の応用　野上正行

1　はじめに …………………………… 225
2　電解質を作製するためのゾル-ゲル法のポイント …………………… 226
3　プロトン伝導体への応用 ………… 227
4　プロトン伝導性薄膜ガラスの作製 …… 229
5　イオン液体をプロトン伝導パスにした電解質 ……………………… 231
6　おわりに …………………………… 231

第28章　キャパシタおよびLiイオン二次電池電極材料の開発　森口　勇, 山田博俊

1　はじめに …………………………… 233
2　カーボンナノ多孔構造制御と電気二重層キャパシタ特性 …………… 233
3　Liイオン二次電池電極材料のナノ構造制御と高速充放電特性 ……… 235
　3.1　TiO_2/カーボンナノチューブ（CNT）ナノ複合多孔体の合成と充放電特性 ………………… 236
　3.2　V_2O_5/多孔カーボンナノ複合体の合成と充放電特性 …………… 237
4　おわりに …………………………… 239

〈その他の応用〉

第29章　銀製品の防錆コーティング　田淵智美

1　はじめに …………………………… 241
2　銀製品の保護膜に要求される特性 …… 241
3　有機高分子・無機ハイブリッド塗料 … 242
4　ハイブリッド膜の特性 …………… 243
　4.1　アルコキシシランの種類と耐溶剤性 ……………………………… 243
　4.2　アルコキシシランの種類と耐摩擦性 ……………………………… 244
　4.3　アルコキシシランの種類と密着性 ……………………………… 245
　4.4　コーティング膜としての硬さ, 耐候性 ………………………… 247
5　おわりに …………………………… 247

第30章　ガスバリアコーティング膜　忠永清治

1　はじめに …………………………… 249
2　高分子フィルムへの有機-無機ハイ

ブリッド膜の直接コーティング ……… 250
　2.1 基板の前処理の影響 ……………… 250
　2.2 耐摩耗性とガスバリア性を兼ね
　　　備えた有機‐無機ハイブリッド
　　　コーティング ……………………… 251
　2.3 マイクロ波処理による低温緻密
　　　化 …………………………………… 251
　2.4 生分解性プラスチックへの応用 … 251
　2.5 その他の例 ………………………… 252
3　気相法による無機膜形成と有機‐無
　機ハイブリッドを組み合わせたガス
　バリアコーティング ……………………… 252
　3.1 気相法により SiO_2 がコーティン
　　　グされた高分子フィルムへの有
　　　機‐無機ハイブリッド膜のコー
　　　ティング …………………………… 252
　3.2 中間層として有機‐無機ハイブ
　　　リッド膜を用いる場合 …………… 253
4　おわりに …………………………………… 254

第31章　眼鏡レンズ用ハードコート材料　　清水武洋

1　はじめに …………………………………… 256
2　ゾル‐ゲル法によるハードコート材
　料 …………………………………………… 257
3　眼鏡レンズ用ハードコート材料の構
　成 …………………………………………… 257
4　ハードコート液の調合の注意点 ………… 258
5　ハードコートの塗布方法 ………………… 259
6　塗布条件，塗布環境 ……………………… 260
7　高屈折率ハードコート材料 ……………… 260
8　耐衝撃性付与コート材料 ………………… 261

第32章　有機‐無機ハイブリッド材料の合成と細胞・組織適合性評価
　　　　　　　　　　　　　　　城﨑由紀，都留寛治，早川　聡，尾坂明義

1　はじめに …………………………………… 263
　1.1 ハイブリッドとコンポジット …… 263
　1.2 有機‐無機ハイブリッドの歴史 … 263
　1.3 医用応用を目指す生体適合ハイ
　　　ブリッドの設計指針 ……………… 264
2　オーモシル型ハイブリッド …………… 266
3　ゼラチン―シロキサン型ハイブリッ
　ド …………………………………………… 267
4　キトサン―シロキサン型ハイブリッ
　ド …………………………………………… 268
5　おわりに …………………………………… 269

第33章　固定化酵素担体への応用　　宇山　浩

1　はじめに ………………………… 271
2　酵素法によるバイオディーゼルの製造 ……………………………… 271
3　シリカモノリスを担体とする固定化リパーゼの開発 ………………… 272
4　おわりに ………………………… 275

ゾルーゲル過程編

第1章　ゾル－ゲル法の現状

作花済夫*

1　はじめに

　1970年前後のことであるが，セラミックス[1])やガラス[2])をゾル－ゲル法で合成する論文がいくつか発表され，その結果，ゾル－ゲル法は材料合成の新しい方法と認められるようになった。それ以来今日まで40年近くの年月が経過したが，その間，ゾル－ゲル法による合成の対象材料の範囲は拡大し続け，合成手法も発展を重ねてきた。そして，今日ではナノテクノロジーを支える重要な材料合成法として注目されている。

　ゾル－ゲル法は溶液のゲル化に基づいて材料をつくる方法である[3~5)]。溶液から出発するので，均質な酸化物セラミックスやガラスをつくるのに使われるほか，有機－無機ハイブリッドや多孔体などを微細構造の設計に基づいてつくることができる。

　ゾル－ゲル法の重要な特徴は，材料の低温合成が可能なことである。ゲルを目的材料とする場合，常温付近の低温で合成することができる。また，ガラスやセラミックスのような高温材料を合成する場合，従来の原料を用いてつくる場合に比べてはるかに低温でガラス化あるいは焼結することができる。これは，ゲル体を構成する粒子が数 nm～数十 nm のナノサイズの微粒子であるためである。たとえば，従来の方法では2000℃以上の高温で作られるシリカガラスをゾル－ゲル法では1200℃までの加熱でつくることができる。ゾル－ゲル法のプロセスの詳細，特徴，応用については本書の各章に記されているが，そのほかに文献[3~8)]も参照されたい。とくに，応用については，比較的最近の文献[9)]に詳しい記述がある。

　本章では，現在どのような生成物がゾル－ゲル法でつくられているかを述べたのち，4種類の生成物を選んで説明を加える。

2　ゾル－ゲル法で作られる材料の微細構造

　表1にゾル－ゲル法でつくられる材料の形，微細構造，材料例を記す。例は筆者が独断的に選んだもので，それぞれに対して他に重要なものがあることを承知していただきたい。微細構造は

＊　Sumio Sakka　京都大学名誉教授

表1　ゾル－ゲル法でつくられる材料の形と微細構造

形	微細構造	材料の例
バルク	緻密質（無機酸化物）	光ファイバープリフォーム（SiO_2）
		結晶化ガラス
	多孔質（無機酸化物）	シリカエアロゲル
		高性能液クロ用シリカコラム
	有機-無機ハイブリッド	シリカーチタニアーPMMA ハイブリッド
		シリカーポリジメチルシロキサン
		磁性体粒子含有有機-無機ハイブリッド
コーティング	緻密質（無機酸化物）	保護コーティング
		強誘電体膜
		透明導電膜
		発光体膜
		非線形光学膜
		ナノパターン膜
		反射膜
		撥水膜
	多孔質	光触媒膜
		メソポーラス配向膜
		低屈折率膜
		反射防止膜
	有機-無機ハイブリッド	有機ピグメント含有光吸収膜
		プラスチックス保護膜
粒子	無機酸化物	研磨材
		液晶表示板スペーサー

材料の機能を支配するので重要である。表のように，各種の微細構造を容易に実現できることが今日のゾル－ゲル法の発展に大きく寄与したと考えられる。

表1には，すでに実用化されているものに加えて現在研究中の材料も含めてある。各種の材料がゾル－ゲル法でつくられること，今後に向けて研究されていること，いわゆる高機能材料ばかりでなく，汎用材料もつくられていることがわかる。

3　ゾル－ゲル法の研究動向

現在ゾル－ゲル法の研究分野でどのような組成の酸化物が注目されているか，また，どのような形の材料が注目されているかを調べた結果をそれぞれ，表2および表3に示す。これらの表をつくるにあたっては，唯一のゾル－ゲル専門国際誌である"Journal of Sol-Gel Science and Technology（略名 J. Sol-Gel Sci. Tech.；1巻は3号から成る）"の2009年1月発行の49巻1号から11月発行の52巻2号までの11冊に出版された論文200件を調べた。

表2から，現在でも SiO_2 に関する研究が多いことがわかる。単純酸化物では，SiO_2 につい

第1章 ゾル-ゲル法の現状

表2 最近のゾル-ゲル法の研究論文の成形体組成による分類*

組成	論文数
無機化合物	計 149
SiO_2	36
TiO_2	13
ZnO	7
Al_2O_3	4
その他**	89
有機-無機ハイブリッド	計 47

**J. Sol-Gel Sci. Tech.* 2009年版11冊の論文200を分類
**複合酸化物を含む

表3 最近のゾル-ゲル法の研究論文の生成物形状による分類*

形状	SiO_2	その他の酸化物	有機無機ハイブリッド	合計
バルク体	13	27	18	58
コーティング膜	16	55	20	98
粒子	5	21	5	31
(基礎研究)	5	9	4	18

**J. Sol-Gel Sci. Tech.* 2009年版11冊の論文200を分類

でTiO_2の研究が多いが，これは光触媒の研究が多いことの反映であると思われる．その他が89件あるが，これは複合酸化物の強誘電体組成12件をはじめ光機能，電子機能などの多様な機能性材料を目指す研究が多いからである．因みに，その他に含まれる酸化物には，$BaTiO_3$などの誘電体組成のほかに，SnO_2, In_2O_3, CeO_2, NiO, Fe_2O_3, Fe_3O_4, ZrO_2, $CuAl_2O_4$, $BiFeO_3$, $La_2Zr_2O_7$, $Sr_3Al_2O_6$, Fe_2O_3-SiO_2, Al_2O_3-SiO_2, TiO_2-SiO_2, $(Co, Ni)Fe_2O_4$, $MgZr(WO_4)_3$などがある．

有機-無機ハイブリッドの研究は1980年代後半から注目され発展してきたが，その傾向に沿って今日でもやはり盛んに研究が行われている（47件）と言える．このことはゾル-ゲル法が有機-無機ハイブリッドをつくるのに適していること，高分子化学や有機化学の研究者がゾル-ゲル法の研究に参入していること，最近の化学の世界でスプラ分子や分子集合体が大きな研究の流れになっていることと関係がある．

表3は成形体の形状によって論文を分類したものである．表によると，コーティング膜が最も多い．これは，光機能，電磁気機能，力学機能，化学機能，バイオ材料のいずれにおいてもコーティング膜の形で応用することが多いからである．バルクの研究が予想以上に多いのはエアロゲルなどの多孔体がバルク体として光機能，熱機能材料に応用されるからである．粒子もある程度研究されているが，これは，環境中の有害物質の検出，分析，分解，除去にゾル-ゲル法でつくったプローブや触媒，光触媒が粒子の形で使用されるからである．

表4は生成物の機能による分類の結果を示したものである．使用した論文は前記表2および表3の場合と同様である．光機能（29），電磁気機能（41），化学機能（51）などの機能を示す材料の研究がよく行われていることがわかる．とくに，酸化物ではこの傾向が目立っている．すなわち，酸化物の論文の合計152のうち光機能が19，電磁気機能が39，化学機能が37で，多くの研究が行われていることがわかる．光機能が少ないのに気付かれた方があると思うが，これは，筆

表4　最近のゾル-ゲル法の研究論文の分類（生成物の機能による分類*）

機能	SiO_2	TiO_2	その他の酸化物**	有機無機ハイブリッド	合計
光機能（発光，光吸収など）	5	1	13	10	29
電磁気機能（強誘電性，導電性など）	—	1	38	2	41
熱機能（耐熱性など）	6	6	1	3	16
力学機能（強化など）	4	4	7	4	19
化学機能（触媒，光機能など）	10	10	17	14	51
バイオ	9	—	5	5	19
（基礎研究）	5	2	8	3	18

**J. Sol-Gel Sci. Tech.* 2009年版11冊の論文200を分類
**複合酸化物を含む

者の分類の仕方によることをご承知願いたい。たとえば，光触媒は，化学機能に分類し，光機能を利用する強誘電体は電磁気機能に分類したが，これが光機能の論文の数を少なくしている理由である。

4　ゾル-ゲル法によって合成される材料の現状

本書では，ゾル-ゲル法によって合成される材料で重要と思われるものについて，それぞれの専門の方が各章に執筆しておられる。しかし，紙数その他の都合により，重要でありながら，専門家に解説をお願いできなかった材料を選んでこの節でその特徴，問題点，現状を紹介することとした。

記述にあたって，引用文献としてはできるだけ最近の論文を選んだ。これは，挙げた文献によって当該材料のこれまでの重要な研究の論文を知ることができると考えたからである。当該材料を最初に発見，発明された研究者の了解をお願いする。選んだ材料を以下に記す。

(1) 透明導電膜
(2) 発光材料（ルミネッセンス材料）
(3) 光触媒（窓ガラス用を除く）
(4) エアロゲル（疎水性シリカエアロゲルを除く）

4.1　透明導電膜

透明導電膜は太陽電池，液晶表示板，プラズマ表示板，エレクトロクロミック表示板[10]などの透明電極として使用される。最も重要な導電膜はSnO_2：Sb膜（ATO膜）とIn_2O_3：Sn膜（ITO膜）である。透明導電膜は低抵抗であることが実用上必須の要件である。因みに，スパッタリン

第1章 ゾル－ゲル法の現状

グで最適条件（抵抗が最低になる条件）で作製されたITO膜の比抵抗は$1.0^{-4}\Omega\cdot cm$である。一般に，ITOのほうがATOより低抵抗であると言われている。

　ATO膜は，1980年代半ばに，Gonzalez-OliverとKato[11]によってつくられた。彼らは$Sn(OC_4H_9)_4$と$Sb(OC_4H_9)_3$をSnO_2とSb_2O_3の原料混合物とする出発溶液からゾル－ゲル法によってつくった。膜の比抵抗は$2.5\times10^{-3}\Omega\cdot cm$で，スプレー法で高温の基板上につくったコーティング膜（$7.5\times10^{-3}\Omega\cdot cm$）より低かった。

　ITO膜は1982年に荻原，衣川[12]によってつくられた。インジウムと錫のアセチルアセトネート溶液をソーダ石灰ガラス基板上にディップコートし，できたゲル膜を500℃まで加熱して厚さ約10 nm以下のITO膜とした。膜の比抵抗はSnO_2添加量が3～7％のときに最低で，$1.3\times10^{-3}\Omega\cdot cm$であった。古崎ら[13]は$In_2(SO_4)_3\cdot nH_2O$および$SnSO_4$からITO膜をつくった。14％Snを含む膜は$2\sim4\times10^{-3}\Omega\cdot cm$の比抵抗を示し，300℃で真空中で加熱すると，比抵抗は$6\sim8\times10^{-4}\Omega\cdot cm$まで低下した。

　$6\sim8\times10^{-4}\Omega\cdot cm$というITOの抵抗値はスパッタリングで作製した膜の抵抗値である$1\times10^{-4}\Omega\cdot cm$より高いことは確かである。一方，古崎ら[14]は$In(NO_3)_4\cdot 3H_2O$と$SnCl_4$からつくったコロイド粒子を原料としてゾル－ゲル法で表面抵抗が$500\ \Omega/cm^2$のITO膜を得た。古崎らによると，$500\ \Omega/cm^2$の表面抵抗はあまり低いとは言えないが，この膜厚$2\mu m$のITO膜は1回のディップコーティングと焼成で得られるので，目的によっては十分実用が可能である。なお，この膜を真空中で加熱すると，表面抵抗は$150\ \Omega/cm^2$（比抵抗$6\times10^{-3}\ \Omega\cdot cm$）に低下する。

　ゾル－ゲル法でつくられるITO膜は気相法でつくられる膜に比べて比抵抗が高く，抵抗の低い膜をつくるために膜厚を増そうとすると，普通は何回もコーティング操作を繰り返す必要があり，低抵抗の膜を必要とする透明電極用には使用し難い。上記研究以来，ゾル－ゲル法によるITO膜作製の研究は多数試みられたが，気相法で合成した膜の値まで抵抗を下げることは難しい状況である。従ってIn_2O_3やSnO_2膜についてはむしろ光機能用の膜としての研究が盛んである。

　なお，最近では，上述のSnO_2：SbやIn_2O_3：Snのほかに比較的新しく発見された$CuAlO_2$[15]，$CuAl_2O_4$，$CuCrO_2$，ZnO：Al，SnO_2：Biなどの透明導電体をゾル－ゲル法でつくる研究が進んでいる。

4.2 発光材料（ルミネッセンス材料）

　1990年代になって各種の光機能材料をゾル－ゲル法で作製する研究が盛んに行われるようになった。発光材料も例外ではない。発光材料に対するゾル－ゲル法の適用は，①酸化物中に蛍光イオンを導入する方法，②無機酸化物中に有機蛍光分子を導入する方法，③有機－無機ハイブ

リッド中に有機蛍光分子を導入する方法，の三つに分類される。なお，多くの場合，コーティング膜が対象である。ここでは，以下の機能を示すゾル－ゲル発光材料を紹介する。

 (1) 蛍光材料

 (2) レーザー

 (3) リン光材料（長時間光る材料）

 (4) シンチレーション材料

4.2.1 蛍光材料

　酸化物中に蛍光イオン，主として希土類イオンを導入した材料は粉末混合物の仮焼あるいは溶融ガラス化によってつくられてきたが，これをゾル－ゲル法でつくる試みがなされている。たとえば，Er ドープシリカガラスをつくるには，テトラエトキシシラン（TEOS），アルコール，水，Er のアルコキシッドからなる溶液中で加水分解と縮合を行わせ，できたゲルを数百度～1000℃で加熱してガラスとする。この方法の利点はコーティング膜の作製が容易なことである。そのため今日でもたとえば発光ダイオード（LED）で励起した紫外線によって単一相で白色光を得る目的で，Eu^{2+}，Mn^{2+} ドープ $CaAl_2Si_2O_8$[16] が作製されている。また，Tb ドープりん酸カルシウム[17]，Ce^{3+} ドープ Y_2SiO_5 および Mn^{2+} ドープ Zn_2SiO_4[18] などがつくられている。

　有機色素を無機酸化物中にゾル－ゲル法で導入する試みは 1980 年代後半から盛んになった。たとえば，Reisfeld はシリカ中にローダミン 6G をドープしたシリカ膜をつくり，蛍光ソーラー集光器に応用した[19]。しかし，無機酸化物マトリックスでは色素分子の固定が十分でないので，蛍光色素のマトリックスとして有機－無機ハイブリッドを使用することになった。この点については，次のレーザーの項を参照されたい。

4.2.2 レーザー

　ガラスレーザーとして有名な 1.06 μm のレーザー光を発する Nd 含有レーザーの膜がゾル－ゲル法でつくられた[20,21]が，ゾル－ゲル法であっても希土類の Nd のクラスター化が起こり，これを防ぐために Al_2O_3 の添加が必要であった。このクラスター化を防ぐ方法は Nd に限らずその他種々の希土類元素を含むシリカ膜をつくるのにその後も応用されている。

　有機－無機ハイブリッド中に有機色素を導入して得られるレーザーとしては，たとえば，高い耐光性，耐候性を有するベリルイミド色素を有機－無機ハイブリッドに導入した色素レーザーがある[22]。この種のレーザーの問題点はレーザー光にたいする色素の耐光性があまり高くないことである。山根のグループはレーザー色素 DCM の耐光性がマトリックスの有機－無機ハイブリッド中にフェニル基を導入することによって改善されることを示している[23]。

　柴田らによってつくられた微小球レーザー[24]は有機色素を含む有機－無機ハイブリッド材料からできた直径数 μm～数十 μm の真球である。導入された光が球面で全反射しながら球殻を通っ

て球内を回り，発振する。

4.2.3　りん光材料（長時間光る材料）

紫外線や白色水銀灯の光で励起した後長時間光り続ける長残光蛍光体 $SrAl_2O_4：Eu^{2+}$, Dy^{3+} がわが国で開発され，実用化されている[25]。これと同様の蛍光体がゾル－ゲル法でつくられ，10時間光り続けることが確かめられている[26]。

4.2.4　シンチレーション材料

X線撮影像を得るための優れたシンチレーション材料である Lu_2O_3 粉末がゾル－ゲル法でつくられている[27]。

4.3　光触媒

光触媒は太陽光の下で有害物質を分解除去する働きのある材料で，主として酸化チタンが使用されている。窓ガラスへの光触媒の応用については，本書第24章の皆合哲男氏の解説"光触媒膜の窓ガラスへの応用"を参照されたい。ここでは，以下の項目について解説する。

(1)　TiO_2 光触媒膜の応用
(2)　作用表面積の増大
(3)　ドーピングの効果
(4)　可視光応答光触媒
(5)　プラスチック上の光触媒

4.3.1　TiO_2 光触媒の応用

光触媒の作用は，紫外線の吸収によって生じた電子と正孔が表面に吸着した分子を分解することである[28]。現在実用化されている光触媒の材料は殆どすべてが TiO_2 である[8]。アナターゼ型の TiO_2 粒子を含むコーティング膜として応用されているが，粒子の形で水中の有害有機物質の分解に応用されることもある。光触媒コーティング膜はスパッタリングなどの気相法でつくられることもあるが，ゾル－ゲル法が使われることが多い。

光触媒の主な機能は NOx の分解除去，防臭，抗菌，汚染有機化合物の分解などである。その他，ガラスに親水性を付与して窓ガラスの汚れを防止する働きもある。従って，ビルの窓ガラス，壁，テントのセルフクリーニング，高速道路の柵や防音壁での NOx の分解，トンネル内照明灯のセルフクリーニングなどに使用される。また，水の浄化にも応用される。

4.3.2　作用表面積の増大

光触媒の効果を高くする方法の一つに比表面積を大きくして酸化チタンとサブストレートの接触の機会を増す方法がある。これには，主成分が SiO_2 の多孔体である珪藻土に TiO_2 微粒子を担持させる方法[29]，硫酸チタン溶液に少量のポリエチレングリコールを添加してゲル化させ，

450℃で仮焼して比表面積の大きいアナターゼ粒子を得る方法[30]がある。

これにたいして,相分離を利用するゲル化によって多孔体のTiO$_2$膜をつくる方法が提案されている[31]。Fuertasら[32]は,さらに,ポリエチレングリコールをテンプレート剤として加えて,相分離ゲル化させることにより,直径の制御されたマクロ孔を有するコーティング膜をつくっている。

4.3.3 ドーピングの効果

ドーピングの効果については数多くの研究がある。その例はRăileanuらの論文[33]のIntroductionとReferencesの節に多数挙げられている。光触媒の性能は合成法や合成プロセスによって異なる粒径,凝集状態,結晶種などの影響を受けやすいので,特定のドーピングが有効であるかどうかを判定するのは難しい。RăileanuらはTiO$_2$の粉末とコーティング膜両方についてSまたはAgをドープした試料をつくり,構造と光触媒活性を詳しく検討した。その結果,Sの効果がやや大きいが,それはSのドーピングによってアナターゼが安定に存在し,また,Sが表面に集中するためであることを示している。

4.3.4 可視光応答光触媒

現在広く利用されているアナターゼ型のTiO$_2$を使用する光触媒では,太陽光中の紫外線が利用されている。これに対し,可視光応答型光触媒[34]は太陽光の大部分を占める可視光線を利用する光触媒であり,屋内外を問わず利用できるので開発に大きな期待が寄せられている。しかし,今のところ,紫外線を利用する従来の光触媒に比べて効率が低く,実用のためには高効率の材料の開発が急務である。また,可視光応答型の光触媒膜は必然的に着色が避けられないので,窓ガラスのように無色透明を基本とする用途には応用し難いとされている。

可視光応答型の光触媒の材料としては,CrかVのような遷移金属元素をTiO$_2$にドープしたものもある[35]が,NのようなアニオンをTiO$_2$にドープしたTiO$_{2-x}$N$_y$[36]のほうが有望のようである。

最近の研究としては,BrとNの2種類のアニオンをドープしたTiO$_2$の可視光応答性が調べられている[37]。また,カチオンから成る可視光応答型光触媒として微結晶性のCuAl$_2$O$_4$スピネル[38]やIn$_2$O$_3$-CaIn$_2$O$_4$[39]が活性を示すことが報告されている。

4.3.5 プラスチック上の光触媒膜

プラスチック(有機高分子)は光触媒によって分解されるので,プラスチック基板に直接光触媒膜をコートすることはできない。そのため,従来から分解を防止するための中間層を用い,さらに,中間層とプラスチック基板の接着をはかるために接着層を施している。

これに対し,高見ら[40,41]は光触媒層と基板の間に成分傾斜層と呼ばれる層をコートするだけで光触媒膜ができることを明らかにした。この層をつくるには,ポリメチルメタクリレートのアセ

トン溶液を Si(OC$_2$H$_5$)$_4$-C$_2$H$_5$OH-H$_2$O-HCl 系の加水分解済みの溶液と混合した有機－無機ハイブリッド用の液としこれを基板のプラスチック膜に塗布し，70℃で1時間かけて乾燥した。この層では，乾燥中に有機成分が基板に吸着されて基板側に拡散し，TiO$_2$ 光触媒側には SiO$_2$ 成分が残って光触媒と有機物を隔離する。従って有機物が光触媒作用によって分解することがなく，光触媒膜を使用することができる。

なお，ここで見られるコーティング層中での有機成分と無機成分の分離の現象は他のゾル－ゲル膜作製時にもよく見られるものであり，広く応用できると考えられる。

4.4 エアロゲル

シリカエアロゲルについては横山勝氏の解説（作花済夫監修，ゾル－ゲル法応用技術の新展開，シーエムシー出版，117-122（2000））があり，超臨界乾燥を用いる合成，得られたゲルの性質，応用が記されている。そこで，ここではエアロゲルについての下記の話題について解説する。

（1）サブクリティカル乾燥でつくられるシリカエアロゲル

（2）シリカ以外の物質のエアロゲル

（3）有機－無機ハイブリッドエアロゲル

4.4.1 サブクリティカル乾燥でつくられるシリカエアロゲル

サブクリティカル乾燥とは超臨界条件（臨界圧力以上の圧力を加える条件）でなく，常圧下で乾燥することを言う。高気孔率（気孔率95～99体積％），高比表面積（600～1200 m^2/g），低密度（0.003～0.15 g/cm^3），低屈折率。低熱伝導度（0.01～0.03 W/m・K）で，熱絶縁性が極端に大きいシリカエアロゲルは乾燥時の収縮を抑制するために普通超臨界乾燥によってつくられる。これに対し，近年，超臨界条件を使用しないでサブクリティカル乾燥，すなわち，常圧での乾燥によってエアロゲルに匹敵する高気孔率のゲルをつくる研究が数多く報告されている。そして，最近は，サブクリティカル乾燥でつくったキセロゲルも気孔率の高いものはエアロゲルと呼ばれている。

サブクリティカル乾燥でつくられるエアロゲルの例[42]を紹介する。先ず，アルコキシシランを原料とし，水，アルコールを溶媒として用いる古典的なゾル－ゲル法でシリカゲルをつくる。できたゲルの主な溶媒の水をアルコールで置換してゲル表面のシラノール基を少なくする。このゲルをエトキシシランとアルコールの比が1：1の溶媒中でエージングして Si-O-Si の骨格を強くする。その後，常圧下でゲルを100℃以下で段階的に温度を上げて乾燥すると気孔率の高いバルクのエアロゲルが得られる。

このほかに，原料として水ガラス（ナトリウムシリケート）を使う方法[43]で気孔率が96～97％のエアロゲルがサブクリティカル乾燥で得られている。また，原料に水ガラスを使い，溶媒

にヘキサンとキシレンを使う方法で気孔率が 96～97％のエアロゲルが得られている[44]。

4.4.2 シリカ以外の物質のエアロゲル

シリカゲルはすでにいろいろな分野で実用化されているので研究者や技術者の感心は高い。しかし，シリカ以外の各種物質のエアロゲルも多数の研究の対象になっている。以下に，最近の論文に現れた例をいくつか紹介する。

TiO_2-SiO_2 系では[45]エタノール超臨界によって TiO_2-SiO_2 エアロゲルをつくったところ，高温の超臨界乾燥処理の際にアナターゼ型 TiO_2 微結晶がマトリックス中の表面に析出した。従って，TiO_2 の表面積が大きく，このエアロゲルは優れた光触媒活性を示した。酸化バナジウムの例[46]では，バナジウム（V）トリプロポキシッド溶液の共重合によって VOx 湿潤ゲルとし，これをジイソシアネートでクロスリンクさせた後，超臨界流体 CO_2 を用いる超臨界乾燥によってエアロゲルとした。クロスリンクにより強度の大きい酸化バナジウムエアロゲルをつくることができた。酸化物だけでなく硫化物のエアロゲルも作られている。たとえば，湿潤 CdS ゲルの CO_2 超臨界乾燥によって CdS のエアロゲルが作られた[47]。

無機物だけでなく有機化合物のエアロゲルをつくるのにもゾル－ゲル法が使用されている。たとえば，ポリジシクロペンタジエンの湿潤ゲルの CO_2 超臨界乾燥によって軽量の有機エアロゲルがつくられた[48]。興味ある例として，ポリベンゾキサジンに基づく有機エアロゲルをつくった後に焼成することによってカーボンエアロゲルがつくられている[49]。

4.4.3 有機－無機ハイブリッドエアロゲル

シリカエアロゲルの研究は進んでいるが，純粋なシリカであれば，もろくて壊れやすいことは確かである。

これを改善するために先ず試みられたのがメチルトリメトキシシランに基づく有機物－シリカエアロゲルの作製である。最近の研究で Nadargi ら[50]はメチルトリメトキシシラン，メタノール，水からなる溶液をゲル化し，その後メタノール超臨界（Tc＝240℃，Pc＝7.9 MPa）乾燥を行った。最適のエージング時間を選び，密度が 0.04 g/cm^3，熱伝導度が 0.05 W/mK，気孔率が 99.84％のエアロゲルを得た。エージングによってゲルは強くなる。

金森ら[51]はメチルトリメトキシシランを原料としてポリメチルシルセスキオキサン組成（$CH_3SiO_{1.5}$）の有機－無機ハイブリッドエアロゲルをサブクリティカル乾燥によるゾル－ゲル法でつくった。このため，酢酸と尿素を触媒とし，界面活性剤を加えて加水分解と重合が 2 段階で，しかも相分離なく均一に起こるように工夫した。得られたエアロゲルは一軸圧縮に対して大きく収縮し，圧縮応力を除くと可逆的に再膨張する，すなわち，ゴムのように著しいエラスティックな特性を示した。

第1章 ゾル−ゲル法の現状

5 おわりに

　ゾル−ゲル法が先端技術を支える材料の新しい作製法として意識されて以来40年が経過したが，ゾル−ゲル法は依然として発展を続け，無機物から生体材料までにわたる広範囲の材料の優れた作製法として注目されている。目的の生成物としては無機機能性材料が多くを占めているが，有機−無機ハイブリッド材料の進歩は著しい。後者の材料はゾル−ゲル法で初めて作製できる材料として熱い注目を集め新しいナノ材料や優れた多孔体がつくられている。有機−無機ハイブリッドはバイオ関連材料にもつながるもので，将来のゾル−ゲル法の発展にも役立つと考えられる。

文　　献

1) K. S. Mazdiyasni, R. T. Dolloff and J. S. Smith, *J. Amer. Ceram. Soc.* **52**, 523-526 (1969)
2) H. Dislich, Angew. Chem., *International Edition*, **10**, 363-370 (1971)
3) 作花済夫，"ゾル−ゲル法の科学"，アグネ承風社，1-221 (1987)
4) 作花済夫，"ゾル−ゲル法の応用"，アグネ承風社，1-229 (1997)
5) C. J. Brinker and G. W. Scherer, "Sol-Gel Science", Academic Press, p. 1-908 (1990)
6) Handbook of Sol-Gel Technology, Ed. Sumio Sakka, Volume **1**, Sol-Gel Processing, Volume Editor, H. Kozuka, Kluwer Academic Publishers, Boston, pp. 680 (2004)
7) Handbook of Sol-Gel Technology, Ed. Sumio Sakka, Volume **2**, Characterization of Sol-Gel Materials and Products, Volume Editor, Rui Almeida, Kluwer Academic Publishers, Boston, pp. 497 (2004)
8) Handbook of Sol-Gel Technology, Ed. Sumio Sakka, Volume **3**, Applications of Sol-Gel Technology, Volume Editor, S. Sakka, Kluwer Academic Publishers, Boston, pp. 791 (2004)
9) 作花済夫監修，ゾル−ゲル法のナノテクノロジーへの応用，シーエムシー出版，1-23 (2005)
10) S. Heusing and M. A. Aegerter (2004)，文献8のChap. 35，716-760頁
11) C. J. R. Gonzalez-Oliver and I. Kato, *J. Non-Cryst. Solids*, **82**, 400-401 (1986)
12) 荻原覚，衣川清重，窯業協会誌，**90**, 157-163 (1982)
13) T. Furusaki and K. Kodaira,"High Performance Ceramic Films and Coatings", Ed. P. Vincenzini, Elsevier Science Publishers, Amsterdam, pp. 301-306 (1991)
14) 古崎毅，高橋順一，小平紘平，*J. Ceram. Soc. Japan*, **102**, 200-205 (1994)
15) H. Kawazoe, M. Yasukawa, H. Hyodo, M. Kurita, H. Yanagi, H. Hosono, *Nature*, **389**, 939 (1997)
16) B. Wang, L. Sun, H. Ju, S. Zhao, D. Deng, H. Wang, S. Xu, *J. Sol-Gel Sci. Tech.*, **50**, 368-371

(2009)
17) Y. Han, X. Wang, S. Li, X. Ma, *J. Sol-Gel Sci. Tech.*, **49**, 125-129 (2009)
18) 垣花真人, 鈴木義仁, セラミックス, **44**, 594-597 (2009)
19) R. Reisfeld, *J. Non-Cryst. Solids*, **121**, 254-266 (1990)
20) E. J. A. Pope and J. D. Mackenzie, *J. Non-Cryst. Solids*, **106**, 236-241 (1988)
21) R. M. Almeida, X. Orignac and D. Barbies, *J. Sol-Gel Sci. Tech*, **2**, 465-467 (1994)
22) R. Reisfeld, R. Gvishi and Z. Burshtein, *J. Sol-Gel Sci. Tech*, **4**, 49-55 (1995)
23) K. Yagi, S. Shibata, T. Yano, S. Yasumori, M. Yamane and B. Dunn, *J. Sol-Gel Sci. Tech*, **4**, 67-73 (1995)
24) 柴田修一, 日本ゾル-ゲル学会セミナー講演集, 37-42頁 (2004年5月); 本書第16章 "微小球レーザー" (柴田修一)
25) 松澤隆嗣, 坂口朋也, 平田米一, 竹内信義, セラミックス, **41**, 616-619 (2006)
26) P. Zhang, M. Xu, L. Liu, L. Li, *J. Sol-Gel Sci. Tech.*, **50**, 267-270 (2009)
27) A. Garcia Murille, F. de J. Carrillo Romo, C. Le Luyer, A. de J. Carrillo Romo, M. Garcia Hernandez, J. Moreno Palmerin, *J. Sol-Gel Sci. Tech.*, **50**, 359-367 (2009)
28) N. Yoshida and T. Watanabe, 文献 8 (2004) の Chapter 17, 355-383
29) Kue-Jong Hsien, Wen-Tien Tsai, Ting-Yi Su, *J. Sol-Gel Sci. Tech.*, **51**, 63-69 (2009)
30) X. Li, J. Wu, R. Yang, L. Tian, Z. Zhang, *J. Sol-Gel Sci. Tech.*, **51**, 1-3 (2009)
31) K. Kajihara, T. Yao, *J. Sol-Gel Sci. Tech.*, **19**, 219- (2000)
32) M. C. Fuertas, G. J. A. A. Solar-Illia, *Chem. Mater.* **18**, 2109 (2006)
33) M. Rāileanu, M. Crisan, N. Dragan, D. Crisan, A. G. altayries, A. Brāileanu, A. Ianculescu, V. S. Teodorescu, I. Nitoi, M. Anastasescu, *J. Sol-Gel Sci. Tech.*, **51**, 315-329 (2009)
34) 多賀康訓, 可視光応答型光触媒, シーエムシー出版, 1-219 (2005)
35) M. Anpo and M. Takeuti, *J. Catal.* **216**, 505-516 (2003)
36) R. Asahi, T. Morikawa, T. Ohwaki, K. Aoki and Y. Taga, *Science* **293**, 269-271 (2001)
37) Y. Shen, T. Xiong, H. Du, H. Jin, J. Shang and K. Yang, *J. Sol-Gel Sci. Tech.*, **52**, 41-48 (2009)
38) Y. Jiong, J. Li, X. Sui, G. Ning, C. Wang and X. Gu, *J. Sol-Gel Sci. Tech.*, **42**, 41-45 (2007)
39) Lei Ge, *J. Sol-Gel Sci. Tech.*, **44**, 263-268 (2007)
40) K. Takai, A. Nakajima, A. Fujishima, K. Hashimoto and T. Watanabe, Paper 4, International Conference on Organic-Inorganic Hybrids Science, Technology and Applications, June 12-14, 2000, University of Surrey, UK
41) T. Watanabe, K. Takai, A. Nakajima, K. Hashimoto and T. Adachi, 文献 40 の国際会議の Paper 1
42) K. B. Ameen, K. Rajasekar, T. Rajasekharan, M. V. Rajasekharan, *J. Sol-Gel Sci. Tech.*, **45**, 9-15 (2008)
43) S.-W. Hwang, H.-H. Jung, S.-H. Hyun, Y.-S. Ahn, *J. Sol-Gel Sci. Tech.*, **41**, 139-146 (2007)
44) A. P. Darpathy Rao, A. Venkateswara Rao, Uzma K. H. Bungi, *J. Sol-Gel Sci. Tech.*, **47**, 85-94 (2008)
45) S. Cao, N. Yao, K. L. Yeung, *J. Sol-Gel Sci. Tech.*, **46**, 323-333 (2008)

第 1 章　ゾル－ゲル法の現状

46) H. Luo, G. Churu, E. F. Fabrizio, J. Schnobrich, A. Hobbs, A. Dass, S. Mulik, Y. Zhang, B. P. Grady, A. Capecelatro, C. Sotirion-Leventis, H. Lu, N. Levntis, *J. Sol-Gel Sci. Tech.*, **48**, 113-134 (2008)
47) J. L. Mohanan, S. L. Brock, *J. Sol-Gel Sci. Tech.*, **40**, 341-350 (2006)
48) Je Kyun Lee, G. L. Gould, *J. Sol-Gel Sci. Tech.*, **44**, 29-40 (2007)
49) P. Lorjai, T. Chaisuwan, S. Wongkasemjit, *J. Sol-Gel Sci. Tech.*, **52**, 56-64 (2009)
50) D. Y. Nadargi, S. S. Lathe, A. Venkateswara Rao, *J. Sol-Gel Sci. Tech.*, **49**, 53-59 (2009)
51) K. Kanamori, M. Aizawa, K. Nakanishi, T. Hanada, *J. Sol-Gel Sci. Tech.*, **48**, 172-181 (2008)

第2章　新しいゾル-ゲル法の原料

郡司天博*

1　はじめに

「ゾル-ゲル法」は「アルコキシシランなどの加水分解重縮合反応により生成するゾルがゲル化することを特徴とする材料調製法」ということができる。「ゾル-ゲル法」は"sol-gel method"の術語として親しまれているが，いつの頃からか「ゾル-ゲル法」は"sol-gel process"を指すことが多くなり，現在に至るようである。最近，国際純正・応用化学連合（IUPAC）により"sol-gel process"が"Process through which a network is formed from solution by a progressive change of liquid precursor(s) into a sol, to a gel, and in most cases finally to a dry network"のように定義された[1]。即ち，「液状の前駆物質がゾル，ゲル，そして最終的に多くの場合は乾燥したネットワークへ進行的に変化することにより溶液からネットワークが形成される過程」といえる。この定義はまさしく「ゾルがゲル化する過程」に対する定義であり，ゾル-ゲル法に対する定義では無いようである。「ゾル-ゲル法」は，やはり，"sol-gel method"が正しい術語なのかも知れない。

ゾル-ゲル法による酸化物系材料の調製には，金属アルコキシドが利用されることが多く，sol-gel processは金属アルコキシドの加水分解・重縮合反応に相当する。つまり，金属アルコキシドは加水分解とそれに引き続く重縮合という二段階でネットワークを形成することになる。たとえば，テトラアルコキシシラン（$Si(OR)_4$）を用いると，加水分解によりトリアルコキシシラノール（$Si(OR)_3OH$）が生成する。次に，シラノール（SiOH）とアルコキシ基（SiOR），またはシラノールどうしの縮合反応により，それぞれアルコール（ROH）と水（H_2O）を副生してシロキサン結合（Si-O-Si）を生成する。

このようなシロキサン結合の生成には，ほとんどの場合アルコキシシランやクロロシラン，イソシアナトシランなどの加水分解・重縮合反応が用いられるが，他の反応も利用できる。たとえば，①シラノールとヒドロシリル基間の脱水素反応，②アセトキシシランとアルコキシシランの酢酸エステルを副生する縮合反応，③ジシラン結合の酸化反応，④ *tert*-ブトキシ基などの三級アルコキシ基の脱離によるシラノールの生成とその縮合反応，⑤ヒドロシリル基の酸化によるシ

---

*　Takahiro Gunji　東京理科大学　理工学部　工業化学科　准教授

第2章 新しいゾル-ゲル法の原料

ラノールの生成とその縮合反応，⑥ケイ酸塩からの抽出，なども利用できる。

一方，ゾル-ゲル法に利用されるアルコキシシランは，テトラエトキシシランやトリエトキシ（メチル）シランに代表されるアルコキシモノシランがほとんどであり，それらの重合体であるアルコキシオリゴシロキサンやアルコキシポリシロキサンの利用例は少ない。また，環状構造を有するシクロテトラシロキサンやカゴ型シルセスキオキサンの利用例も少ない。これは，これらの化合物が入手しにくいことに一因があり，安定的に大量の供給が可能になれば十分に利用できる化合物群である。これらのオリゴマーやポリマーを利用すると加水分解重縮合により副生するアルコールが減少するので，溶媒の揮発に伴う割れの発生や寸法変化が軽減されると期待され，ゾル-ゲル法による材料調製に大きく寄与できる化合物群である。これらの化合物を大まかに分類すると，アルコキシモノシランやアルコキシオリゴシロキサン，アルコキシポリシロキサンは一次元の原料，シクロテトラシロキサンは二次元の原料，カゴ型シルセスキオキサンは三次元の原料となり，一次元から二次元や三次元ゾル-ゲル法への展開が期待できる。

2　一次元ゾル-ゲル法の原料

ゾル-ゲル法による酸化物系材料の調製が提唱されて以来，現在に至るもアルコキシモノシランが代表的な原料である。特に，テトラエトキシシラン（$Si(OEt)_4$）やテトラメトキシシラン（$Si(OMe)_4$）はゾル-ゲル法によるシリカガラスの原料として多用されている。これらのアルコキシモノシランは，加水分解重縮合の過程でアルコールを副生することが特徴であり，このアルコールによりシリカネットワークの密度が低下し，ひいてはそれから調製される材料の寸法安定性も低下するという欠点になるが，一方，副生成物が比較的安全性の高い化合物であるという利点がある。たとえば，クロロシランやアセトキシシランも原料として利用し得るが，それぞれ塩化水素や酢酸が副生するので，その適切な処理が肝要になる。

アルコキシモノシランの重合体も一次元ゾル-ゲル法の原料として有望である。しかし，最も簡単な重合体であるヘキサエトキシジシロキサン（$(EtO)_3SiOSi(OEt)_3$）やヘキサメトキシジシロキサン（$(MeO)_3SiOSi(OMe)_3$）でさえも市販されておらず，入手が困難な原料である。

ヘキサエトキシジシロキサンはテトラエトキシシランのゾル-ゲル法において初期過程に生成する化合物として知られており，ゾル-ゲル法の教科書にも頻繁に登場する化合物である。また，酸を触媒とするゾル-ゲル法では「鎖状」化合物であるオクタエトキシトリシロキサン（$(EtO)_3SiOSi(OEt)_2OSi(OEt)_3$）やデカエトキシテトラシロキサン（$(EtO)_3SiOSi(OEt)_2OSi(EtO)_2OSi(OEt)_3$）が生成することが知られている。しかし，実際のゾル-ゲル法においては，多種のエトキシオリゴシロキサンの加水分解重縮合反応が並行するので，これらの化合物を高選

択的に合成・単離することは難しい。

　アルコキシモノシランやアルコキシジシロキサンの合成には，これらのシロキサン骨格を有するケイ酸塩の抽出が利用できる。たとえば，$Ca_3(SiO_4)O$ や $\gamma\text{-}Ca_2SiO_4$，ポルトランドセメントからはテトラエトキシシランが，$Ca_2ZnSi_2O_7$（ハーディストナイト）からヘキサエトキシジシロキサンが合成される[2]。すなわち，ケイ酸カルシウムと酸化亜鉛から合成されるハーディストナイトはジシロキサンの骨格を有するので，式(1)のようにこれとエタノール，トルエン，塩酸を混合して加熱すると，共沸蒸留時にエステル化が進行し，ヘキサエトキシジシロキサンを主成分とするエトキシオリゴシロキサンの混合物が得られる。これを精留してヘキサエトキシジシロキサンを得る。同様の方法により，ヘキサプロポキシジシロキサン（$(PrO)_3SiOSi(OPr)_3$），ヘキサイソプロポキシジシロキサン（$(Pr^iO)_3SiOSi(OPr^i)_3$），ヘキサブトキシジシロキサン（$(BuO)_3SiOSi(OBu)_3$）なども合成される。

$$Ca_2ZnSi_2O_7 \xrightarrow[ROH]{H^{\oplus}} \underset{\underset{OH}{|}}{\overset{\overset{OH}{|}}{HO-Si}}-O-\underset{\underset{OH}{|}}{\overset{\overset{OH}{|}}{Si-OH}} \xrightarrow[-H_2O]{ROH} \underset{\underset{OR}{|}}{\overset{\overset{OR}{|}}{RO-Si}}-O-\underset{\underset{OR}{|}}{\overset{\overset{OR}{|}}{Si-OR}} \quad (1)$$

(R=Et, Pr, Pr^i, Bu)

　エトキシオリゴシロキサンは，トリエトキシシラン（$HSi(OEt)_3$）のヒドリド基の酸化によるトリエトキシシラノール（$(EtO)_3SiOH$）の生成と，それに引き続くトリエトキシシラノールとトリエトキシシランの脱エタノール反応により合成される。この反応では，ヒドリド基の酸化により選択的にシラノールを生成するので，反応系内に発生するシラノールの量により，その縮合反応を制御することができる。また，シラノールの発生量は系内に流通する酸素により容易に制御される。その結果，高選択的にシロキサン結合を生成することができる。

　たとえば，図1のように，トリエトキシシランをWilkinson触媒存在下で酸素により酸化してトリエトキシシラノールを系中に発生させ，これとトリエトキシシランの反応により生成するペンタエトキシジシロキサン（$(EtO)_3SiOSiH(OEt)_2$）を蒸留により単離する。このペンタエトキシジシロキサンを亜鉛存在下でエタノールと反応することによりヘキサエトキシジシロキサンを得る。一方，ペンタエトキシジシロキサンをWilkinson触媒存在下で酸素により酸化すると2種類のノナエトキシテトラシロキサン（$(EtO)_3SiOSi(OEt)_2Si(OEt)_2OSiH(OEt)_2$ および $(EtO)_3SiOSi(OEt)_2SiH(OEt)OSi(OEt)_3$）が生成し，これを減圧蒸留により分離してから亜鉛存在下でエタノールと反応するとデカエトキシシロキサンが得られる。また，オクタエトキシトリシロキサンはこれら一連の過程で副生成物として分離される[3]。

　さらに高分子量のアルコキシポリシルセスキオキサンも，新しいゾル－ゲル法の原料となり得る。即ち，式(6)のようにテトラエトキシシランやテトラメトキシシランを窒素気流下で加水分

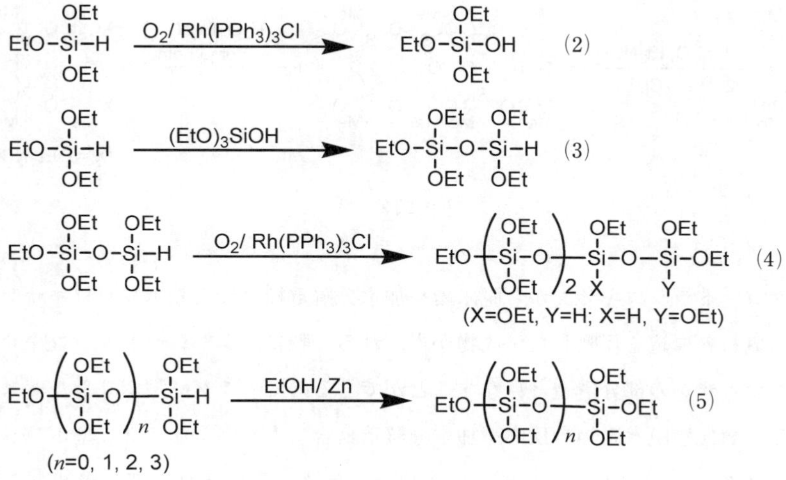

第2章 新しいゾル–ゲル法の原料

図1

解重縮合することにより,高分子量のエトキシポリシルセスキオキサンやメトキシポリシルセスキオキサンが得られる[4]。

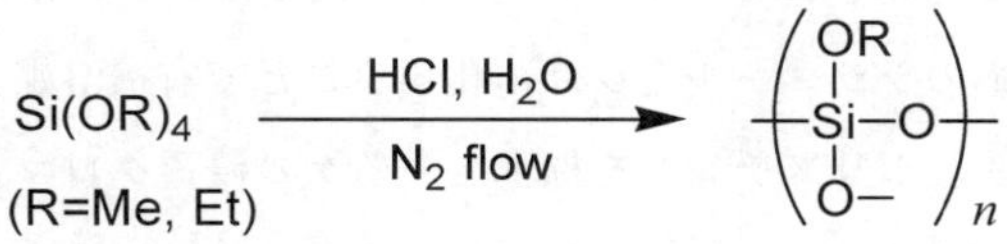

3 二次元ゾル–ゲル法の原料

アルコキシモノシランやアルコキシオリゴシロキサン,アルコキシポリシロキサンが鎖状構造を中心とする一次元の原料とすると,環状構造を有するシクロシロキサンは二次元の原料と位置づけられる。特に,シクロテトラシロキサンは熱力学的に最も安定な環状シロキサンであり,また,4つのケイ素原子に官能基を導入した化合物が多数市販されており,入手も比較的容易な原料である。たとえば,2,4,6,8-テトラエトキシ-2,4,6,8-テトラメチルシクロテトラシロキサン（$(SiMe(OEt)O)_4$）は四官能性の原料となるが,同じく四官能性のテトラエトキシシランと比べると,分子の大きさや官能基の置換位置が異なるので,その反応性や生成物の物性はまったく異なる。

これらは,加水分解重縮合によるほかに,ヒドリド基を有する化合物の脱水素反応を利用したシロキサン結合の生成も可能になる。図2のように,ヒドリド基,エトキシ基,イソシアナト基

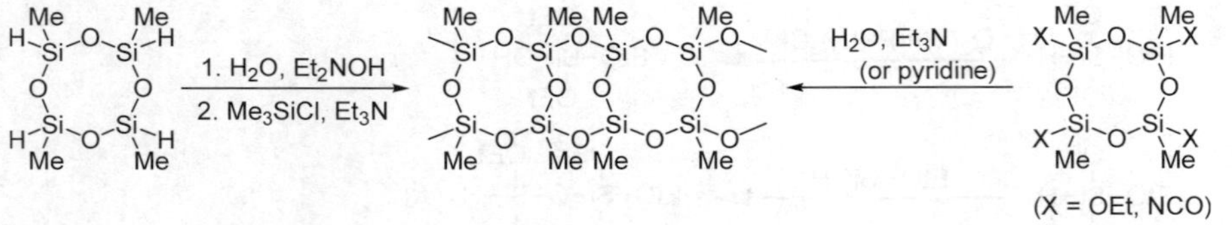

図2

を有するシクロテトラシロキサンから脱水素や加水分解重縮合によりポリシロキサンを合成すると、これらの原料の構造を反映した生成物が得られる。特に、シクロテトラシロキサンはラダー型シルセスキオキサンの部分構造と見なすことができるので、ラダー型ポリシルセスキオキサンが生成し得る。簡便な脱水素縮合反応や加水分解重縮合により完全なラダー型ポリシルセスキオキサンを合成することは難しく、たいていの場合、ラダー型が壊れた部分構造を有する部分ラダー型ポリシルセスキオキサンが生成する[5]。

2,4,6,8-テトラメチルシクロテトラシロキサンと水を混合し、そこに N,N-ジエチルヒドロキシルアミンを加えて、室温で撹拌し、クロロ（トリメチル）シランを、続いてトリエチルアミンを加えてシリル化することでメチルポリシルセスキオキサン（X＝H）の白色粉末を得る。脱水素反応の進行は水素ガスの発生を目視することで確認される。シリル化しないとシラノールが縮合し精製中にゲルを生じるため、残存する未反応のシラノールをシリル化することで有機溶媒に可溶なメチルポリシルセスキオキサンが得られる。ポリスチレンを標準とするゲル浸透クロマトグラフにより重量平均分子量は M_w ＝ 42,000、分子量分散度は M_w/M_n ＝ 2.7 程度のメチルポリシルセスキオキサンが生成することがわかる。

一方、2,4,6,8-テトラエトキシ-2,4,6,8-テトラメチルシクロテトラシロキサンをトリエチルアミン存在下加水分解し、希塩酸で洗浄し、メタノールを加えて静置後メタノールを除くとメチルポリシルセスキオキサン（X＝OEt）の高粘性液体が得られる。加水分解重縮合は触媒の塩基性度により変化し、ピリジンを用いるとほとんど進行せず低分子量体を得るのみであるが、トリエチルアミンを用いると高分子量体が得られる。ゲル浸透クロマトグラフにより M_w ＝ 55,000、M_w/M_n ＝ 5.8 程度のメチルポリシルセスキオキサンが生成していることがわかるが、分子量分散度が大きいことからシクロテトラシロキサン環が不規則に連結しかつ分岐した構造を有していると考えられる。

2,4,6,8-テトライソシアナト-2,4,6,8-テトラメチルシクロテトラシロキサンをピリジン存在下加水分解し、エタノールを加えてから塩をろ過後、希塩酸で洗浄し、再沈殿することでメチルポリシルセスキオキサン（X＝NCO）の白色粉末が得られる。加水分解重縮合反応では、残存するイソシアナト基をエタノールで置換することで、M_w ＝ 70,000、M_w/M_n ＝ 2.1 で有機溶媒に可溶なメ

チルポリシルセスキオキサン（X＝NCO）を得る。

　これらのメチルポリシルセスキオキサン（X＝H）および（X＝NCO）について粘度，光散乱，屈折率検出器を備えた GPC を用いて絶対分子量を算出すると，X＝H，X＝NCO でそれぞれ 214,000，285,000 であり，ポリスチレン換算で算出した分子量の 4－5 倍を示す。また，櫻田-Mark-Houwink 式（$[\eta]=KM_w^a$，$[\eta]$：粘度，K：定数，M_w：重量平均分子量，a：定数）に当てはめると $\log[\eta]$ と $\log[M_w]$ は良い直線関係を示し，X＝H では $a=0.38$ となりコンパクトな球状枝分かれ構造であることがわかり，X＝NCO では $a=0.53$ であり枝分かれ構造の少ない柔軟なラダー骨格を有すると推測される。また，メチルポリシルセスキオキサン（X＝NCO）は（X＝H）よりも鎖状高分子に近い構造であることがわかる。

　^{29}Si 核磁気共鳴（NMR）スペクトルでは，高い規則性を有するシロキサン骨格が分子中に多いほどそのシグナルの半値幅（$\Delta_{1/2}$）は狭いことが報告されているので $MeSiO_{3/2}$（T^{3Me}）構造に由来するシグナルの半値幅を求めると，メチルポリシルセスキオキサン（X＝H）および（X＝OEt）の $\Delta_{1/2}$ はそれぞれ 190 および 184 Hz と比較的大きく，また，重合度も小さいことから，シロキサン骨格が制御されていないことがわかる。一方，メチルポリシルセスキオキサン（X＝NCO）は $\Delta_{1/2}=118$ Hz であり，過去に報告されているメチルポリシルセスキオキサンに比べて半値幅が最も小さく，また，縮合度も大きいことから，よりラダー構造に制御されていると示唆される。

　一方，メチルポリシルセスキオキサン（X＝H），（X＝OEt），（X＝NCO）の赤外吸収スペクトルには 1,030 および 1,130 cm^{-1} にシルセスキオキサンに特有の非常に強い SiOSi 逆対称伸縮振動のバンドが見られ，X＝H，OEt，NCO の順に低波数側のバンド（1,030 cm^{-1}）は小さくなり，高波数側のバンド（1,130 cm^{-1}）は大きくなる。また，シロキサン骨格が剛直になると高波数に吸収がシフトすることから，メチルポリシルセスキオキサン（X＝NCO）は X＝H および X＝OEt に比べて剛直なシロキサン骨格を有していると示唆される。

4　三次元ゾル－ゲル法の原料

　カゴ型シルセスキオキサンは 12 個のシロキサン結合からなる立方体に擬される構造を有する化合物であり，その頂点にあたる箇所にケイ素原子がありさまざまな置換基が導入できることから，シリカ系有機－無機ハイブリッドの原料として利用されている。このケイ素原子にアルコキシ基が導入されれば，ゾル－ゲル法による加水分解重縮合反応に供することにより，新奇な構造と物性を有するシリカ系材料が得られると期待される。

　ケイ素原子に 3-メタクリロイルオキシプロピル基や 3-グリシドキシプロピル基などの炭素官

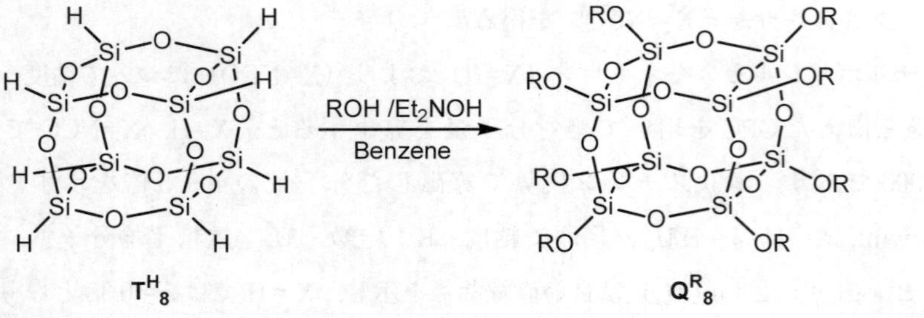

$$T^H_8 \xrightarrow{\text{ROH /Et}_2\text{NOH}, \text{Benzene}} Q^R_8 \tag{8}$$

R=Ethyl, Isopropyl, Butyl, Isobutyl, s-Butyl, t-Butyl, Octyl, Cyclohexyl, 2-Methacryloyloxyethyl, 3-Methacryloyloxypropyl

図3

能性基が置換したカゴ型シルセスキオキサンはオクタヒドリドオクタシルセスキオキサン（$(HSiO_{3/2})_8$, T^H_8）と対応するオレフィンとのヒドロシリル化反応により比較的容易に合成される。一方，アルコキシ基のようなケイ素官能性基を導入することは難しく，T^H_8の塩素化によるT^{Cl}_8の合成とそれに引き続くアルコキシ化[6,7]やT^H_8とメタールの脱水素反応[8]，ジエチルヒドロキシルアミン存在下でのT^H_8とヘキサノールの脱水素反応[9]により合成されている。これらの反応スキームの中で，反応が穏やかなことから，最後のプロセスが好ましいが，詳細な反応機構は文献に示されていない。しかし，他のアルコキシシルセスキオキサンの合成に応用が可能であり，図3のスキームのようにジエチルヒドロキシルアミン存在下でT^H_8とアルコールの脱水素反応によりオクタアルコキシカゴ型シルセスキオキサン（$((RO)SiO_{3/2})_8$, Q^R_8）が合成される[10,16]。

T^H_8をベンゼンに溶解し，エタノールとジエチルヒドロキシアミンを混合して撹拌する。この方法によりQ^{Et}_8を合成するとQ^{Et}_8重合体が副生するので，ゲル浸透クロマトグラフィにより分取し，50%の収率で白色固体として単離される。なお，このQ^{Et}_8重合体の赤外吸収スペクトルにはSi-H基による吸収がみられないので，Q^{Et}_8重合体はジエチルヒドロキシアミンを含む溶液中でQ^{Et}_8の加水分解縮合により生成すると考えられる。一方，エチル基よりも嵩高い置換基を有するQ^R_8には重合体の生成がみられず，Q^{i-Pr}_8，Q^{i-Bu}_8，Q^{s-Bu}_8，Q^{t-Bu}_8，Q^{Cy}_8は白色粉末として，Q^{Bu}_8およびQ^{Oct}_8は高粘性液体として単離される。

これらのアルコキシ基のほかに，メタクリル酸2-ヒドロキシエチル（HEMA）やメタクリル酸3-ヒドロキシプロピル（HPMA）を用いるとQ^{HEMA}_8，Q^{HPMA}_8が得られる。これらはアルコキシ基とメタクリル基を有するので，有機－無機ハイブリッドの新たな原料としての利用が期待される。

第2章　新しいゾル-ゲル法の原料

5　おわりに

　一次元ゾル-ゲル法の原料として，トリエトキシシランやエトキシヒドロシロキサンのWilkinson触媒による酸化反応と，それに引き続く縮合反応により，エトキシオリゴシロキサンが合成される。ヒドリド基を有するエトキシシロキサンは，ヒドリド基をエトキシ基に置換することによりヘキサエトキシジシロキサン，オクタエトキシトリシロキサン，デカエトキシテトラシロキサンなどのエトキシオリゴシロキサンが高効率で合成される。また，テトラエトキシシランを窒素気流下で加水分解重縮合することにより，エトキシポリシルセスキオキサンが合成される。

　一方，二次元ゾル-ゲル法の原料として，2,4,6,8-テトラメチルシクロテトラシロキサンと水の脱水素縮合反応，または，2,4,6,8-テトラエトキシ-2,4,6,8-テトラメチルシクロテトラシロキサンや2,4,6,8-テトライソシアナト-2,4,6,8-テトラメチルシクロテトラシロキサンの加水分解重縮合によりラダー型メチルポリシルセスキオキサンを得る。

　さらに，三次元ゾル-ゲル法の原料として，ジエチルヒドロキシアミン存在下でオクタヒドリドカゴ型シルセスキオキサンとアルコールの反応によりオクタアルコキシカゴ型シルセスキオキサンが合成される。

　これらの化合物は基本的なアルコキシシロキサンであるにもかかわらず，これまで選択的に合成されてこなかった化合物である。これまではゾル-ゲル法においてテトラアルコキシシランが多用されており，ジシロキサンやトリシロキサン，テトラシロキサンを始めとする二次元，三次元シロキサン化合物は検討されていない。これらの大量合成が可能になれば，ゾル-ゲル反応の新しい一分野を築くという期待も高く，今後の発展が楽しみな化合物である。

文　　献

1) J. Alemán, A. V. Chadwick, J. He, M. Hess, K. Horie, R. G. Jones, P. Kratochvíl, I. Meisel, I. Mita, G. Moad, S. Penczek, R. F. T. Stepto, *Pure Appl. Chem.*, **79**, 1801-1829（2007）
2) G. B, Goodwin, M. E. Kenney, *Inorg. Chem.*, **29**, 1216-1220（1990）
3) T. Gunji, N. Ueda, Y. Abe, *J. Sol-Gel Sci. & Tech.*, **48**, 163-167（2008）
4) Y. Abe, R. Shimano, K. Arimitsu, T. Gunji, *J. Polym. Sci. Part A: Polym. Chem.*, **41**, 2250-55（2003）
5) H. Seki, T. Kajiwara, Y. Abe, T. Gunji, *J. Organometal. Chem.*, in press

6) M. J. Bennett, P. B. Donaldson, *Inorg. Chem.*, **16**, 1585-9 (1977)
7) C. S. Klemperer, V. V. Mainz, D. M. Millar, and G. C. Ruben, *J. Inorg. Organometal. Polym.*, **1**, 335 (1991)
8) 小林敏明，林輝幸，田中正人，特開 2001-48890
9) A. R. Bassindale and T. Gentle, *J. Organomet. Chem.*, **512**, 391 (1996)
10) N. Ueda, T. Gunji, Y. Abe, *Material Technology*, **26**, 162-169 (2008)

第3章　ゲル化と無機バルク体の形成

安盛敦雄*

1　はじめに

ゾル－ゲル法による無機材料の作製は，これまで40年近くに渡り非常に多くの研究がなされ，成書も数多く出されている[1]。その中でバルク体（特にガラス材料）を合成する方法は，かつてはゾル－ゲル法の研究対象の主流であったが，既存のプロセスに対する優位性がなかなか得られないこともあり，現在までに実用化されている材料は主に微粒子や薄膜である。その後バルク体の研究は，有機高分子等と組み合わせて作製する有機－無機コンポジット材料に移行した。しかし微粒子分散型の複合材料や傾斜機能材料，あるいは多孔質材料などの機能材料の作製に対しては，優れた耐化学・熱・機械特性や高い屈折率など，マトリックスが無機材料であることのメリットも大きいことから，引き続き研究が進められている。そこで本章では，ゾル－ゲル法による無機バルク体の作製について，その基本となるシリカゲルの形成過程について述べた後，多成分系バルク体の作製とその機能性材料への応用について紹介することにする。

2　ゾル－ゲル法によるシリカゲルの作製プロセス

ゾル－ゲル法は現在では非常に多様なプロセスになっているが，無機バルク体（主としてガラス材料）の作製において液体（ゾル）から固体（ゲル）への変化を伴うゾル－ゲル法本来の特長を生かした方法としては，金属アルコキシドの加水分解，重縮合反応により生成したゾル（コロイド粒子＋液相）を容器に流し込み，それらの凝集によるゲル状態（固相），乾燥過程を経て，最終的には熱処理を行うプロセスを指すことが多い。

その代表的な例として，シリコンアルコキシド（$Si(OR)_4$，OR：アルコキシ基）を用いたシリカゲル－ガラスの作製プロセスを図1に示す。シリコンアルコキシドの加水分解，重縮合反応により得られるシリカ微粒子の粒径は数nm－数百nm程度であり，この微粒子の凝集によりゲル状態に移行する。得られた湿潤ゲルを乾燥すると，微粒子が3次元的に連なった状態で構造を形成するキセロゲルとなる（単にゲルとも呼ばれる）。このキセロゲルは多孔体であり気孔率は

---

*　Atsuo Yasumori　東京理科大学　基礎工学部　材料工学科　教授

20％から90％を越えるものまで，また比表面積は数十から数百 m²/g まで作製方法によって大きく変化する。このキセロゲルをさらに熱処理して焼結することにより，シリカガラスや後で述べる様々な多成分系バルク体を作製することができる。

この方法で問題となるのは，「湿潤ゲル→キセロゲル」

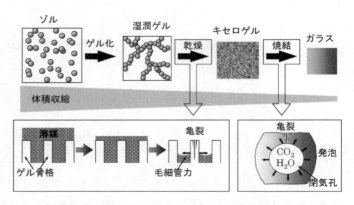

図1　シリコンアルコキシドを用いたゾル-ゲル法によるシリカガラスの作製プロセス

の乾燥過程とキセロゲルの焼結過程で生じる大きな体積収縮による亀裂の発生や発泡であり，これらの現象を防ぐため様々な工夫が必要となる。乾燥過程での亀裂発生のおもな原因は，溶媒（アルコールや水）の揮発にともないゲル中に生じる毛細管力によるものである。一方，焼結過程での亀裂，発泡の原因は，吸着（残留）溶媒の気化や残留有機物の酸化，脱水縮合反応で生じる炭酸ガスや水などのガス発生が主で，特に焼結が進み閉気孔ができてから反応が進行すると問題となる。

これら乾燥・焼結過程での亀裂，発泡の抑制方法としては，基本的にはゲル構造を制御し，細孔径を大きくすることにより毛細管力によって発生する応力を抑制する，閉気孔が形成される前にガスの発生を伴う反応を完了させる，といった方法が取られる。したがって，反応─熟成─乾燥条件を上手に制御して，所望の細孔構造を持つゲルを作製することが重要となる。以下にプロセスに影響する因子のいくつかを示すことにする。

2.1　反応に影響する因子

シリコンアルコキシドを原料として作製するシリカゲルの物性はシリコンアルコキシドの反応（加水分解反応と重縮合反応）が大きく影響する。この反応は以下に示す式で簡単に表される。

　　加水分解反応：$Si(OR)_4 + 4H_2O \rightarrow Si(OH)_4 + 4ROH$
　　重縮合反応：　$Si(OH)_4 \rightarrow SiO_2 + 2H_2O$

しかし，実際には加水分解反応と重縮合反応は同時かつ複雑に進行しており，原料の濃度，$[H_2O]/[Si(OR)_4]$ 比，反応温度などの他に，添加する水の酸・塩基性などが反応に大きく影響する。例えば，一般にアルコキシドの濃度が高く，かつ $[H_2O]/[Si(OR)_4]$ 比が2程度と小さ

第3章 ゲル化と無機バルク体の形成

いと薄膜やファイバーを形成しやすく，4程度だとバルクのゲルに，さらにH_2O量が多いとゲル状沈殿が生じることが多い。一方，アルコキシド濃度が低いと球状粒子（単分散微粒子）を得ることができる。また出発原料に$Si(OCH_3)_4$を用いてバルクシリカゲルを作製する場合，添加するH_2OのpH値をHClやNH_3を用いて変えると，シリカゲルの物性は表1のように大きく変化する。一般にゲルを構成するシリカ微粒子の大きさは，添加する水のpH値が低いと数～数十nmの微細となりゲルは緻密な構造になる。一方，pH値が高い時は数十～数百nmの粗粒となり，構造は疎になる傾向にあることが知られている[2]。これらを基に推定されるシリカゲルの構造モデルは図2のようになる。

2.2 ゲルの細孔構造に影響する因子

先に示したシリカゲルの物性は，ゲルを形成している微粒子の構造や大きさにより決定されている。例えばアンモニアを添加した場合，その細孔構造は図2(b)に示すいわゆる「インクボトル」型を示し，触媒無添加の場合より1桁大きい細孔を持つゲルとなる[3]。またHClを用いた場合は図2(a)のシリカ微粒子がさらに小さくなった状態と考えることができ，細孔径が非常に小さく緻密なゲル構造となるため，ほとんど気体の吸着が起きず，また光散乱が無い透明な無機バルク体となる。しかし細孔径が非常に小さいことにより，ゲルの乾燥・熱処理過程での亀裂の生成や発泡により焼結，ガラス化は非常に困難となる。一方，熟成・乾燥過程におけるシリカ微粒子の配列状態の変化によっても，シリカゲルの構造は大きく影響を受け，熟成・乾燥過程での温度を変化させることで，比表面積の値が数m^2/gから約800 m^2/gと100倍以上変化することもある[2,4]。

2.3 添加物のゲルの構造に及ぼす影響

ゾルに添加する特に有機物質によってもゲルの物性を制御することが可能となる。Henchら[5]，

表1 添加するH_2OのpH値によるシリカゲルの物性の変化

pH	3.0	5.7	9.5
かさ密度 (g・cm^{-3})	1.56	1.20	0.56
比表面積 (m^2・g^{-1})	–	550	630

$Si(OCH_3)_4 : H_2O : CH_3OH = 1 : 4 : 5$ （mol比）

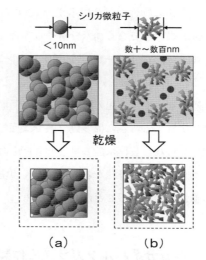

図2 シリコンアルコキシド溶液から作製したシリカゲルの構造モデル
(a)触媒無添加，(b)アンモニア添加

作花ら[6]はホルムアミドやジメチルホルムアミド（DMF）を添加することにより，熟成・乾燥過程でのゲルからの亀裂発生を防げることを報告した。それらを用いて著者らが作製したゲルの物性を表2に示す[3]。これらは一般に乾燥制御化学添加剤（DCCA）と呼ばれているが，乾燥だけでなく加水分解や重縮合反応にも関与していると考えられる。同様の添加剤として，エチレングリコール[7,8]やポリエチレングリコール[9]なども用いられ，ゲルの構造が制御されている。

表2　添加物によるシリカゲルの物性の変化

添加物	Formamide	DMF
かさ密度（$g \cdot cm^{-3}$）	0.54	0.63
比表面積（$m^2 \cdot g^{-1}$）	270	720

$Si(OCH_3)_4 : H_2O : CH_3OH :$ 添加物 $= 1 : 4 : 5 : 0.5$（mol比）

実際の反応では上記の因子に加えて温度や湿度，溶媒の種類・量・蒸気圧などが反応とゲルの物性に影響する。さらに多成分系では反応形態自体が非常に複雑になる。また多孔体特性以外にも残留有機物，表面水酸基量なども反応の影響を大きく受ける。したがって上記のような因子がバルク体作製の指針になるとはいえ，現実には試行錯誤的に反応，および結果として得られる材料の物性を制御することが必要となる。

3　多成分系バルクガラスの作製

前節までで述べたように，ゾル－ゲル法によるバルク体の作製では，ゲル中の各成分の分布はそのまま焼結後の状態に反映されるため，前駆体としてのゲルは少なくとも巨視的に均質で（あるいは制御された組成分布をもち）亀裂などの無いことが必須要件となる。次に多成分系バルク体の例として多成分系ガラスの作製について示す。

3.1　高融点酸化物を含むケイ酸塩ガラスの作製

金属アルコキシドの水に対する反応性は，金属の種類やアルコキシ基の種類によって種々異なる。この反応性の違いを制御する一つの方法に，アセチルアセトンのようなキレート化剤を用いて金属の配位状態を化学的に修飾する方法[10]や，反応性の低いシリコンアルコキシドをあらかじめ部分加水分解する方法がある[11]。例えば，Al_2O_3，ZrO_2，TiO_2などの高融点酸化物を多量に含むケイ酸塩ガラスを作製する場合，反応性が比較的低いシリコンメトキシドのアルコキシ基を部分的に加水分解反応させた後，反応性が高いAl，Ti，Zrなどのアルコキシドを添加混合すると，比較的均質度の高いゲルが得られる[12]。

第3章　ゲル化と無機バルク体の形成

3.2　アルカリ金属・アルカリ土類金属酸化物などを含む多成分ケイ酸塩ガラスの作製

　低温で焼結・ガラス化する組成のゲルを作製する場合，アルカリ金属，アルカリ土類金属，遷移金属の酢酸塩や硝酸塩など無機塩の水溶液を原料として用いる。しかし，ゲルを単純に乾燥する際に溶媒の揮発によって金属イオンがゲルの外表面まで運ばれ，無機塩の結晶として再析出してしまい内部には残らない[13]。このような析出を防ぐためには，ゲルの細孔中にある水を塩の溶解度が低くかつ水と相互溶解するアセトンやイソプロパノール等の有機溶媒で置換する方法が有効である。この方法では，例えば$Na_2O-B_2O_3-SiO_2$系ガラスが，酢酸ナトリウム，ホウ酸およびシリコンメトキシドを原料に用いることで，概ね600℃以下の温度で得られている[14,15]。

4　ゾル-ゲル法を用いた機能性バルクガラスの作製

　始めに述べたように，ゾル-ゲル法による無機バルク体の作製は，求める機能の実現が既存のプロセスでは困難である微粒子分散型の複合材料や傾斜機能材料などの機能材料の作製に対して，研究が進められてきた。そこで，ゾル-ゲル法により作製された機能性バルクガラスについて，いくつか紹介することにする。

4.1　CdS微粒子分散光学ガラスの作製

　CdSやPbS等の非酸化物半導体微粒子が分散したガラスを作製する場合，上記の3.2項で述べたような方法を用いて硫化物微粒子が分散しているゲルを作製し，窒素雰囲気で焼結を行うことでガラス中に微粒子を閉じ込める。熱処理条件を最適化することで，直径数nmの微粒子を15 mass%程度含有したガラスを作製することが可能である[16]。

4.2　屈折率分布ガラスの作製

　中心から周辺部に向けてほぼ放物線状に屈折率が変化する屈折率分布レンズを得ることも可能である。例えば上記3.2項の方法に従って，鉛イオンとアルカリ金属イオンの組み合わせで屈折率分布を形成した場合には，この分布は熱処理過程でも維持され，最終的に直径が10 mm以上の連続的な屈折率分布をもつガラスが作製できる[17〜19]。

4.3　磁性体微粒子分散ガラスの作製

　ナノメートルスケールの磁性体微粒子化を透明マトリックス中に分散させることで，可視から近赤外域の透明性や，異方性磁化を発現させることができる。粒径20-60 nm程度のマグネタイト微粒子を静磁場下で分散・配向させてシリカゲル中に導入，ガラス化させた材料では，保磁力

の増加と共にマグネタイト微粒子の配列による一軸異方性の磁性・磁気光学特性を発現する[20,21]。また，ファラデー回転能を示す磁気光学材料である Bi 置換 YIG（$Bi_xY_{3-x}Fe_5O_{12}$）微粒子を Na_2O-B_2O_3-SiO_2 系ガラス中に分散させた材料は，Bi 置換 YIG 薄膜とほぼ同様の磁気光学スペクトルを示す[22]。

5 おわりに

始めに述べたように，ゾル－ゲル法による無機バルク体の合成は，微粒子分散型複合材料や傾斜機能材料など，既存のプロセスでは作製が困難な機能材料の作製に対しては，依然として優位な部分もかなりあるものと思われる。ゾル－ゲル法による無機バルク体の作製についてのこれまで 40 年間に渡る研究の蓄積を，ナノスケールでの材料構築に積極的に活かすことで，新たな機能を有する材料の創製に繋がることを期待する。

文　　献

1) 作花済夫，ゾル－ゲル法の科学，アグネ承風社（1988）；山根正之編著，ゾルゲル法の技術的課題とその対策，アイピーシー（1990）；作花済夫，ゾル－ゲル法の応用，アグネ承風社（1997）；作花済夫編著，ゾル－ゲル法応用技術の新展開，シーエムシー出版（2000）；L. C. Klein eds., "Sol-Gel Technology for Thin Films, Fibers, Preforms, Electronics, and Specialty Shapes", William Andrew Pub.（1999）他，洋書は 30 冊以上
2) A. Yasumori, M. Yamane and T. Kawaguchi, "Ultrastructure processing of advanced ceramics", p355, John Wiley & Sons (1988)
3) A. Yasumori, M. Anma and M. Yamane, *Phys. Chem. Glasses*, **30**, 193 (1989)
4) A. Yasumori, H. Kawazoe and M. Yamane, *J. Non-Cryst. Solids*, **100**, 215 (1988)
5) S. Wallace and L. L. Hench, "Better Ceramics Through Chemistry", p47, North-Holland (1984)
6) T. Adachi and S. Sakka, *J. Non-Cryst. Solids*, **99**, 118 (1988)
7) N. Uchida, N. Ishiyama, Z. Kato and K. Uematsu, *J. Material Sci.*, **29**, 5188 (1994)
8) V. K. Parashar, V. Raman and O. P. Bahl, *J. Material Sci. Lett.*, **15**, 1403 (1996)
9) R. Takahashi, S. Sato, T. Sodesawa, M. Suzuki and K. Ogura, *Bull. Chem. Soc. Jpn.*, **73**, 765 (2000)
10) J. Livage, F. Babonneau and C. Sanchez, "Sol-Gel Optics: Processing and Applications", p39, Kluwer Academic Publishers (1994)
11) B. E. Yoldas, *J. Non-Cryst. Solids*, **38 & 39**, 81 (1980)

第3章 ゲル化と無機バルク体の形成

12) S. Sakka, "Treatise on Materials Science and Technology, Vol. 22, Glass III", p129, Academic Press (1982)
13) H. Maeda, M. Iwasaki, A. Yasumori and M. Yamane, *J. Non-Cryst. Solids*, **121**, 61 (1990)
14) J. Chang, A. Yasumori, H. Kawazoe and M. Yamane, *J. Non-Cryst. Solids*, **121**, 177 (1990)
15) J. Chang, A. Yasumori and M. Yamane, *J. Non-Cryst. Solids*, **134**, 32 (1991)
16) T. Takada, T. Yano, A. Yasumori, M. Yamane and J. D. Mackenzie, *J. Non-Cryst. Solids*, **147 & 148**, 631 (1992)
17) T. M. Che, M. A. Banash, P. R. Soskey and P. B. Dorain, "Sol-Gel Optics: Processing and Applications", p373, Kluwer Academic Publishers (1994)
18) M. Yamane, H. Koike, Y. Kurasawa and S. Nod, *SPIE Symp. Proc.*, **2288**, 546 (1994)
19) M. Fukuoka and H. Koike, *J. Ceram. Soc. Japan*, **110**, 735 (2002)
20) A. Yasumori, H. Matsumoto, S. Hayashi and K. Okada, *SPIE Symp. Proc.*, **3136**, 315 (1997)
21) A. Yasumori, H. Matsumoto, S. Hayashi and K. Okada, *J. Sol-Gel Sci. Tech*, **18**, 249 (2000)
22) A. Yasumori, T. Katsuyama, Y. Kameshima and K. Okada, *J. Sol-Gel Sci. Tech.*, **19**, 813 (2000)

第4章　無機イオン・ナノ粒子分散材料の形成

野上正行*

1　はじめに

ゾル-ゲル法は，高純度で高均質なセラミックスを，より低い温度で加熱するだけで作製できる方法として，その基礎・応用研究が進められている。そのための原料合成とプロセスの改良に多くの力が注がれてきた。ここでは，無機イオンやナノ粒子を分散性よくマトリックスに入れることで，マトリックスの性質を損ねることなく，分散体の特性を効果的に発現させることを考え，マトリックスをガラスとし，希土類イオンと半導体や金属のナノ粒子を分散させたものについてその特性について述べる。

2　希土類イオン分散ガラス

希土類イオンの f-f 遷移に基づく発光は，分光的には比較的シャープであることから単色発光体として広く応用されている[1,2]。中でも，Eu^{3+} イオンは，波長 600 nm 付近をピークに持つ発光スペクトルを示し，赤色蛍光体として知られている。希土類イオンのマトリックスとしては，セラミックスやポリマーなど，様々なものが用いられている。その中で，ガラスは透明であることから，その内部にドープされている希土類イオンも，有効に光励起することができ，高い発光強度を得るのに有利である。発光強度を上げるためには，希土類イオンを分散性よく高濃度に含有させればよいが，例えばマトリックスが SiO_2 ガラスの場合，Eu^{3+} イオンの溶解度が高くないために Eu-O クラスタ（偏析構造）を形成し，発光強度はあまり強くならない（濃度消光）。Eu^{3+} イオンの分散性を上げるために各種添加物が考えられているが，その中で Al_2O_3 が最も有効であるとされている[3]。Al_2O_3 成分を導入し，酸素 4 配位構造をもつ Al イオンをガラス内部に均一に分布させると Eu^{3+} イオンの発光強度は飛躍的に増加するとされている[3]。これは Al^{3+} イオンの酸素 4 配位構造のもつ局所的チャージバランスの崩れが Eu^{3+} イオンの偏析構造を解消するためであると考えられている。只，Al_2O_3 の融点が高いために，大量の Al_2O_3 を加えての溶融は困難である。このようなガラスを作製するのに，ゾル-ゲル法は有効である。

* Masayuki Nogami　名古屋工業大学　大学院工学研究科　未来材料創成工学専攻　教授

第4章　無機イオン・ナノ粒子分散材料の形成

　ゾル－ゲル法では，Al_2O_3-SiO_2 成分系のガラスでも 800℃程度の加熱でガラスを得ることができる。作製法の一例を示すと，HCl を触媒にして $Si(OC_2H_5)_4$ を加水分解した後，$Al(OC_4H_9)_3$ 等のアルコキシドを反応させる。Al-アルコキシドの加水分解反応が早く，水酸化アルミとして分離し易いので，CH 数の大きいアルコキシドを用いるのが良い。Al-アルコキシドを加えた後，70℃程度に加熱して，均一に反応させる。冷却後，アルコールに溶解した Eu-硝酸塩を加え，更に水を加えて加水分解し，その後，室温でゲル化させる。800℃で加熱することで，透明な酸化物ガラスとなる。この方法で，40 モル％程度までの Al_2O_3 を導入することが可能である。

　Al_2O_3-SiO_2 系ガラスの特徴は水素ガスを良く透過させるので，ドープした Eu^{3+} イオンを Eu^{2+} に還元することができる。Al_2O_3-SiO_2 ガラス中で還元された Eu^{2+} イオンの吸収スペクトルには，近紫外域に 4f-5d 遷移による t_{2g}，e_g 吸収帯が観測される。5d 準位へ励起すると 440 nm にピークをもつ強い青色発光が得られる。この発光はパリティの異なる準位間の発光のため f-f 遷移より 3 桁も高い励起—発光効率を持つ。図 1 は，$1Al_2O_3$-$99SiO_2$（モル％）組成に Eu^{2+} の形でドープしたガラスの発光スペクトルである[4]。この Eu^{2+} 発光の量子効率は 81.6％であり，近紫外 LED の 380 nm で励起可能である。この材料は近紫外 LED と組み合わすと，色度座標（0.172, 0.125）の青色発光を示すので，新規な青色蛍光体として期待できる。発光の量子効率は，Al_2O_3 量や還元処理温度の影響を著しく受け，Al_2O_3 量を多くしても低下するだけで，その最適条件を注意深く決める必要がある。

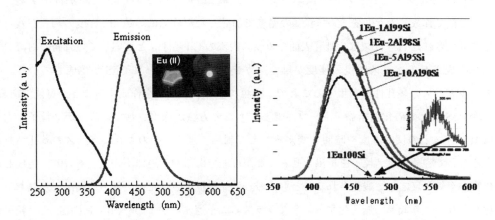

図 1　$1Al_2O_3$-$99SiO_2$（モル％）組成に 1 ％の Eu_2O_3 をドープしたガラスを水素雰囲気中，900℃で加熱した時の発光及び励起スペクトル（左）と，Al_2O_3 量を 10 モル％まで変えて作ったガラスの発光スペクトル

3 ナノ粒子分散ガラス

　ゾル－ゲル法は，ナノ粒子を分散させるのにも，そのプロセス上の特徴を発揮する。粒径がナノメータ程度にまで小さくなってくると，粒子の表面にある原子の占める割合が著しく大きくなり，バルクとは異なった性質が観測されるようになる。このようなナノ微粒子をマトリックスにドープすることで，例えば材料の機械的強度を上げたり，光学的性質に非線形性が観測されるようにもなる。

　ここでは化合物半導体や金属ナノ粒子を透明な非晶質マトリックスにドープした非線形光学素子や高輝度発光体の作成を例にして，ナノ粒子ドープ材料の作成法としてのゾル－ゲル法の特徴を述べる。

　化合物系ナノ粒子の中で，CdS，CdSe や CdTe などのナノ粒子ドープガラスが非線形光学材料として注目された。このガラスは，カルコゲン化物をマトリックスガラスの原料に加えて溶融して一旦ガラスにした後，500〜700℃で再加熱することでナノ結晶を析出させている。粒径やサイズ分布の制御が容易でないし，有害物質が高温で揮発するなど，適当な方法とは言えない。ゾル－ゲル法では，必ずしも高温に加熱する必要がないので，製造工程での負担が軽減される。

　CdS ナノ粒子ドープシリカガラスの作製法について述べる。原料には $Si(OC_2H_5)_4$ と $Cd(CH_3CO_2)_2 \cdot 2H_2O$ を用いる。$Si(OC_2H_5)_4$ 以外の Si アルコキシドも使えるし，Cd 源に硝酸塩や $CdCl_2$ のようなハロゲン化物を使うこともできる。操作の基本は通常のゾル－ゲル法と同じである。得られたガラスを H_2S ガスと反応させると，数 nm の大きさの CdS 結晶が析出する。ゾル－ゲル法で作成したゲルを 500℃ 程度の温度で加熱しただけでは，数 nm 程度の細孔が残っている。導入された H_2S ガスは，細孔表面やガラス内部の Cd イオンと反応して短時間の内に CdS 結晶を生成させる。ガスの侵入速度が早く，ガラス全体にわたって CdS が生成している。ゾル－ゲルガラスの多孔性を利用することで，簡単にドープガラスを作成することが可能である。ZnS や PbS などの硫化物結晶をドープさせるにもこの方法が採用されている。ナノ粒子の大きさは H_2S ガスとの反応温度や時間を変えることで制御できる。このようにガラスの多孔性を利用することで容易にナノ粒子を析出させることが可能であるが，逆に不安定性も残り，生成した硫化物が空気と反応して酸化されることもある。結晶を析出させた後，さらに高温で加熱して無孔化したり，より低温で無孔化するようなガラス組成を選ぶのがよい。CdS や CdSe ナノ粒子のほかにも，CdS－CdSe 化合物や各種テルライト系ナノ粒子も同じような手法で作製されている。

　作製した試料の光吸収スペクトルを測定することで，半導体ナノ粒子のバンドギャップ（Eg）を決定でき，ナノ粒子のサイズの関係を示したのが図2である。いずれの半導体もバルク状態での Eg より高い値を示している。

第4章　無機イオン・ナノ粒子分散材料の形成

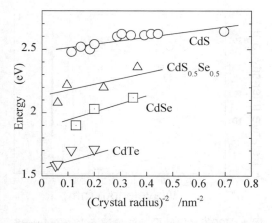

図2　半導体ナノ粒子ドープガラスの結晶サイズとバンドギャップ

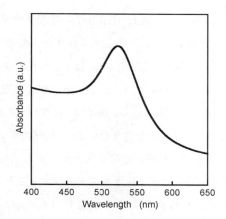

図3　Auナノ粒子ドープガラスの光吸収スペクトル

Au，Ag，Cuなどの金属ナノ粒子ドープガラスも非線形光学材料として注目されている。Auナノ粒子ドープガラスの作製に関しては，Auの原料である$HAuCl_4・4H_2O$とポリビニルピロリドン（PVP）を水溶液中で95℃で還流して，ポリマーで保護したAuコロイドを作る[5]。その後，アンモニア水で加水分解したSiアルコキシドを加え，得られたゲルを空気中で600～1000℃で加熱してAuナノ粒子ドープシリカガラスを得る。

得られたガラスの光吸収スペクトルを図3に示す。525 nm付近のシャープな吸収バンドはAu粒子の表面プラズモン共鳴によるものであり，高温で加熱したものほど，シャープで強度も大きくなり，Au粒子の成長が起こっているのがわかる。

ナノ粒子ドープガラスの三次非線形感受率（χ^3）が重要で，ポンプ光によってガラスの屈折率や吸光度が変化するようになり，その早い応答性を利用することで光スイッチへの応用が考えられている。CdS系ナノ粒子ドープガラスで～10^{-10} esu，Auナノ粒子系で～10^{-9} esuオーダーの値が測定されている。

4　ナノ粒子—希土類イオン共ドープガラス

金属ナノ粒子の表面プラズモン共鳴現象を応用した光学3次非線形感受率増強効果だけではなく，ナノ粒子の周りの局所近接場を強める作用がある。そこで，ガラスに金属ナノ粒子と希土類イオンを同時にドープすると，希土類イオンの発光が増強される現象がみられる。

ゾル-ゲル法で，Auナノ粒子ドープB_2O_3-SiO_2ゾル合成時に，アルコールに溶解した塩化ユーロピウムを加えてガラスを作製する。図4は，作製したAu-Eu^{3+}共ドープガラス（AuEu-BS

試料)の,波長337.1 nmの窒素レーザーで励起したときの発光スペクトルである。570〜700 nmの領域にはEu^{3+}イオンの$^5D_0$-^7F_J(J=0,1,2,3,…)による発光バンドがみられる。図には,比較のために,Auナノ粒子を含まないEu^{3+}ドープガラス(Eu-BS試料)の発光スペクトルも示してある。Auナノ粒子を共ドープすることで,6倍程度高い発光を示しているのがわかる[6]。

ナノ微粒子の特徴を利用して,共存させた別イオンの特性を引き出すことも可能になる。ここでは,Eu^{3+}イオンを共ドープ

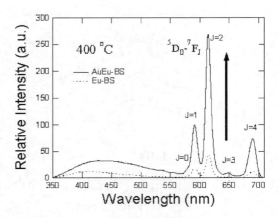

図4 400℃で2時間加熱処理をしたAuEu-BS(実線)ガラスとEu-BSガラス(破線)の発光スペクトル(Eu$_2$O$_3$濃度:2 wt%,Au濃度:4×10^{-3} wt%)

したSnO$_2$ナノ粒子からのエネルギー移動を利用することで,Eu^{3+}イオンの発光効率の向上が得られることについて述べる[7]。

ナノサイズのSnO$_2$結晶を作り,その中にEu^{3+}イオンをドープするものである。アルコールに溶かした塩化錫をSi(OC$_2$H$_5$)$_4$とアルコールの混合溶液に入れ,Eu化合物を加えた後,加水分解する。溶液を乾燥させてできたゲルを500℃より高い温度で加熱すると,SnO$_2$結晶が析出する。その大きさは10 nmより小さく,試料そのものは無色透明である。

Eu^{3+}イオンはf-f遷移による波長600 nm付近に強い発光線をもち,赤色発光源として利用されている。Eu^{3+}イオン固有のエネルギー線を励起することで発光するが,350 nm付近の光で励起するとSnO$_2$微結晶が析出していないものに比較して千倍近く大きな発光強度を有している。この発光強度は,市販されている最も優れた発光体に比べても4倍高いものであった。発光と励起スペクトルを図5に示す。300〜400 nmにかけて幅広い励起帯があることがわかる。SnO$_2$結晶は〜400 nmに相当するエネルギーギャップをもち,その粒子径が小さくなると短波長側へシフトする。発光のメカニズムはSnO$_2$結晶からEu^{3+}イオンへのエネルギー移動であると考えられている(図5)。先ず,350 nm程度のエネルギーでSnO$_2$結晶内の電子が励起される。そのエネルギーが効率よくEu^{3+}イオンに移動し,$^5D_0$準位から$^7F_0$準位への遷移で発光する。このようなエネルギー移動を起こすには,SnO$_2$結晶のサイズは重要で10 nmより大きくなると効果のないことも分かった。無色透明であるので,表示や照明機器への応用にも好都合である。プラズマディスプレーのように励起のために高エネルギーが必要でないし,また蛍光灯のように水銀蒸気を使う必要もないので,省エネかつ環境問題からも大きな期待がもたれる。

第4章　無機イオン・ナノ粒子分散材料の形成

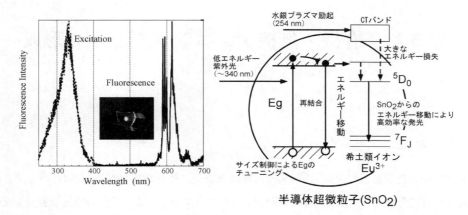

図5　Eu^{3+} ドープ SnO_2-SiO_2 ガラスの発光—励起スペクトルと SnO_2 から Eu^{3+} へのエネルギー移動による発光プロセス

文　　献

1) W. M. Yen, S. Shionoya, H. Yamamoto, "Fundamentals of Phosphors", CRC press (2006) p. 1
2) M. Graft, R. Reisfeld, R. Panczer, "Modern Luminescence Spectroscopy of Minerals and Materials", Springer (2005) p. 1
3) K. Arai, H. Namikawa, K. Kumata, T. Honda, Y. Ishii, T. Handa, *J. Appl. Phys.* **59** (1986) 3430
4) Y. Kishimoto, X. Zhang, T. Hayakawa, M. Nogami, *J. Lumin.* **129** (2009) 1055
5) T. Hayakawa, S. Tamil Selvan, and M. Nogami, *Appl. Phys. Lett.* **74**, 1513 (1999)
6) T. Hayakawa, K. Furuhashi, and M. Nogami, *J. Ceram. Soc. Japan* Suppl. **112**, S256 (2004)
7) M. Nogami, T. Enomoto, and T. Hayakawa, *J. Lumin.* **97**, 147 (2002)

第5章　有機・無機ナノコンポジットの形成

牧島亮男*

1　はじめに

日本化学会の化学総説で黒田ら[1]編集の『無機有機ナノ複合物質』が発刊され，「ナノ」の空間的大きさの概念が入り，数多くの物質が創成されてきている。この分野の急速な展開を反映しているが命名も複雑になった。

シーエムシー出版が2005年に発行した『ナノハイブリッド材料の最新技術』の序論で，著者は[2]コンポジット，ナノコンポジット，ハイブリッドを説明した。

ナノコンポジットは「同種材料のサブミクロン以下の複合材で，マトリックス材とサブミクロン以下の同種の複合化材よりなる」，ナノハイブリッドとは，「異種材料が混在し，原子，分子レベルで 原子間結合が存在するナノレベルでの混成材料」と記載した。

2007年にゾル－ゲル関係の述語の定義がIUPAC勧告2007として出版された[3]。ここでは，Hybrid materialは "Material composed of an intimate mixture of inorganic components, organic components, or both types of component" と，Chemically bonded hybrid materialは "Hybrid material in which the different components are bonded each other by covalent or partially covalent bonds"，そして，Nanocompositeは "Composite in which at least one of the phase domains has at least one dimension of the order of nanometers" とそれぞれ定義されている。ここには原子間結合の有無には言及されていない。

また，Nanohybrid Materialは特に定義されてないので，著者は[4]，Nanohybrid Materialは「ナノオーダで広義の共有結合イオン結合性の化学結合しているハイブリッド物質」との定義を提案した。

より詳細には，「複数の無機そして（または）金属成分，複数の有機成分の両成分の入り組んだ混合体で，その成分がナノオーダであり共有結合そして（または）イオン結合性そして（または）水素結合している物質」との定義を提案した。

英文では，Nano hybrid materialは，"Material composed of an intimate mixture of inorganic and(or) metal components, organic components, or both types of component in which at

---

*　Akio Makishima　北陸先端科学技術大学院大学　特別学長顧問・教授

第 5 章　有機・無機ナノコンポジットの形成

least one of the components has at least one dimension of the order of nanometers and in which the different components are bonded each other by covalent bonds and (or) ionic bonds and (or) hydrogen bonds"

ここでは，有機・無機ナノコンポジットであるので，「有機・無機材料のサブミクロン以下の複合材で，マトリックス材とサブミクロン以下の有機・無機の複合化材よりなる」，となるが，異種材料間の化学結合を考慮した有機・無機ナノハイブリッドの最近の動向をも記述する。

2　有機・無機コンポジット，有機・無機ハイブリッドの例

これらの最近の例として2010年日本セラミックス協会年会での発表動向を記述する。無機物，有機物，特性・応用，研究者と所属を表1～3に纏めた。

2.1　光関連材料

まず，光関連材料を，表1に各種の例を示す。いずれも分子原子レベルで混在しているもので，それぞれ，光特性の屈折率，非線形光学効果，微小球レーザ発振等の向上を目指している。有機着色剤の無機膜は，透明ガラス瓶の着色用で，リサイクルを目的としたものである。

2.2　バイオ関連材料

バイオ関連材料の各種例を表2に示す。この分野は発表も多く，無機物のカルシウムリン酸HApの生体適合性の良さを生かして，各種有機体との複合，ハイブリッド化させている。ドラッ

表 1　無機・有機ハイブリッド材料の光関連の例

無機物	有機物	特性・応用	研究者
チタニア	ヒドロキシプロピルセルロース	高屈折率	関西大　幸塚
Si, Ti 酸塩系	配向性ローダミン 6G 単一分子	非線形光学効果	東工大　柴田他
チタニア	塩化銀含有オルガノシルセスキオキサン	ホログラム	豊橋技科大　松田他
ケイ酸塩系	着色ラテント顔料含有エポキシ系樹脂	着色膜	芝浦工大　大石他
ケイ酸塩系	アクリル骨格スチレン系ポリマー	レーザー着色膜	芝浦工大　大石他
TMOS	MOPS	ハイブリッド光共振用微小球	東工大　柴田他
TMOS	MOPS	ハイブリッド薄膜光感応性ナノパターニング	東工大　柴田他
乳酸チタン化合物	ポリエチレンイミン金属錯体	金属イオン含有 TiO_2 膜の赤外線選択透過性	川村理化　諸他

（日本セラミックス協会2010年年会発表より）

表2 無機・有機ハイブリッド材料のバイオ関連の例

無機物	有機物	特性・応用	研究者
アパタイト	イノシトールリン酸	硬化性,抗腫瘍効果	上智大 本田他
シリケートゲル	キトサン	注入型骨充填材	岡山大 尾坂他
カルシウムリン酸 HAp	シロキサン／ポリ乳酸／バテライト複合体	骨再生	名工大 春日他
カルシウムリン酸 HAp	アルギン酸	柔軟性多孔体	上智大 板谷他
カルシウムリン酸 HAp	ポリ乳酸	DDS	中部大 久野他
HAp	酸性多糖ヘパリン	骨疑似 HAp 複合体	東京理大 大加古他
メソポーラスシリカ,スブチリシン		固定化酵素	中部大 村井他
HAp	DNA-リポソームコンプレックス	細胞内遺伝子導入	早大 矢崎他
HAp	DNA,たんぱく質,抗菌剤	医療用材料	産総研 大屋根
カルシウムリン酸 HAp	ポリ L-乳酸	骨補填材	明治大 相澤他
カルシウムリン酸 HAp	コラーゲン	繊維状骨補填材	物材機構 菊池他
カルシウムリン酸 HAp	PET/コラーゲン	骨誘導再生材	山形大 鵜沼他

(日本セラミックス協会2010年年会発表より)

表3 無機・有機ハイブリッド材料の光,バイオ関連以外の例

無機物	有機物	特性・応用	研究者
チタニア	ビタミン B_{12}	脱塩素,DDT	九大 嶌越他
フェニルトリエトキシシシラン	ポリカーボネイト	高硬度化密着性	兵庫県立大 大幸
リン酸ジルコニウム粒子 $ZnO-P_2O_5$ ガラス	イミダゾール	プロトン伝道パス	名工大 春日他
メソポーラスシリカ	PEO 系リチウム伝導性ポリマー	サイクル劣化特性	名工大 野上他
シリカ系膜	セルロースナノファイバ	ラミネート膜 O_2 バリア	名大 河本他
酸化チタン	タングストリン酸	光触媒	東工大 中島他
ベンゼン環導入フェニル化シリカ	シリコンナノシート	光応答電流	豊田中研 中野他
	有機物	メソ多孔体	早大 黒田
ケイ酸塩系	カーボンナノファイバー	導電ナノ回路	久留米高専 武藤他
シリカ	ポリブチレンサクシネートアジペート	生分解性	神戸大 蔵岡他
ケイ酸塩系	フェニルシロキサン	400 C 以下低融点ガラス	京大 横尾他

(日本セラミックス協会2010年年会発表より)

グデリバリーシステム DDS 用のハイブリッドで,薬品の徐放を考慮したもの,固定化酵素無機担体,DNA 担体も研究されている.

2.3 光,バイオ関連以外の材料

光,バイオ関連以外材料の各種例を表3に示す.天然素材のビタミン B_{12} とチタニアをハイブリッド化し DDT の脱塩素する,ポリカーボネイトの高硬度化密着性向上,透明ラミネート膜で

第5章　有機・無機ナノコンポジットの形成

のO_2バリアとする，カーボンナノファイバー複合で導電ナノ回路，ポリブチレンサクシネートアジペートの生分解性複合プラスチック等種々ある。その特性は多種多様である。今後の応用分野があり，発展の可能性があることを示している。

3　化学結合を考慮した有機・無機ナノハイブリッドの実例

3.1　有機色素・ケイ酸塩ナノハイブリッド材料

著者らは1984年にゾル−ゲル法により，有機・無機ハイブリッド物質を初めて作成することができ，日本・米国特許申請し，成立した[5]。題目はFunctional Organic-Inorganic Composite Amorphous Materialsであった。ゾル−ゲル法で各種構造の有機分子と無機物質とハイブリッド化物質を創成するもので，例えば，ホトケミカルホールバーニングを示すキニザリン/a-シリカ，レーザー発振ローダミン6G/a-シリカなどである。図1にその例を示す。以下の化学結合形成を念頭においた作成例とその特性を示す。

分子レベルで複合化させた，いわば第一世代の有機・無機ハイブリッド物質であり，種々の機能性分子を珪酸塩骨格の中に閉じこめた物質である。色素分子のゲル中の状態の模式図を図2に示す。OH基で有機分子が囲まれた状態であり，M−O−Cの共有結合イオン結合性の化学結合させたものでない。

その後第二世代のM−O−Cの共有結合やイオン結合で化学結合形成を念頭においたナノハイブリッド物質を作製した。その様子を模式的に図2に示す。例えばTCPPとAPTES混合体の加熱による化学結合の形成過程，C=O結合の増加，N−H結合の形成を図3，図4に加熱変化の様子を示す。

Photochemical Hole Burning特性を有する機能性有機分子と酸化物とのハイブリッド物質の

図1　ゾル−ゲル法で作成したホトケミカルホールバーニング
キニザリン/a-シリカ，レーザー発振ローダミン6G/a-シリカの例

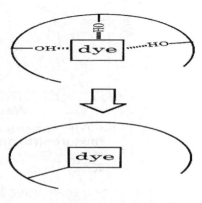

図2　色素分子のゲル中の状態の模式図

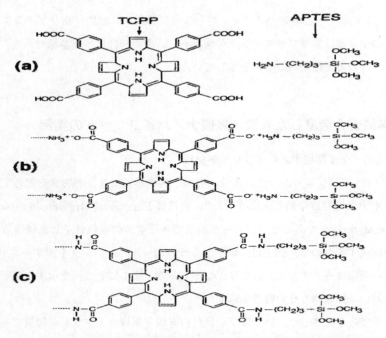

図3 TCPPとAPTES混合体の加熱による化学結合の形成過程
C=O結合の増加，N−H結合の形成[6]

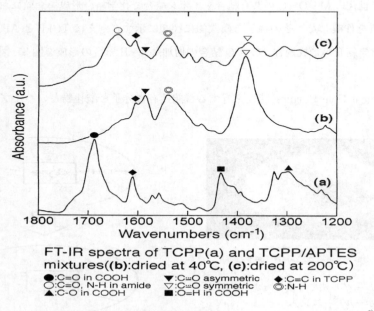

図4 TCPPとTCPP/APTES混合体の加熱によるFT−IRスペクトルの変化[6]
カルボキシ基のC−Oが無くなりC=O結合が増加している。

第5章 有機・無機ナノコンポジットの形成

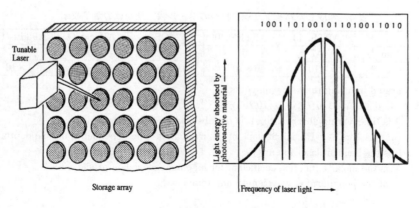

図5 波数ドメイン多重データメモリの概念図

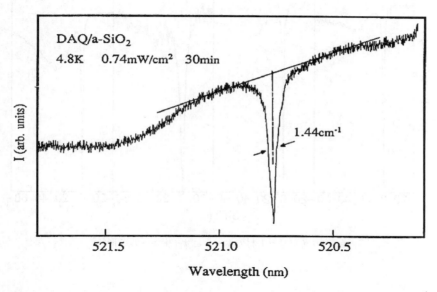

図6 キニザリンDAQ含有非晶質シリカハイブリッド材料の光化学ホールバーニング[7]

作成,特性向上を主に追及した。図5に波数ドメイン多重データメモリの原理概念を示す。波長可変レーザにより,各種波数の光を1ミクロン径で照射し,ホールを形成する。ホールのある波数を1とし,ホールの無い波数をゼロとして,ゼロと1の組み合わせでメモリーを形成する。固定波数の1ミクロン径レーザの1,ゼロの組み合わせで1000倍程度高密度化される。

図6にキニザリンDAQ含有非晶質シリカハイブリッド材料の光化学ホールバーニングの状態を示す。化学結合の形成によりホールの幅がシャープになり,熱振動の抑制が示唆された[7]。

表4に作成したハイブリッド材料のホール幅,見かけの量子収率[7]を示す。化学結合が形成しているナノハイブリッド材料のホールはシャープになり,光メモリー材として有利であることを

表4 作成したハイブリッド材料のホール幅，見かけの量子収率[7]

	APTES40	APTES240	TMOS40	AP/a-SiO$_2$	APTES/PVA
Γ_{HOLE} (cm^{-1})	0.7	0.7	1.6	2.0	0.7
Φ	7×10^{-4}	6×10^{-4}	3.6×10^{-4}		1×10^{-3}

Φ is calcurated by using the following equation
$\Phi=[d(A/A_0)dt]_{t=0}A_0(\Delta\omega_h/\Delta\omega_i)/[10^3 I_0(1-10^{-A_0})_\varepsilon]$
where, A is time-varing abserbance, A_0 is the absorbance before irradiation,
  $[d(A/A_0)dt]_{t=0}$ is the initial slope of the irradiation time dependence of hole depth,
  I_0 is the incident laser intensity,
    ε is the molar extinction coefficient for inhomogeneous line profile
    at the hole burning wavelength and temperature.

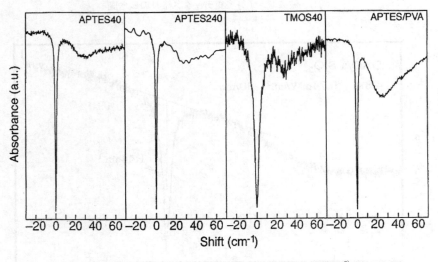

図7 ハイブリッド材のホールとサイドホールの形状[6]

示している。

3.2 ビタミンB$_{12}$を酸化チタンと複合化した材料

九大の嶌越，久枝らは，ビタミンB$_{12}$を酸化チタンと複合化したハイブリッド触媒を作製した。天然素材のビタミンB$_{12}$はCoを含有し，カルボン酸基がありこれを利用して60nmTiO$_2$粒子と化学結合で約300nm膜厚で複合した。

光照射によりビタミンB$_{12}$のCoは2価から1価になり，1価になったことは，340nmでの波長の光吸収で確認された。エタノール溶液中で脱塩素反応を示しパークロロエチレン（PCE），DDT等の光分解による脱塩素化に有効であることを示した。天然の生体材料と無機材料の興味深いハイブリッド化である。Co価数の変わったビタミンB$_{12}$は2価に戻して再使用可能であり，

第5章 有機・無機ナノコンポジットの形成

光触媒として機能を利用できる。

文　献

1) 黒田一幸, 「無機有機ナノ複合物質」p1, 化学総説 Vol **42**, 学会出版センター (1999)
2) 牧島亮男, 「ナノハイブリッド材料の最新技術」p1, シーエムシー出版 (2005)
3) R. G. Jones *et al.*, *Pure Appl. Chem.* **79**, 1801 (2007)
4) 牧島亮男, 第22回秋季シンポジウム講演要旨集, P 104, 日本セラミックス協会 (2009)
5) A. Makishima and T. Tani, "Functional Organic-Inorganic Composite Amorphous Materials and Process for its Production", U. S. P. 4639329 (1987. 1. 27)
6) K. Kamitani, K. Morita, H. Inoue, M. Uo, and A. Makishima, *Proc. SPIE, Sol-Gel Optics III*, Vol. **2288**, P255-263 (1994)
7) T. Tani, K. Arai, H. Namikawa and A. Makishima, *J. Appl. Phys.*, **58**, 3559 (1981)

第6章　無溶媒縮合法による有機-無機ハイブリッドの合成と応用

髙橋雅英[*]

1　有機修飾無機系ポリマー材料

　有機官能基により修飾された無機ポリマーとしては，PDMS（ポリジメチルシロキサン）に代表されるシリコーン系材料が広く実用に供されている。これらの材料は，シロキサンを主鎖とするポリマー構造の側鎖として，有機官能基が修飾しているという構造的特徴により，一般的な有機成分からなるポリマー材料と比べて耐熱性や化学的耐久性が優れているという利点がある。有機側鎖を有する事により，他材料との相溶性や取り扱いが有機ポリマーと類似しているという実用上の利便性も重要視されている。近年は，より高機能な材料創出を目指して様々な有機-無機ハイブリッドポリマー材料が報告されており，新たな材料系としてホットな研究対象となりつつある。しかしながら，シロキサン以外の無機ポリマーは，一般に熟練した合成スキルが必要とされており，実用材料としての地位を確立するには至っていない。

　本章では，新規な有機-無機ハイブリッド材料の作製手法としての無溶媒縮合法とそれにより得られた材料の応用について紹介したい。酸塩基反応を用いて作製された有機修飾ケイ酸リン酸共重合体は，ケイ酸とリン酸からなる基本酸化物ユニットが交互に配列した構造的な特徴（このような構造を有するポリマーを一般に交互共重合体と言う）に由来するユニークな特徴を示すことが分かってきた[1,2]。無溶媒縮合法では，反応制御性が高く，様々な分子構造を高収率（場合によっては100％）で合成する事が可能であるだけでなく，イオン性物質の良ホストとなるなど新たな機能性も見いだされており，今後，種々の新しい材料が創出され，応用が開拓されることが期待される。本章では，無溶媒縮合法の基礎化学的な解説および種々の応用について紹介したい。

2　酸塩基反応を利用した有機-無機ハイブリッド材料の合成と応用

　多くの有機-無機ハイブリッド材料はゾル-ゲル法により合成される。ゾル-ゲル法では，金

---

[*]　Masahide Takahashi　大阪府立大学　大学院工学研究科　マテリアル工学分野　教授

第6章　無溶媒縮合法による有機−無機ハイブリッドの合成と応用

属アルコキシドを加水分解するために，水と混合する必要がある。しかしながら，金属アルコキシドは水に対する溶解性が低く，アルコール等を共溶媒として用いる必要がある。このため，複合酸化物主鎖からなるハイブリッドポリマーを合成する際には，出

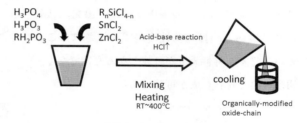

図1　酸塩基反応による有機修飾ケイリン酸コポリマー合成

発原料の加水分解，脱水縮合反応速度の差に起因する分相を避けるために，コアルコキシドを用いる等さまざまな工夫が必要とされている。近年，出発原料同士の直接反応を利用することにより無溶媒反応を用いた有機−無機ハイブリッド材料合成が報告されている[3〜5]。無溶媒反応では，出発原料間で特定の組み合わせのペアのみが反応し，かつ自己縮合を起こさない系を選択する必要がある。うまく出発原料系を選択すると，原料間の反応性の差異に起因する分相等を伴うことなく，（複合）酸化物ポリマーを高収率で形成できる。無溶媒（場合によっては無触媒）条件で酸化物主鎖を形成できることから，溶媒蒸発に伴う大きな体積収縮や，メソポアを形成することなく数センチメートル以上のバルク体の合成が可能である[6]。また，重合度を制御して液体状生成物を得ることも可能であり[1]，それらを利用したコーティングやソフトリソグラフィーとの相性も良い等の利点がある。

ケイ酸リン酸無機ポリマーの合成には，酸塩基反応を用いることができる。一般的な無水酸塩基反応スキームを式(1)に示す。二種類の塩を反応させることにより，酸塩基対の入れ替わる複分解反応（metathesis）により酸化物鎖を形成することが本手法の特徴である。

$$\text{HO-P(=O)(OH)-OH} + \text{Cl-Si(R)(R)-Cl} \rightarrow \text{H-[O-P(=O)(OH)-O-Si(R)(R)]}_n\text{-Cl} + \text{HCl}\uparrow \quad (1)$$

反応ペアの一方に液体試薬を用いることにより，無溶媒直接混合で目的とするオキソポリマーを得ることができ，高収率が期待できる。また，反応性は酸塩基対の酸性度あるいは塩基性度の差で決定するために，架橋度を精密に制御するなどの材料設計も可能である。リン酸系の出発材料はプロトンの解離定数も大きく[7]本手法を用いる際には，塩化物と混合することにより様々な酸化物を形成できる。リン酸系試薬は様々な金属・非金属塩化物と複分解反応を進行する。このオキソポリマーの特徴は，ネットワーク形成が上記複分解反応によるため，ケイ酸とリン酸が交互に配列したいわゆる交互共重合体構造（図2）を得ることができる事にある[8]。また，複生成物である塩化水素はガスとして系外に放出されるために，反応は常に酸化物形成側に進行し，平衡

状態に移行する。系の平衡状態は，出発試薬対の酸性度あるいは塩基性度差で決定されることから，様々な材料設計が可能となるだけでなく，再現性良く材料合成が可能である。

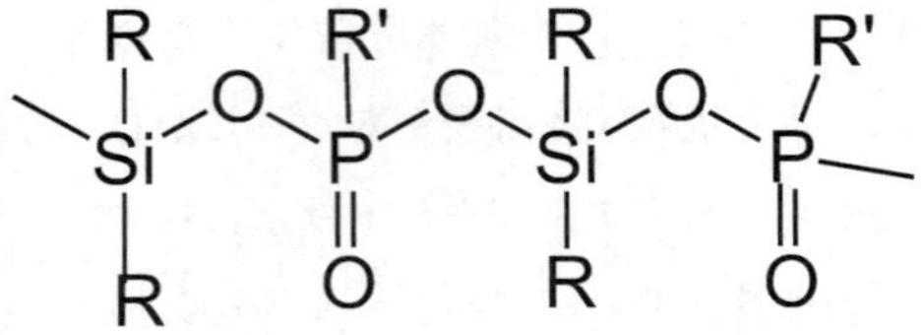

2.1 リン酸と塩化ケイ素の反応性

酸塩基反応性を制御する事により，生成物の物性制御が可能である。例えば，有機塩化シランを出発試薬に用いると，官能基の電子供与性により塩化シランの反応性制御が可能である。当該酸塩基反応の反応機構は自己プロトン化により生成するリン酸塩イオンの求核的付加反応（S_N2型反応）で説明できる（図3）。よって，より電子供与性の高い官能基を有する有機塩化シランを用いることにより，より高収率の反応性が期待される。例えば，オルトリン酸との酸塩基反応には，ジメチルジクロロシランを用いるとリン酸の架橋度が2である直鎖のケイリン酸鎖を得ることができるが，より電子供与性の高いフェニル基

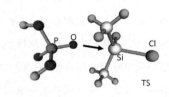

図2 ケイリン酸交互共重合体コポリマーの構造モデル
R：有機官能基あるいは架橋酸素
R'：架橋酸素，水酸基あるいは有機官能基

図3 リン酸塩イオンが有機塩化シランの中心金属を求核的に付加する様子と反応式

を有するジフェニルジクロロシランを用いると，架橋度3の分岐型ケイリン酸鎖を得ることができる。以上のことは，酸塩基反応性はリン酸塩イオンのHOMOと有機塩化シランのLUMOの相対位置で反応性を予測できることを示している[9]。非経験分子軌道計算による計算結果を図4に示す。実際，官能基の種類だけでなく，官能基数を変化させることにより，HOMOやLUMOを制御することが可能であり，様々な架橋度を持つケイリン酸鎖を合成することが可能である。有機亜リン酸を用いた場合は，リン上の有機置換基の電子吸引・供与性を利用して反応性を制御することも可能である。有機亜リン酸と亜リン酸の反応性は全く異なる。亜リン酸は有機官能基がプロトンである場合，ハメット則（電子供与性：$CH_3 < H < C_6H_5$）から予想される反応性ラインナップからは大きく逸脱する。これは分子軌道計算結果により説明される。亜リン酸上のプロトンは負の電荷分布を示し，陰イオン的に作用しているために，ハメット則による反応性予測からは逸脱する。分子軌道計算による反応性予測結果を元に組成を最適化することにより，例えば反応率100%のケイリン酸オキソポリマーを形成できる。図5に得られた材料の写真と ^{31}P- および ^{29}Si-NMR 測定結果を示す。無溶媒合成法の利点として，大きなバルク体をクラックフリーで

第6章 無溶媒縮合法による有機-無機ハイブリッドの合成と応用

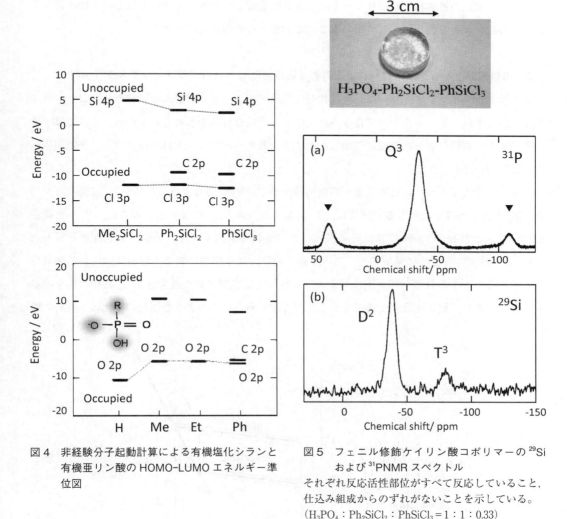

図4 非経験分子起動計算による有機塩化シランと有機亜リン酸のHOMO-LUMOエネルギー準位図

図5 フェニル修飾ケイリン酸コポリマーの^{29}Siおよび^{31}PNMRスペクトル
それぞれ反応活性部位がすべて反応していること，仕込み組成からのずれがないことを示している。
(H_3PO_4 : Ph_2SiCl_2 : $PhSiCl_3$ = 1 : 1 : 0.33)

合成できることが期待される[6]。実際，数cmスケールのバルク体をモールド法で簡便に形成できる。また，図5に示されているように，得られた透明ハイブリッドバルクは，リンユニットはQ^3のみ，シリコンはD^2，T^3のみから構成されており，反応活性部位はすべて重合していることが見て取れる。すなわち，反応率100％のオキソポリマーを合成できたことを示している。また，得られたオキソポリマー材料は，リン酸系材料としては非常に優れた耐候性を示し，交互共重合体構造に起因する速度論的な安定化効果により耐水性が大きく向上していると考えられる。すなわち，リン酸基の隣には必ずかさ高いフェニル基を側鎖に持つケイ酸基が存在しているために，水分子による酸化物主鎖の加水分解が抑制されていると考えられる。これらの特性を利用するこ

とにより，直鎖の液体状プレポリマーをあらかじめ合成しておき，硬化剤として三官能・高反応活性の塩化シランを硬化剤として用いることなど様々な応用が期待できる。

2.2 有機修飾ケイリン酸系材料による再書き込み可能なフォログラフィックメモリー材料

フォログラフィックメモリーは，次世代の大容量メモリーとして盛んに研究されており，サイクル特性に優れ，低エネルギーで書き込み・消去が可能な材料が求められている。ここでは，希土類イオンや有機色素を高濃度に添加したケイリン酸系ハイブリッド材料における，光誘起屈折率変化について紹介する。

図6に一般的なガラス材料の温度－体積関係を示す。V_2にあるガラス材料をT_1に保持した場合，V_1状態へと構造緩和する。同様に，V_1にあるガラスをT_2に保持した場合は，V_2へと構造緩和する（このときT_1やT_2は，その温度における緩和状態を表すために，仮想温度と言われる）。この緩和は可逆的に発現する。このため，媒質内に空間的に異なる緩和状態にある領域を形成することができれば（図6下に示すように空間的に変調された温度分布），緩和状態を凍結することにより，屈折率変調を誘起することが可能である。このような屈折率変化は，材料の構

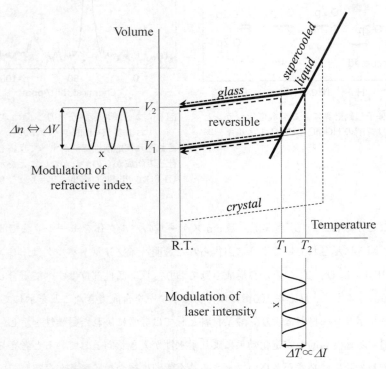

図6　一般的な非晶質材料における，V–T図：T_1あるいはT_2に保持することにより，仮想温度を制御することができる。

第6章　無溶媒縮合法による有機−無機ハイブリッドの合成と応用

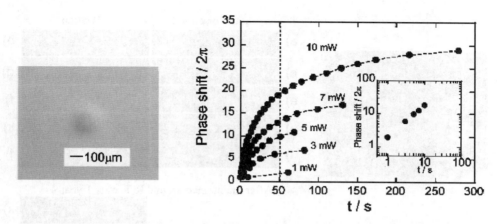

図7　光−熱プロセスにより Nd^{3+} 添加ケイリン酸系ハイブリッド内部に形成した屈折率変化スポットの顕微鏡写真（左）とレーザ入射時間と位相シフト（屈折率変化に対応）の関係（右）

造緩和に依存しており，可逆的に誘起することが可能である。

　ケイリン酸系の交互共重合体は，基本構造ユニットとしてシロキサン基とリン酸塩基が交互に配列しているという構造的特徴を有する。得られたハイブリッド材料の分子量や立体構造，末端構造を適切に制御することにより，機能性を中心として有機分子や希土類イオンなどを高濃度に添加可能である。それらの添加中心の光吸収・非輻射緩和を利用すれば，入射した光を希土類イオンや有機色素周辺のみを加熱するための光熱変換媒体として利用できる。そのため，フォログラフィック条件で光を入射した場合，光の変調度に応じて媒質内部の微小領域の仮想温度を制御できる。

　また，ケイリン酸系の交互共重合体は，分子間の架橋剤として，無機イオンを用いることも可能であり，無機系ガラス材料に近いガラス転移挙動を示すものから，完全に三次元架橋している有機系ポリマーに近いものまで，広範囲に制御可能である。よって，微小の入力変化に敏感に仮想温度が変化するような材料設計も可能である。図7に Nd^{3+} 添加ケイリン酸系交互共重合体ポリマー内部に光−熱プロセスにより形成したドット構造の写真と照射時間と位相シフト（屈折率変化に対応）を示す[10]。光を用いて，空間選択的に屈折率変化を誘起することが可能である。このような特性をうまく利用することにより，フォログラフィックメモリー動作をデモンストレーションできる。図8には，光−熱変換中心として有機色素であるローダミン6Gを含有するケイリン酸材料に対して，レーザ光をフォログラフィック条件で入射し，周期数ミクロンのグレーティング構造を形成した様子を示している[11]。形成した構造は1年以上安定であり，光や熱による消去・再書き込みが可能である。

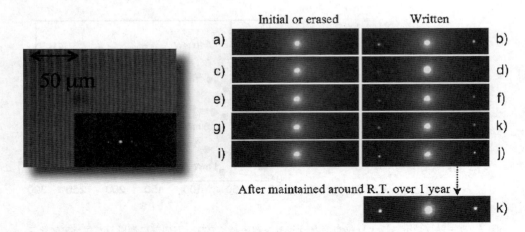

図8 光―熱プロセスによりローダミン6G添加ケイリン酸系ハイブリッド内部に形成した周期的屈折率変調構造の顕微鏡写真(左),当該周期構造によるレーザ光の回折の様子(左側は構造消去されたもの(回折光なし),右側は再書き込み後(回折光あり))(右)

3 おわりに

　無水無溶媒条件の酸塩基反応により合成される,有機修飾ケイリン酸交互共重合体について紹介した。この新しい材料は,既存材料にはない様々な物性を示すことが分かってきた。本稿では詳しく述べなかったが,光硬化性有機修飾ケイリン酸交互共重合体や他のシロキサン系材料とのポリマーブレンドの作成も可能であることが分かってきた。また,アルコール縮合を用いた交互共重合型材料による種々の応用も報告されている[12]。このような無溶媒縮合法を利用した材料創製は,合成手法の簡便さと相まって,今後の応用展開が大いに期待できる。

文　献

1) H. Niida, M. Takahashi, T. Uchino, T. Yoko, *J. Non-Cryst. Solids*, **306**, 292 (2002)
2) B. Tian, X. Liu, B. Tu, C. Yu, J. Fan, L. Wang, S. Xiw, G. D. Stucky, D. Zhao, *Nature Materials*, **2**, 159 (2003)
3) E. S. Kang, M. Takahashi, Y. Tokuda, T. Yoko, *J. Mater. Res.*, **21**, 1286 (2006)
4) H. Niida, M. Takahashi, T. Uchino, T. Yoko, *J. Mater. Res.*, **18**, 1081 (2003)
5) H. Niida, M. Takahashi, T. Uchino, T. Yoko, *Phys. Chem. Glasses*, **43C**, 416 (2001)
6) M. Mizuno M. Takahashi, T. Uchino, T. Yoko, *Chem. Mat.* **18**, 2075 (2006)

第 6 章　無溶媒縮合法による有機−無機ハイブリッドの合成と応用

7)　J. R. V. Wazer, K. A. Holst, *J. Am. Chem. Soc.*, **72**, 639 (1950)
8)　H. Niida, M. Takahashi, T. Uchino, T. Yoko, *J. Non-Cryst. Solids*, **311**, 145 (2002)
9)　M. Mizuno M. Takahashi, Y. Tokuda, T. Yoko, *J. Sol-Gel Sci. Technol.*, **44**, 47 (2007)
10)　M. Takahashi, M. Saito, M. Mizuno, H. Kakiuchida, Y. Tokuda, T. Yoko, *Appl. Phys. Lett.*, **88**, 191914 (2006)
11)　H. Kakiuchida, M. Takahashi, Y. Tokuda, T. Yoko, *Adv. Func. Mater.*, **19**, 2569 (2009)
12)　E. S. Kang, M. Takahashi, Y. Tokuda, T. Yoko, *Appl. Phys. Lett.*, **89**, 131916 (2006)

第7章 透明機能性ナノ結晶粒子／ポリマーハイブリッド材料

余語利信*

1 はじめに

　磁性体粒子の磁気的性質がそのサイズに依存することは，古くから知られていた。1980年代はじめに半導体ナノ粒子の量子サイズ効果が報告[1,2]されてから，金属や磁性体などの粒子サイズをナノレベルで制御する研究がさかんに行われている。磁性ナノ粒子については，有機金属化合物や錯体を250から300℃付近に保った溶媒中で熱分解することにより，サイズが精密に制御されたナノ結晶粒子が合成されている[3]。これらの粒子は，磁性粒子の特性を生かして，高密度メモリや診断・ドラッグデリバリ・治療機能を備えた医療用材料への応用が検討されている。また，半導体ナノ粒子は，発光波長を制御した，蛍光プローブなどへの応用が研究されており，磁性機能と複合化した新規機能材料の研究例も多い。強誘電体ナノ結晶粒子についても，アスペクト比を制御した$BaTiO_3$ナノワイヤが，ナノメモリワイヤなどとして注目されている[4]。

　本章では，機能性ナノ結晶粒子の例として，筆者らが研究してきたスピネルフェライト粒子およびチタン酸バリウム粒子について，それらとポリマーとのハイブリッド材料の合成と性質について述べる。

2 透明ハイブリッド材料

　ポリマーなどの有機マトリックス中に機能性粒子を分散させ，光学コンポジットを作成する場合，ポリマーとナノ粒子の屈折率の違いにより界面で光散乱が起こり，コンポジットは不透明になる。しかし，光の波長より充分に小さな粒子（一般に粒径25 nm以下）をマトリックス中に分散させた場合，この屈折率のミスマッチは無視でき，可視光に透明なコンポジットが調製できる。このようなナノ材料を合成するためには，ナノ粒子の粒径制御およびマトリックスとの界面制御が重要である。ナノ粒子は，ファン・デル・ワールス力により凝集しやすく，取り扱いが困難である。従って，気相法や固相法で別途合成したナノ粒子をマトリックス中に均一分散させる

---

*　Toshinobu Yogo　名古屋大学　エコトピア科学研究所　教授

第7章 透明機能性ナノ結晶粒子／ポリマーハイブリッド材料

ことは容易ではない。そのため，金属アルコキシドのような出発化合物を用いて，その加水分解反応によりナノ粒子を溶液中で核発生・成長させる溶液法が有利な合成法である。透明ポリマーハイブリッド材料の合成法として，①重合用官能基で修飾したナノ粒子を溶液中で加水分解反応により合成し，得られた均一溶液にモノマーを添加して共重合させポリマーマトリックスを合成する方法，②ポリマー溶液中に溶解した金属－有機化合物を加水分解し，結晶性ナノ粒子を *in situ* 合成しポリマーとハイブリッド化する方法を述べる。

3 ペロブスカイトナノ結晶粒子／ポリマーハイブリッド

チタン酸バリウムは，その優れた誘電特性のため誘電体として電子機器において広く応用されている。また，電気光学効果も示し，屈折率も高い（〜2.4）。そのため，オプトエレクトロニクス材料としても応用が研究されている。ここでは，チタン酸バリウムとポリメチルメタクリレート（PMMA）のハイブリッドポリマーの合成とその光学的性質を述べる。

金属バリウムとチタンイソプロポキシドからBaTi複合アルコキシド（BT）を合成し，不飽和配位子2-ビニロキシエタノール（VE）を結合させた。溶媒には，2-エトキシエタノールとエタノールの混合溶媒を用いた。この前駆体を加水分解し，2-ビニロキシエトキシ基が結合した$BaTiO_3$ナノ粒子を含むエトキシエタノール溶液を得た。溶液中には，チタン酸バリウム粒子が生成していることをX線回折や透過型電子顕微鏡を用いて確認した。さらにこの溶液にメチルメタクリレートモノマーとラジカル重合開始剤を加えて，封管重合した。生成溶液から溶媒を留去することにより，バルクハイブリッドを得，加熱加圧成形により，透明自立膜を調製した。あるいは，重合後の溶液をシリカあるいはシリコン基板上へスピンコーティングすることにより，透明ハイブリッド膜を得た[5]。

生成物のX線回折パターンのチタン酸バリウム回折線について，シェラー式を用いて結晶子サイズを求めた結果を表1に示す。BaTiアルコキシドに対して，8当量のビニロキシエタノール，さらに5当量のPMMAを添加した場合をBT／8VE／5PMMAと表す。結晶子サイズは，80℃，24時間の加水分解時に用いた水の量に依存していた。水添加量が15当量の時，生成物は

表1 $BaTiO_3$ナノ粒子／ポリマーハイブリッドの加水分解用水添加量，結晶子サイズ，吸収端，バンドギャップエネルギー
　　（BT／8VE／5PMMA，80℃，24時間）

水添加量	結晶子サイズ (nm)	吸収端 (nm)	バンドギャップ (eV)
15	—	308	4.0
30	6.6	318	3.9
50	16.5	330	3.8

ゾル－ゲル法技術の最新動向

X線非晶質であり，幅広な回折線しか観察されなかった。水添加量30当量でBaTiO₃の回折線が観察され，結晶子サイズは6.6 nmであり，50当量になるとさらに粒子の結晶成長が進行し，結晶子サイズは16.5 nmまで増加していた。実際の自立膜の写真を図1に示す。

図2にBaTiO₃ナノ結晶粒子／PMMAハイブリッド膜の紫外・可視透過スペクトルを示す。BaTi前駆体／PMMA膜は，最も短波長側に吸収端を示した。BaTiO₃ナノ粒子／PMMAハイブリッド膜の吸収端は，加水分解の水添加量が増加するにつれて，長波長側にシフトした。表1に加水分解量に対するハイブリッド膜の吸収端波長とバンドギャップを示す。吸収端のブルーシフトは，結晶子サイズの減少と対応している。バンドギャップの値は，バルクBaTiO₃（3.1 eV）に比べて，増加していた。加水分解条件の選択により，バンドギャップエネルギーが制御できることがわかった。

図3にBaTiO₃ナノ結晶粒子／PMMAハイブリッド膜の屈折率の波長依存性を示す。表1に示したように，水の添加量の増加とともにBaTiO₃ナノ粒子のサイズが増加するが，それとともに屈折率も増加することが明らかとなった。また，ポリマーとのハイブリッド化により，チタン酸バリウムによる吸収端付近での屈折率上昇が低減された。

図1 透明BaTiO₃ナノ粒子／ポリマーハイブリッド
BT／8 VE／50 H₂O／5 PMMA

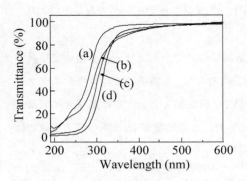

図2 BaTiO₃ナノ粒子／ポリマーハイブリッドの紫外・可視透過スペクトル
(a) BT前駆体／PMMA
(b) BT／8 VE／15 H₂O／5 PMMA
(c) BT／8 VE／30 H₂O／5 PMMA
(d) BT／8 VE／50 H₂O／5 PMMA

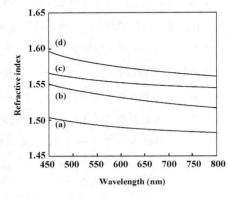

図3 BaTiO₃ナノ粒子／ポリマーハイブリッドの屈折率の波長依存性
(a) PMMA
(b) BT／8 VE／10 H₂O／5 PMMA
(c) BT／8 VE／30 H₂O／5 PMMA
(d) BT／8 VE／50 H₂O／5 PMMA

4 磁性ナノ粒子／ポリマーハイブリッド

フェライトは，有用な磁性材料であり，磁石として応用も多い。特に磁性薄膜は，磁気メモリ，磁気光学素子，電磁波吸収材料などの用途が期待されている。ここでは，ポリマー存在下での *in situ* 加水分解によるリチウムフェライトナノ粒子／セルロースポリマーハイブリッド膜について紹介する。

鉄アリルアセチルアセトナート（IAA）とリチウムアクリレート（LA）をエタノール溶媒中で封管重合することにより共重合体を得た。この溶液にヒドロキシエチルセルロース（EHEC，分子量130,000）／エタノール溶液を加え，加熱還流後，メチルヒドラジン存在下で加水分解し，リチウムフェライト（$Li_{0.5}Fe_{2.5}O_4$）ナノ粒子／ポリマーハイブリッドを合成した[6]。この方法で得られた生成物のXRD図形を図4に示す。鉄原料（IAA）とリチウム原料（LA）のモル比は，5／1であり，（IAA-LA），メチルヒドラジン（MH），水の比を（IAA-LA）／MH／H_2O＝1／4／40とし，各種EHEC存在濃度で合成した。$2\theta = 20°$付近にポリマーマトリックスの回折が存在し，その他のブロードな数本の回折はリチウムフェライトの回折に帰属できる。EHEC量が30 wt％から70 wt％へと増加するにつれて，スピネルフェライトの回折線は小さくなり，結晶子サイズは3.8 nmから2.7 nmへと減少した。加水分解時に共存するEHECがリチウムフェライトの結晶成長を妨げていることがわかる。

EHECを50 wt％添加した透明ハイブリッド膜の写真を図5に示す。磁石に吸い付き，透明であることがわかる。EHECを30から70 wt％含むハイブリッド自立膜の可視・紫外スペクトルを図6に示す。ハイブリッド膜はリチウムフェライトナノ粒子を含んでいるため，EHEC単独膜に比較すると吸収端は長波長側にある。各ハイブリッド膜の吸収端は，70 wt％，50 wt％，30 wt％EHEC膜に対してそれぞれ512 nm，536 nm，598 nmであった。いずれもバルクのリチウムフェライトの吸収端650 nmと比較するとブルーシフトしていた。これらの吸収端波長は，図4のXRDから求めた結晶子サイズに対応しており，リチウムフェライト粒子のサイズが小

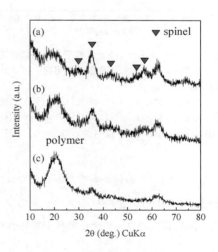

図4　リチウムフェライトナノ粒子／セルロースポリマーハイブリッドのXRD図形
(a)（IAA-LA）／MH／H_2O＝1／4／40，30 wt％　EHEC
(b)（IAA-LA）／MH／H_2O＝1／4／40，50 wt％　EHEC
(c)（IAA-LA）／MH／H_2O＝1／4／40，70 wt％　EHEC

図5 リチウムフェライトナノ粒子／セルロースポリマーハイブリッド
(IAA-LA)/MH/H$_2$O＝1/4/40，50 wt％ EHEC

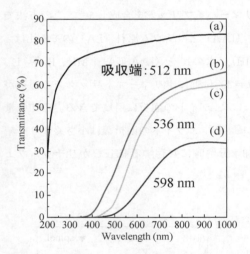 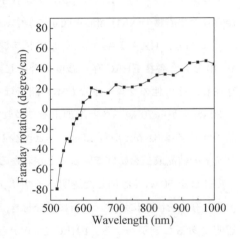

図6 リチウムフェライトナノ粒子／セルロースポリマーハイブリッドの紫外・可視スペクトル
(a) EHEC
(b) (IAA-LA)/MH/H$_2$O＝1/4/40，70 wt％ EHEC
(c) (IAA-LA)/MH/H$_2$O＝1/4/40，50 wt％ EHEC
(d) (IAA-LA)/MH/H$_2$O＝1/4/40，30 wt％ EHEC

図7 リチウムフェライトナノ粒子／セルロースポリマーハイブリッドのファラデー回転角の波長依存性
(IAA-LA)/MH/H$_2$O＝1/4/40，50 wt％ EHEC
測定磁場 2.5 kOe

さくなる（EHECの量が多くなる）につれて，短波長側にブルーシフトしていた。

EHECを50 wt％含むハイブリッドのファラデー回転角を図7に示す。500 nmから1000 nmの広い波長範囲でファラデー効果が得られた。磁気光学効果の性能指数は，以下の式で表される。

$$性能指数 = 2\theta_F / \alpha \tag{1}$$

ここで，θ_Fは，ファラデー回転角，αは吸光係数である。すなわち，磁性体は，不透明のため，ファラデー回転角を大きくするためにコンポジット中の磁性相を増加させると，吸収が増加し，

第7章 透明機能性ナノ結晶粒子／ポリマーハイブリッド材料

その結果性能指数は低下する。ポリマーは吸光係数が小さく，ハイブリッド材料は，ファラデー回転の性能指数を向上させるために有利である。図8に，図7に示したハイブリッド膜の性能指数を示す。近赤外領域だけでなく，520 nmという短波長で3.7という比較的大きな性能指数が得られていることがわかる。この値は，報告値[7]と比較しても優れている。これは，量子サイズ効果により，ハイブリッド膜の吸収端が短波長側に広がっていることも理由のひとつである。

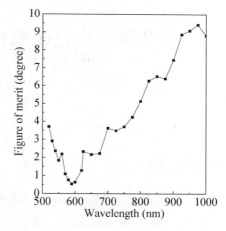

図8　リチウムフェライトナノ粒子／セルロースポリマーハイブリッドの磁気光学効果性能指数の波長依存性
(IAA-LA)/MH/H_2O = 1/4/40, 50 wt%　EHEC

5　おわりに

機能性ナノ結晶粒子とポリマーの透明ハイブリッド材料は，ナノ結晶粒子の誘電性，磁性，電気光学効果，サイズ効果などとともに，有機物ポリマーの可溶性，可塑性，成形性，軽量性などに加え，パターニングも可能である。ナノ粒子のサイズ効果による吸収端のシフトを用いることにより，既存の材料では実現不可能な波長領域での大きな性能指数を達成可能であるなどの点もこのようなハイブリッド材料の長所であると考えられる。

文　献

1) A. Henglein, *Ber. Bunsenges. Phys. Chem.*, **86**, 301 (1982)
2) L. E. Brus, *J. Phys. Chem.*, **79**, 5566 (1983)
3) S. Sun and H. Zeng, *J. Am. Chem. Soc.*, **124**, 8204 (2002)
4) W. S. Yu, J. J. Urban, Q. Gu and H. Park, *Nano Letters*, **2**, 447 (2002)
5) K. Sumida, K. Hiramatsu, W. Sakamoto and T. Yogo, *J. Nanoparticle Res.*, **9**, 225 (2006)
6) K. Hayashi, R. Fujikawa, W. Sakamoto, M. Inoue and T. Yogo, *J. Phys. Chem. C* **112**, 14255 (2008)
7) H. Guerrero, G. Rosa, M. P. Morales, F. del Monte, E. M. Moreno, D. Levy, R. P. del Real, T. Belenguer, C. J. Serna, *Appl. Phys. Lett.*, **71**, 2698 (1997)

第8章 自己組織化によるシリカ系有機・無機ハイブリッドの合成

下嶋　敦*

1　はじめに

　ゾル－ゲル法により得られるシリカ系有機・無機ハイブリッドの構造をナノスケールで制御することは，合成化学的な興味にとどまらず，精密な物性制御や新しい機能発現の観点からも重要である。オルガノアルコキシシランを出発物質として用いた場合，生成物の構造制御には大きく分けて二つのアプローチがある。界面活性剤などの有機分子集合体を鋳型（テンプレート）として利用するものと，鋳型を用いない，アルコキシシラン単独の自己組織化によるものである。前者については，メソ多孔体合成の有力なアプローチとしてすでに多くの研究がなされているが，詳細は第9章に述べられているので，ここでは省略する。本章では，後者のアプローチ，すなわちオルガノシラン分子の間に働く相互作用（疎水性相互作用，水素結合など）を駆動力とした自己組織化によるハイブリッド合成について紹介する。多くの場合，有機基に一つまたは二つのトリアルコキシシリル（-Si(OR)$_3$）基が結合した，一般式 R'-Si(OR)$_3$ や (RO)$_3$Si-R'-Si(OR)$_3$ で表される分子が出発物質として用いられるが，最近では3つ以上の -Si(OR)$_3$ 基を有する分子やオリゴシロキサン系への拡張によりユニークな構造体が報告されるなど，この分野の研究は拡大の一途をたどっている。

2　R'-Si(OR)$_3$型分子からのハイブリッド合成

　3官能性のオルガノアルコキシシラン（R'-Si(OR)$_3$, R＝Et, Me 等）は，シリカ系有機・無機ハイブリッド材料の代表的な出発物質であり，用途に応じて様々な有機基 R' が選択される[1]が，その種類によっては加水分解・縮重合反応過程で自己組織化が起こることが知られている。同一分子間の相互作用に基づくもの（図1, Route I(a)）の他に，異種分子間の分子認識に基づくものもある（図1, Route I(b)）。いくつかの例外はあるものの，図中に示したように層状構造が形成されることが多い。

---

*　Atsushi Shimojima　東京大学　大学院工学系研究科　化学システム工学専攻　准教授

第8章　自己組織化によるシリカ系有機・無機ハイブリッドの合成

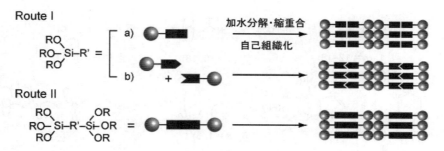

図1　自己組織化によるシリカ系有機・無機ハイブリッドの典型的な合成スキーム

Route I (a)の典型的な例として，R'が長鎖アルキル基の場合が挙げられる。アルキルトリアルコキシシラン（図2, 1）は，加水分解された分子の両親媒性により，層状（Lamellar）構造のハイブリッドを形成する[2,3]。この現象は，従来の両親媒性分子によるミセルやリオトロピック液晶相形成と類似しているが，シロキサン骨格の形成により構造が固定化されるのが大きな違いである。同様に，長鎖アルキル基とSiの間にアミド結合をもつ分子（2）からも層状ハイブリッドが得られている[4]。このとき，生成物中においてアミド結合部位は水素結合ネットワークを形成しており，それにより温度変化に伴う可逆的な相転移挙動を示す。

水素結合部位をアルキル基の末端に配置した場合でも組織化が起こりうる。例えば，アルキル鎖の末端に -CN 基をもつ分子（3）を用い，硫酸酸性条件下において，-CN 基の -COOH 基への変換と同時に，アルコキシ基の加水分解，縮重合反応を進行させると，-COOH 基間の水素結合によって自己組織化が起こることが報告されている[5]。また，異なる分子間の分子認識により組織化が起こる Route I (b)の例として，Wong Chi Man らは，アルキル鎖の末端に核酸塩基であるアデニン，チミンをそれぞれ結合した二種類のアルコキシシラン（4）を合成し，これら異種分子間の水素結合により層状構造を形成させることに成功している[6]。

Corriu らは，アミノ基をもつアルコキシシラン（5）からの層状ハイブリッド合成を報告している[7]。この場合，第一級あるいは第二級アミン部位と CO_2 との反応によるカルバメート形成が自己組織化の駆動力となる。この反応は可逆的に進行するため，層状ハイブリッドが形成されたのち加熱すると，CO_2 が脱離してフリーなアミノ基となる。アミノ基型の層状ハイブリッド材料は，上記のカルボキシル基修飾型ハイブリッドとあわせ，タンパク質などの吸着・固定化剤としての利用が期待できる。

層状構造以外のハイブリッドの合成例として，金子（鹿児島大）らは，アミノプロピルトリアルコキシシランの塩酸あるいは硝酸共存下での加水分解・縮重合反応により，直径1ナノメートル程度のロッド状シロキサンがヘキサゴナル状に積み重なった構造体が生成することを報告し

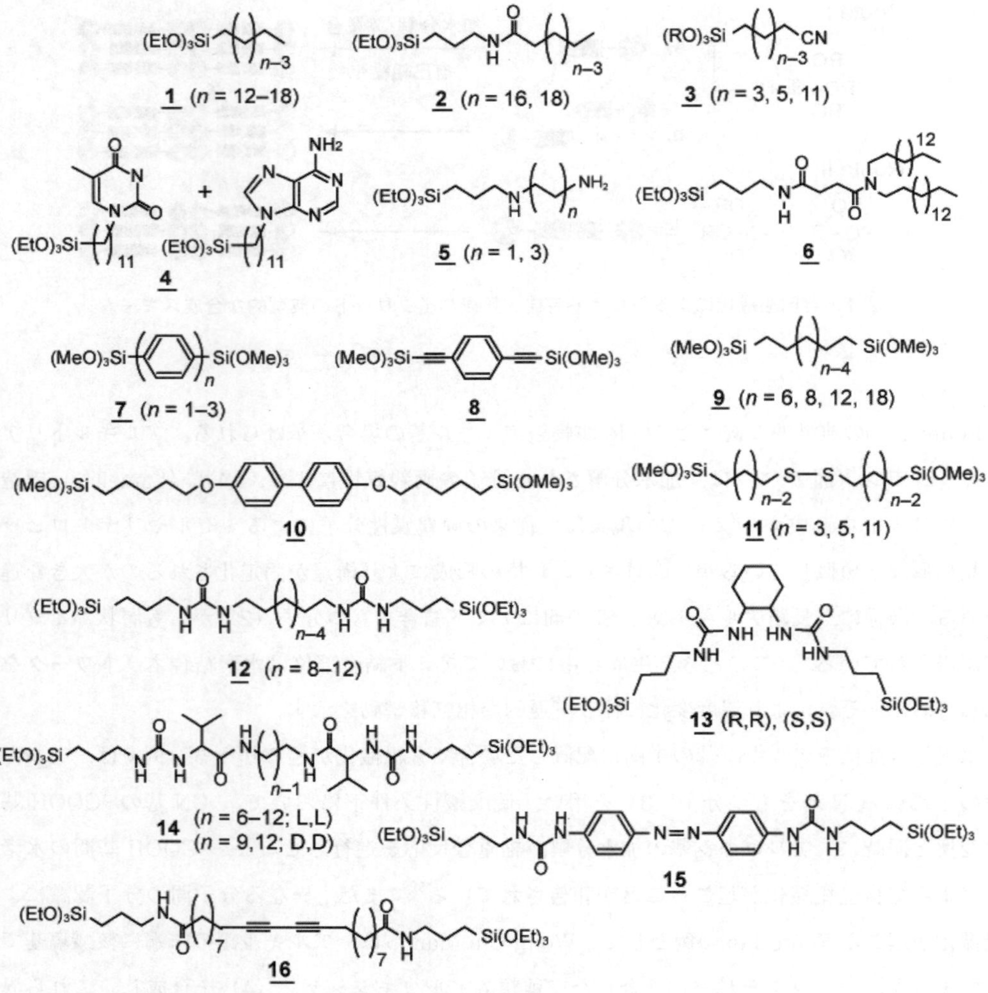

図2 自己組織化能をもつオルガノアルコキシシラン

た[8]。アミノ基と酸との間のイオンコンプレックス形成がロッドの形成と配列に重要な役割を果たしていると考えられている。このロッドは表面がアミノ基で覆われており，水に良く分散するため，さまざまな材料の構造単位として有用であり，例えばポリマー（ポリアクリルアミド）との複合化よるヒドロゲルの作製などの展開が試みられている[9]。さらに，忠永（大阪府立大）らは硫酸存在下での反応により得られる同様のロッド状シルセスキオキサンについて，乾燥雰囲気下で高いイオン導電性を示すことを見いだしている[10]。

第8章　自己組織化によるシリカ系有機・無機ハイブリッドの合成

3　(RO)$_3$Si-R'-Si(OR)$_3$型分子からのハイブリッド合成

このタイプの分子の自己組織化（図1, Route II）は[11]，当初は，R'として剛直なフェニレン基などを持つ場合（例えば7, 8）に限られていたが，分子間相互作用の設計や，反応条件の制御によって様々な有機基をもつ分子へと拡張されつつある。例えば，柔軟なアルキレン鎖をもつ分子（9）を用いた場合，溶媒としてTHFやアルコールなどを用いるとアモルファスなゲルとなるが，水中で反応させるとアルキル鎖間の疎水性相互作用が強まり，層状構造が形成される[12]。アルキレン鎖の中央にビフェニル基（＝メソゲン基）を導入（10）すると液晶性が発現するため，長周期の規則性をもつキセロゲルが容易に得られる[13]。さらに，この分子は室温では結晶性の固体であるため，気相での加水分解，縮重合反応により，分子配列をある程度維持した構造体を得ることもできる[14]。また，アルキレン鎖の中央にジスルフィド結合をもつ分子（11）を用いた場合，層状ハイブリッドを形成した後，ジスルフィド結合を還元してチオール修飾型へと変換，さらに，過酸化水素と硫酸で処理することによって，スルホン酸基に変換することも可能である[15]。

有機基とSiの間に尿素結合を組み込んだ分子を設計すると，分子間の高い水素結合性により組織化を誘起することができる。二つのアミノ基を有する有機化合物とイソシアネート（-NCO）基を持つアルコキシシランとの反応により様々な分子が簡便かつ高収率で得られることから，報告例は年々増えている。最も単純な，アルキレン鎖の両末端に尿素結合を介して-Si(OR)$_3$基が連結された分子（12）より，高い規則性をもつ層状ハイブリッドが板状粒子として得られている[16]。アルキレン鎖の炭素数が少ないと生成物の規則性が低下することから，疎水性相互作用と水素結合の両者が自己組織化に寄与していると推定される。

不正炭素の導入により生成物の形態制御が達成されている。分子12のアルキレン鎖をシクロヘキサン環で置き換えた分子（13）からは，らせんを巻いたファイバー状のハイブリッドが得られ[17]，出発分子の立体構造の違いによりらせんの向きが反転する。また，架橋有機基としてアルキレン鎖の両側にアミノ酸（D-, L-バリン）を導入した分子（14）からも，らせん状ファイバーの合成が報告されている[18,19]。このとき，アルキレン鎖の炭素数が偶数か奇数かによってらせんの向きが逆になり，その挙動は，アミノ酸部分がD体かL体かによっても逆になることが示された。これらの材料はキラル触媒などへの応用が期待されている。

光機能性の有機基の導入も行われている。アゾベンゼンユニットを有する分子（15）を用いて層状構造を形成すると，紫外—可視光照射によるシス-トランス異性化によって層間隔の可逆的変化が起こることが報告されている[20]。また，有機鎖中にジアセチレンユニットをもつ分子（16）を用い，サーモクロミズムを示す薄膜も合成されている[21]。基板上にメソ構造体の薄膜を

形成した後，紫外光を照射することによって，シリカ－ポリジアセチレンハイブリッドが得られる。有機基が無機骨格に固定化されていることから，通常のジアセチレンポリマーと比べ高い熱的安定性を有している。

4 形態制御―薄膜化―

層状ハイブリッドの薄膜化はコーティング材料への展開という観点から興味深い。アルキルトリアルコキシシラン（1）はアルキル鎖の立体障害のためシロキサン骨格形成の自由度が低く，単独での薄膜形成は困難であるが，テトラアルコキシシラン（$Si(OR)_4$）と共加水分解・縮重合させた溶液をガラス基板上にコーティングすることで透明な層状ハイブリッド薄膜を与える（図3）[3]。さらに，アルキル鎖末端に炭素—炭素二重結合を導入し，層状ハイブリッド薄膜の形成後，紫外光を照射すると層間で有機基の重合が進行し，それにともなって膜硬度や化学的安定性が大幅に向上することが示された[22]。アモルファスな薄膜と比較して，効率的な重合の進行が確認されており，これは層間における有機基の規則的な配列によるものと考えられる。

5 形態制御―ベシクル形成―

片桐（名古屋大）らは，二本鎖の合成脂質分子に $-Si(OEt)_3$ 基が結合したオルガノアルコキシシラン（6）を分子設計し，加水分解・縮重合反応過程での超音波処理によってベシクル状集合体「セラソーム」が生成することを報告している[23~25]。有機基の立体障害のために縮合度は低いものの，従来のベシクルと比べて高い安定性を示す。さらに，カチオン性，およびアニオン性のセラソームを合成し，基板上にLayer-By-Layer法によって交互積層体を構築することにも成功している[25]。一方，両親媒性ブロックポリマーの一つのセグメントの側鎖として $-Si(OR)_3$ 基を導入することによって，水中に分散，自己組織化させた後，中空のハイブリッド粒子が得ら

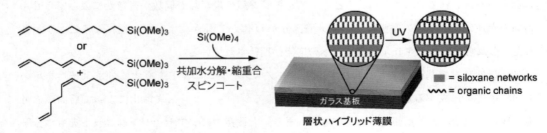

図3　層状シリカ―有機ポリマーハイブリッド薄膜の合成

第8章　自己組織化によるシリカ系有機・無機ハイブリッドの合成

れることも報告されている[26, 27]。これらのベシクル状ハイブリッドは DNA や薬剤のキャリアとしてドラッグデリバリーシステムへの応用が期待されている。

6　シロキサン部の設計によるメソ構造制御

有機部分の設計ばかりでなく，無機部分のサイズや形状なども構造を決定する重要なファクターである。上記のすべての研究例においては，$-Si(OR)_3$ が有機基に結合した分子を用いているが，黒田（早稲田大学）および筆者らは，様々なオリゴシロキサンユニットがアルキル基に結合した分子を合成し，自己組織化によって形成されるメソ構造体に関して，系統的な研究を行っている。上述のように，単一の $-Si(OR)_3$ 基（図4，(a)）をヘッドグループとするアルキルトリアルコキシシラン（1）は層状（Lamellar）構造を形成するが，3つの $-Si(OR)_3$ 基が連結された分岐型テトラシロキサンユニット（c）とすると，アルキル鎖炭素数に応じて，Lamellar 構造のほかに，2D-Hexagonal 構造やロッドが歪んだヘキサゴナル状に配列した 2D-Monoclinic 構造が形成される[28]。さらに3つの $-Si(OR)_3$ 基を追加してシロキサン鎖を伸張すると（e），球状集合体が配列した 3D Cubic や Tetragonal 構造が形成される[29]。このような構造変化は，一般に両親媒性分子の集合形態がその分子形状に基づく充填パラメータ[30]に依存し，疎水部（アルキル鎖など）に対する親水部（ヘッドグループ）の占める面積が増大するにつれ，層状から，ロッド状，球状と集合形態が変化することで説明できる。なお，上記の二つの分岐型ユニット（c），（e）における1つの $-Si(OR)_3$ 基，$-Si(OR)_2-O-Si(OR)_3$ 基をそれぞれメチル基に置換する（(b)，(d)）と，それぞれ，より表面の曲率の低い Lamellar 構造，2D Hexagonal 構造へと変化する。

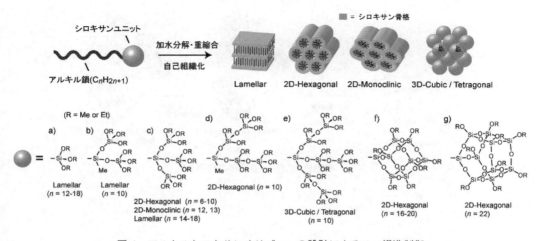

図4　アルキルシロキサンオリゴマーの設計によるメソ構造制御

これらの結果は，ヘッドグループ中のSiO$_4$ユニットの数によってメソ構造が厳密に規定されることを示している。

このような特定の構造を有するシロキサンユニットの導入は，単なるメソ構造制御だけでなく，シロキサン骨格のミクロ構造制御の観点からも重要である。しかしながら，上記の分岐型シロキサンユニットの場合，Si–OR基の加水分解にともなって，分子内縮合・開裂により骨格の再配列を起こすため[28]，精密な構造制御には至らない。そこで，剛直なケージ型ユニットである二重四員環（D4R）や二重五員環（D5R）構造のシロキサンユニット（f），（g）の利用について検討を行った。一つの頂点に長鎖アルキル基を結合させた分子は，いずれもアルコキシ基の加水分解後もその構造を保持しており，溶媒揮発にともなって自己組織化し，2D Hexagonal構造を形成する。固体^{29}Si MAS NMRやIR分析により，ケージ型ユニット同士が相互に連結されてシロキサン骨格を構成していることが明らかとなっている[31,32]。

ロッド状や球状の集合体からなる有機・無機ハイブリッドメソ構造体から有機基を除去すると規則的な細孔が形成される。これはメソ多孔体の新規合成ルートといえる。焼成により有機成分を除去した場合，シロキサン骨格の収縮や再配列が避けられないが，エステル結合などの穏和な条件下で開裂可能な部位を有機基に組み込むことで，骨格構造を最大限に保持しつつ多孔体化することが可能となる[33]。図5に示したように，アルキル鎖とSiの間にエステル結合を導入すると，酸処理によってエステルの加水分解によるアルコールの脱離が起こり，カルボキシル基修飾型のハイブリッド多孔体が得られる。細孔内でカルボキシル基は均一に分布し，その間隔もある程度制御されていると考えられる。このような多孔体表面における官能基の精密な配置は，触媒・吸着剤への応用の観点から大変重要である。

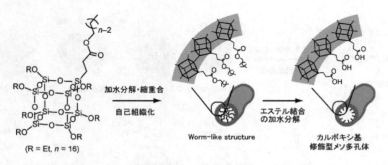

図5　有機修飾型メソ多孔体の精密合成

第 8 章　自己組織化によるシリカ系有機・無機ハイブリッドの合成

7　おわりに

　本章では，有機シラン系分子の自己組織化によるシリカ系有機・無機ハイブリッドの合成について概説した。オルガノアルコキシシランの精緻な分子設計によって，新しい構造体が数多く合成されつつあるが，従来のアモルファスなハイブリッド材料とは異なる応用に向けて，構造・物性・相関の理解を深めることが今後の大きな課題であろう。分子レベルからマクロスケールに至る階層的な構造形成も生体系にみられるような高度な複合機能の実現には不可欠であり，今後トップダウンプロセスとの融合も含めた検討が望まれる。

文　　献

1) ゾル－ゲル法の応用, 作花済夫, アグネ承風社（1997）
2) A. Shimojima, Y. Sugahara, K. Kuroda, *Bull. Chem. Soc. Jpn.*, **70**, 2847 (1997)
3) A. Shimojima and K. Kuroda, *Chem. Rec.*, **6**, 53 (2006)
4) L. D. Carlos, V. de Zea Bermudez, V. S. Amaral, S. C. Nunes, N. J. O. Silva, R. A. Sá Ferreira, J. Rocha, C. V. Santilli, D. Ostrovskii, *Adv. Mater.*, **19**, 341 (2007)
5) R. Mouawia, A. Mehdi, C. Reyé, R. J. P. Corriu, *J. Mater. Chem.*, **17**, 616 (2007)
6) J. J. E. Moreau, B. P. Pichon, G. Arrachart, M. Wong Chi Man, C. Bied, *New J. Chem.*, **29**, 653 (2005)
7) J. Alauzun, A. Mehdi, C. Reye, R. J. P. Corriu, *J. Am. Chem. Soc.*, **127**, 11204 (2005)
8) Y. Kaneko, N. Iyi, K. Kurashima, T. Matsumoto, T. Fujita, K. Kitamura, *Chem. Mater.*, **16**, 3417 (2004)
9) Y. Kaneko, S. Sato, J. Kadokawa, N. Iyi, *J. Mater. Chem.*, **16**, 1746 (2007)
10) T. Tezuka, K. Tadanaga, A. Hayashi, M. Tatsumisago, *J. Am. Chem. Soc.*, **128**, 16470 (2006)
11) B. Boury and R. Corriu, *Chem. Rec.*, **3**, 120 (2003)
12) J. Alauzun, A. Mehdi, C. Reyé, R. J. P. Corriu, *J. Mater. Chem.*, **15**, 841 (2005)
13) F. Ben, B. Boury, R. J. P. Corriu, *Adv. Mater.*, **14**, 1081 (2002)
14) H. Muramatsu, R. Corriu, B. Boury, *J. Am. Chem. Soc.*, **125**, 854 (2003)
15) J. Alauzun, A. Mehdi, C. Reyé, R. J. P. Corriu, *Chem. Commun.*, 347 (2006)
16) J. J. E. Moreau, L. Vellutini, M. Wong Chi Man, C. Bied, J.-L. Bantignies, P. Dieudonné, J.-L. Sauvajol, *J. Am. Chem. Soc.*, **123**, 7957 (2001)
17) J. J. E. Moreau, L. Vellutini, M. Wong Chi Man, C. Bied, *J. Am. Chem. Soc.*, **123**, 1509 (2001)
18) Y. Yang, M. Nakazawa, M. Suzuki, M. Kimura, H. Shirai, K. Hanabusa, *Chem. Mater.*, **16**, 3791 (2004)
19) Y. Yang, M. Nakazawa, M. Suzuki, H. Shirai and K. Hanabusa, *J. Mater. Chem.*, **17**, 2936

(2007)
20) N. Liu, K. Yu, B. Smarsly, D. R. Dunphy, Y.-B. Jiang, C. J. Brinker, *J. Am. Chem. Soc.*, **124**, 14540 (2002)
21) H. Peng, J. Tang, J. Pang, D. Chen, L. Yang, H. S. Ashbaugh, C. J. Brinker, Z. Yang, Y. Lu, *J. Am. Chem. Soc.*, **127**, 12782 (2005)
22) A. Shimojima, C.-W. Wu, K. Kuroda, *J. Mater. Chem.*, **17**, 658 (2007)
23) K. Katagiri, M. Hashizume, K. Ariga, T. Terashima, J. Kikuchi, *Chem. Eur. J.*, **13**, 5272 (2007)
24) K. Ariga, *Chem. Rec.*, **3**, 297 (2004)
25) K. Katagiri, R. Hamasaki, K. Ariga, J. Kikuchi, *J. Am. Chem. Soc.*, **124**, 7892 (2002)
26) K. Koh, K. Ohno, Y. Tsujii, T. Fukuda, *Angew. Chem. Int. Ed.*, **42**, 4194 (2003)
27) J. Du, Y. Chen, Y. Zhang, C. C. Han, K. Fischer, M. Schmidt, *J. Am. Chem. Soc.*, **125**, 14710 (2003)
28) A. Shimojima, Z. Liu, T. Ohsuna, O. Terasaki, K. Kuroda, *J. Am. Chem. Soc.*, **127**, 14108 (2005)
29) S. Sakamoto, A. Shimojima, K. Miyasaka, J. Ruan, O. Terasaki, K. Kuroda, *J. Am. Chem. Soc.*, **131**, 9634 (2009)
30) J. N. Israelachvili, D. J. Mitchell, B. W. Ninham, *J. Chem. Soc., Faraday Trans. I*, **72**, 1525 (1976)
31) A. Shimojima, R. Goto, N. Atsumi, K. Kuroda, *Chem. Eur. J.*, **14**, 8500 (2008)
32) A. Shimojima, H. Kuge, K. Kuroda, *J. Sol-Gel Sci. Technol*, submitted
33) R. Goto, A. Shimojima, H. Kuge, K. Kuroda., *Chem. Commun.*, 6152 (2008)

第9章　メソ多孔体の作製

若林隆太郎[*1], 浦田千尋[*2], 黒田一幸[*3]

1　はじめに

　細孔径がメソ孔（2-50 nm）領域にあり，均一な細孔を有する多孔質材料である"メソ多孔体（メソポーラス）材料"の最初の報告から約20年が経過した。これまでに少なくとも約17000報を超える論文が報告（Web of Science，2010年3月 "mesoporous" で検索，article で分類）されており，非常に活発な研究が行われてきた。

　筆者らは様々な層状ポリケイ酸塩と有機化合物との反応性を検討する過程で，単一ケイ酸塩シート構造を有する層状ケイ酸塩カネマイトとアルキルトリメチルアンモニウムイオンとの反応生成物が三次元化することを見いだし，生成物がメソ孔領域の狭い細孔径分布と高い比表面積を有する多孔体（のちに KSW-1 と命名）であることを発見した[1]。その後，1992年 Mobil 社がメソ多孔体シリカ（MCM シリーズ）を Nature 誌に発表し，規則的にハニカム状に配列したメソ孔を TEM 像により明瞭に示した[2]。この論文が契機になり本物質系の研究が一気に広がった。

　メソ多孔体を得るためには，両親媒性分子等の自己集合能を有する分子（鋳型分子），および骨格を形成する縮重合性のモノマー（無機，有機）の反応により，鋳型－骨格複合体（メソ構造体）を中間体として得て，最後に鋳型を除去することで得られる（図1）。メソ多孔体材料に関する研究は形態制御，組成制御，メソ構造制御等の基礎的な検討から，触媒・吸着剤・光学材料・生体材料をはじめとした様々な応用まで多岐にわたり展開されている。本章では，シリカ系材料を中心に，組成制御，メソ構造制御，形態制御について簡単に紹介する。本材料系に関して優れた総説等も多く発表されているので，それらも参考にされたい[3,4]。また，ゾル－ゲル反応は本文の"ゾル－ゲル過程編"を参考にされたい。

---

*1　Ryutaro Wakabayashi　早稲田大学　大学院先進理工学研究科　応用化学専攻　博士後期課程；早稲田大学　各務記念材料技術研究所　助手
*2　Chihiro Urata　早稲田大学　大学院先進理工学研究科　応用化学専攻　博士後期課程
*3　Kazuyuki Kuroda　早稲田大学　理工学術院　教授

ゾル－ゲル法技術の最新動向

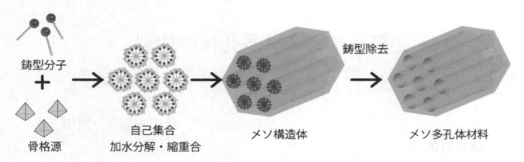

図1　メソ多孔体材料の合成スキーム

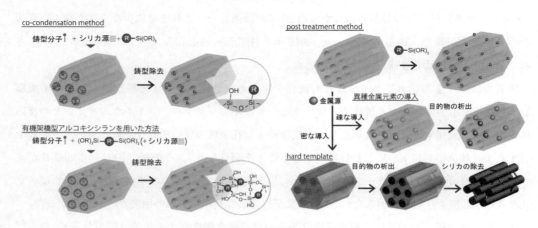

図2　メソ多孔体材料の表面組成設計

2　組成制御

シリカ（SiO_2）は最初に報告された組成であり，成形性が良く，合成や分析が容易であるため，最も活発に研究されている骨格組成である。骨格中に異種原子を導入することで，表面の機能化が盛んに行われている。シリカ以外の骨格組成（非シリカ系金属酸化物，貴金属，炭素，高分子等）のメソ多孔体も数多く報告されているが，本章ではシリカを中心とした，表面組成設計の基本概念について述べる（図2）。

2.1　修飾剤を用いた表面組成設計

シリカメソ多孔体表面にはシラノール基（SiOH）が存在しているため[5]，オルガノアルコキシシラン等の修飾剤を用いることで，様々な官能基（-SH，-NH_2，等）をSi-C結合を介して容易に導入できる。官能基の導入により，選択的吸着能や触媒能，動的な刺激応答能など，シリカ単体では得られない種々の機能発現が報告されている。官能基の導入方法は，メソ構造体合成時に

第9章 メソ多孔体の作製

修飾剤を加え修飾する方法（co-condensation method, one-pot synthesis, direct synthesis）と合成後に修飾する方法（post treatment method, grafting）の二種類に大別できる。

Co-condensation method では，合成時にシリカ源と修飾剤をほぼ同時に加えるため修飾剤の添加量の調整が可能であるが，加水分解速度が異なることによる均一性の保証の問題や，シリカの細孔壁中に修飾剤が埋もれてしまい，それが機能発現に寄与できない問題などが指摘されている[4]。一方，post treatment method では，メソ多孔体シリカの合成後に，修飾剤を加えるため，前者に比べてメソ孔表面に有機種が露出するという利点を持つが，細孔の入口付近で修飾が優先されることが予想されるため，修飾量の調整と均一性の保証は困難という欠点もある。

メソ多孔体調製時に有機基を導入する手法として，有機架橋型アルコキシシランを骨格源として用いる方法も有効である。本手法では，骨格に有機部位が存在するため，高濃度での有機基の導入が可能であり，均一性に信頼性があるものの，市販されているモノマーの種類は少なく，架橋型モノマーの合成が必要である。稲垣（豊田中研）らは，有機架橋部位として，フェニレン基を有するアルコキシシランを用いることで，メソスケールレベルのみならず，分子レベルでの規則性を有する結晶性メソ多孔体材料の合成に成功している[6]。さらに稲垣らは，有機架橋部位の設計により，光捕集アンテナなどへの応用展開を報告している[7]。また，細孔内部と骨格への修飾を相補的に利用した物質設計も行われている。例えば骨格内に酸性の官能基，細孔表面に塩基性の官能基を持たせることで酸性と塩基性を併せ持つ触媒利用に適するシリカメソ多孔体も合成されている[8]。

2.2 異種金属の導入

シリカメソ多孔体へ異種金属を導入する方法として，シリカ骨格中の Si 原子の一部を種々の金属原子（Al, Ti, Fe 等）で置換する方法や，非シリカ系金属酸化物の粒子（TiO_2, ZrO_2, MnO_2 等）や金属（Pt, Au, Ag 等）をメソ孔内で析出する方法等，多様な表面組成のメソ多孔体の合成が報告されている。均一触媒の不均一化担体としてもメソ多孔体は有効で，触媒活性の向上が報告されている[9]。また，本手法は貴金属の有効利用法としても注目される。

メソ多孔体は，非シリカ系金属酸化物や金属，炭素の"硬い"鋳型としても利用できる。合成方法としては，メソ多孔体シリカ内に上述した物質を析出させ，その後に，フッ化水素酸などでシリカ骨格を除去する。最終的に，元のメソ多孔体と逆の構造を有するメソ多孔体（レプリカ）が得られる。本手法は，結晶性の高い物質や合成に高温を要する物質調製に適しており，汎用性の高い方法として注目されている[10]。

3 メソ構造制御

3.1 メソ構造制御

メソスケールの構造形成には鋳型分子（両親媒性分子）の挙動やそれらと骨格源との相互作用が主導的な役割を果たし、幾何学的に説明可能な多彩なメソ構造が報告されている。鋳型分子の選択・設計はメソ多孔体の研究において、重要な位置を占める。また、このような精緻な構造を解析する手法も、メソ構造の多様化と共に報告されてきた。

一般的に、両親媒性分子が形成する集合形態は分子の疎水性および親水性部位の占める体積のバランスにより様々に変化する。これらの集合形態の変化は臨界充填パラメータで説明され、この値が大きいほど曲率の小さな構造（ラメラ構造）となり、小さいほど、曲率が大きな構造（球状や円筒ミセル）を形成する（図3）。実際には、メソ構造の形成には様々な因子が影響するが、メソ構造を考察する上で重要な概念とされている。例えば、下嶋および筆者らは、長鎖アルキル基のような疎水性部位を有するオルガノアルコキシシロキサンオリゴマーを設計し、種々のメソ（ナノ）構造体を合成している。これらの分子は、ゾル－ゲル反応の過程で両親媒性を獲得して界面活性剤のように自己集合する。詳細は第8章で述べられているが、長鎖アルキル鎖の長さ（疎水部）や、シロキサン部位の大きさ（親水部）といった、上述のパラメータによって説明可能なメソ（ナノ）構造の変化（両親媒性分子の曲率の変化）が起きる[11]。

また、メソ孔の細孔径制御も重要である。たとえば、トリメチルベンゼンのような疎水性有機分子は、ミセルに取り込まれミセルを膨潤させるため、結果としてメソ多孔体シリカの細孔径を拡大させることが良く知られている。また、分子量の大きな鋳型分子（高分子量非イオン性界面活性剤）を利用することでも、大きな細孔径の制御も可能となっている[12]。

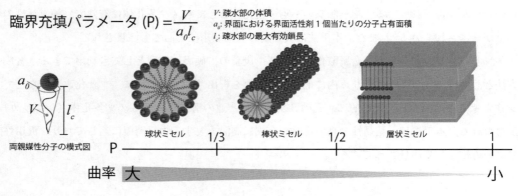

図3　臨界充填パラメータ

第9章 メソ多孔体の作製

3.2 メソ構造解析

　無機固体材料の構造解析として，X線回折による構造解析は強力な方法である。しかしながら，メソ多孔体の場合では，低角度領域に数本の回折ピークしか観測されず，X線回折からの詳細な構造決定は困難である。寺崎らはメソ多孔体シリカをメソスケールで周期性を有する「結晶」とみなし，電子線結晶学によりメソ構造体を構造評価する手法を開拓した[13]。本手法は，新規構造を有するメソ多孔体の構造決定のための強力な手法となっている。また，規則的なナノ空間を有するメソ多孔体は，吸着科学分野における理想的な吸着空間の提供に繋がっている。メソ孔内での吸着現象ならびに，細孔径や細孔の形状の理解が進んでおり，構造解析の一手段として広く用いられている。

4 形態制御

　材料の形態制御は応用・用途面からも重要である。ゾル－ゲル法を基にした，メソ多孔体材料の合成方法では，微粒子や薄膜等，種々の形態を得ることができる。シリカメソ多孔体の合成方法を大別すると，①液相中での粒子の析出，②液相中での基板への膜の析出，③溶媒揮発を用いた合成の三種類に大別することができる。現在では目的に合致した形態制御が可能となっている。例えば，①の方法では，球状粒子はもとより，中空や棒状[3(b)]，ヘリカル状[14]等多彩な形態を有するシリカメソ多孔体粒子が合成されている。また，③の方法では，薄膜を中心にモノリス，ファイバーや粒子等が得られている[15]。本章では，近年注目されている，メソ多孔体微粒子とメソ多孔体薄膜について，筆者らの報告を中心に紹介する。

4.1 メソ多孔体微粒子

　生体関連材料としてメソ多孔体の利用が盛んに検討されている[16]。生体を対象にする場合，用いる粒子の粒径は重要である。例えば，200 nm以下の粒子はがん細胞周辺に集積しやすい[17]。また，細胞への粒子の取り込みやすさは，粒径に依存していることが分かっている[18]。このため，メソ多孔体の粒径制御，特に200 nm以下の粒径制御が重要となる。

　メソ多孔体の微粒子化は，Stöber法[19]類似の手法で合成されており，塩基性条件を基にした合成が一般的である。現在では，数10 nmと非常に小さなメソ多孔体も合成されている[20]。これまでの報告は主に粒径制御に注力されていたが，実際に応用する上では，粒径制御のみならず粒子の分散制御の同時達成が重要となってくる。

　メソ多孔体微粒子は，合成直後，鋳型除去プロセスで凝集しやすく，このため設計した粒径が活かされていなかった。我々は，シリカ源に対して比較的高濃度の鋳型分子を用いることで，合

成直後の凝集を抑止し，鋳型除去プロセスとして透析を用いることで，水に分散したメソ多孔体微粒子の合成に成功した[21]（図4(a)）。本手法は，粒径に依存しない，水系に分散したシリカメソ多孔体微粒子を得ることができるため，ドラッグキャリアの作製に適していると考えられる。

溶液中での合成方法ではないが，メソ多孔体微粒子の新規合成手法として，Brinker らは溶媒揮発法の前駆溶液を噴霧乾燥することで粒子を作製した[22]。本手法では，比較的高濃度の前駆溶液を用いており，大量・迅速合成が可能であり，粒径の均一性という問題は残るものの，メソ多孔体の工業的生産法として期待される。

4.2　メソ多孔体薄膜の合成およびメソ孔の配向制御

メソ多孔体薄膜は高い透明性と規則的に配列した空隙を有することから，電子材料や光学材料として高い注目を浴びている。本材料系は，1994年に小川が，テトラメトキシシラン，アルキルトリメチルアンモニウム塩を含む酸性溶液を，ガラス基板上にスピンコーティングし，層状シリカ界面活性剤メソ構造体を初めて報告し，これを契機として活発な研究がなされている[23]。

通常，メソ多孔体薄膜におけるメソ孔の配向は微視的には揃っているが，ある程度のドメインを形成しており，巨視的にはランダムに配向している[24]。また 2D-hexagonal 構造の場合，シリ

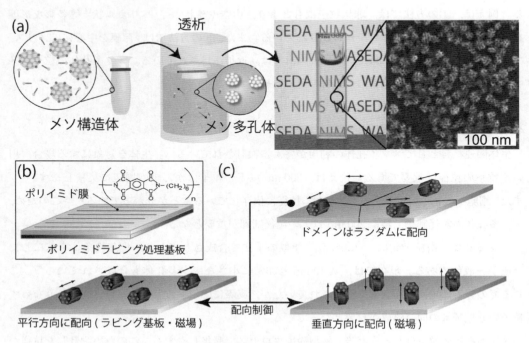

図4　メソ多孔体材料の形態制御
(a) コロイド状メソ多孔体シリカナノ粒子，(b) ラビング処理基板，(c) メソ多孔体薄膜の配向制御

ンダー状メソ孔は基板と平行方向に配向しており[24]（図4(b)），このことがメソ多孔体薄膜の応用を限定していた。そこで，筆者らを含むいくつかのグループが，メソ多孔体薄膜におけるメソ孔の配向制御，基板と水平方向および垂直方向への配向制御に挑戦してきた[25]。これまでに，制限空間，基板界面とミセルとの相互作用，shear flow，電場，磁場等が用いられている。ここでは筆者らが着目した，基板界面設計および磁場を利用した方法を紹介する。

基板に水平方向への配向制御として，宮田らは，基板表面とミセルの相互作用に注目し，結晶性表面を有する基板[26]，ポリイミドラビング処理基板等[27]の表面の原子・分子配列が一方向に揃った基板を用いることで，メソ孔が基板と平行方向に一軸配向したメソ構造体薄膜の作製に成功している。さらに，宮田らはこれらの薄膜に色素を導入し，メソ多孔体薄膜の異方性を光学的に利用することに成功している[28]。

垂直方向への配向制御として，山内および筆者らは，ミセルが磁場に応答し，一定方向へ配向することに注目し，メソ細孔の垂直配向に成功している[29]。磁場を用いることで，基板に対して垂直方向への配向のみならず，平行方向への配向も可能であることを示した。また，山内らは，この垂直配向薄膜と配向性の無い薄膜の物質透過性を調査し，垂直配向薄膜がより良い透過性を有する事を示した[30]。垂直配向メソ多孔体薄膜は分離膜ほか種々の利用が今後期待される。

5 おわりに

この20年で，数多くのメソ多孔体の合成が報告されたが，高規則性Siメソ多孔体等，未解決課題は残っている。加えて，本材料系の応用展開を目指した研究が増加しており，量産化の発表もあって本材料が社会的にも認知されつつある。メソ多孔体の応用は，ゼオライトを大きく超える孔径の大きさ，メソ孔の均一性，高比表面積・細孔容積に起因するものがほとんどだが，メソスケール規則構造に起因する応用展開の必要があり，今後その方面での発展が期待される。研究論文数は現在も増加しており基礎・応用両面でメソ多孔体材料の発展が大いに期待できる。

文献

1) (a) T. Yanagisawa, T. Shimizu, K. Kuroda and C. Kato, *Bull. Chem. Soc. Jpn.*, **63**, 988 (1990); (b) T. Yanagisawa, T. Shimizu, K. Kuroda and C. Kato, *Bull. Chem. Soc. Jpn.*, **63**, 1535 (1990)

2) (a) C. T. Kresge, M. E. Leonowicz, W. J. Roth, J. C. Vartuli and J. S. Beck, *Nature*, **359**, 710 (1992); (b) J. S. Beck, J. C. Vartuli, W. J. Roth, M. E. Leonowicz, C. T. Kresge, K. D. Schmitt, C. T.-W. Chu, D. H. Olson, E. W. Sheppard, S. B. McCullen, J. B. Higgins and J. L. Schlenker, *J. Am. Chem. Soc.*, **114**, 10834 (1992)
3) (a) G. J. de A. A. Soler-Illia, C. Sanchez, B. Lebeau and J. Patarin, *Chem. Rev.*, **102**, 4093 (2002); (b) Y. Wan and D.-Y. Zhao, *Chem. Rev.*, **107**, 2821 (2007)
4) F. Hoffmann, M. Cornelius, J. Morell and M. Fröba, *Angew. Chem. Int. Ed.*, **45**, 3216 (2006)
5) J.-P. Gallas, J.-M. Goupil, A. Vimont, J.-C. Lavalley, B. Gil, J.-P. Gilson and O. Miserque, *Lagmuir*, **25**, 5825 (2009)
6) S. Inagaki, S. Guan, T. Ohsuna and O. Terasaki, *Nature*, **416**, 305 (2002)
7) S. Inagaki, O. Ohtani, Y. Goto, K. Okamoto, M. Ikai, K. Yamanaka, T. Tani and T. Okada, *Angew. Chem. Int. Ed.*, **48**, 4042 (2009)
8) J. Alauzun, A. Mehdi, C. Reyé and R. J. P. Corriu, *J. Am. Chem. Soc.*, **128**, 8718 (2006)
9) (a) A. Taguchi and F. Schüth, *Micropor. Mesopor. Mater.*, **77**, 1 (2005); (b) A. Fukuoka and P. L. Dhepe, *Chem. Rec.*, **9**, 224 (2009)
10) (a) H. Yang and D. Zhao, *J. Mater. Chem.*, **15**, 1217 (2005); (b) Y. Yamauchi and K. Kuroda, *Chem. Asian. J.*, **3**, 664 (2008)
11) (a) A. Shimojima and K. Kuroda, *Chem. Rec.*, **6**, 53 (2006); (b) A. Shimojima, R. Goto, N. Atsumi and K. Kuroda, *Chem. Eur. J.*, **14**, 8500 (2008); (c) S. Sakamoto, A. Shimojima, K. Miyasaka, J. Ruan, O. Terasaki and K. Kuorda, *J. Am. Chem. Soc.*, **131**, 9634 (2009)
12) D. Zhao, J. Feng, Q. Huo, N. Melosh, G. H. Fredrickson, B. F. Chmelka and G. D. Stucky, *Science*, **279**, 548 (1998)
13) Y. Sakamoto, M. Kaneda, O. Terasaki, D. Y. Zhao, J. M. Kim, G. D. Stucky, H. J. Shin and R. Ryoo, *Nature*, **408**, 449 (2000)
14) S. Che, Z. Liu, T. Ohsuna, K. Sakamoto, O. Terasaki and T. Tatsumi, *Nature*, **429**, 281 (2004)
15) (a) L. Nicole, C. Boissière, D. Grosso, A. Quach and C. Sanchez, *J. Mater. Chem.*, **15**, 3598 (2005); (b) P. Innocenzi, L. Malfatti, T. Kidchob and P. Falcaro, *Chem. Mater.*, **21**, 2555 (2009)
16) (a) B. G. Trewyn, S, Giri, I. I. Slowing and V. S.-Y. Lin, *Chem. Commun.*, 3236 (2007); (b) B. G. Trewyn, I. I. Slowing, S. Giri, H.-T. Chen and V. S.-Y. Lin, *Acc. Chem. Res.*, **40**, 846 (2007)
17) H. Maeda, J. Wu, T. Sawa, Y. Matsumura and K. Hori, *J. Control. Release*, **65**, 271 (2000)
18) F. Lu, S.-H. Wu, Y. Hung and C.-Y. Mou, *Small*, **5**, 1408 (2009)
19) W. Stöber, A. Fink and E. Bohn, *J. Colloid Interface Sci.*, **26**, 62 (1968)
20) (a) C. E. Fowler, D. Khushalani, B. Lebeau and S. Mann, *Adv. Mater.*, **13**, 649 (2001); (b) S. Sadasivan, C. E. Fowler, D. Khushalani and S. Mann, *Angew. Chem. Int. Ed.*, **41**, 2151 (2002)
21) C. Urata, Y. Aoyama, A. Tonegawa, Y. Yamauchi and K. Kuroda, *Chem. Commun.*, 5094 (2009)

第9章　メソ多孔体の作製

22) Y. Lu, H. Fan, A. Stump, T. L. Ward, T. Rieker and C. J. Brinker, *Nature*, **398**, 223 (1999)
23) M. Ogawa, *J. Am. Chem. Soc.*, **116**, 7941 (1994)
24) C.-W. Wu, Y. Yamauchi, T. Ohsuna and K. Kuroda, *J. Mater. Chem.*, **16**, 3091 (2006)
25) (a) M. Trau, N. Yao, E. Kim, Y. Xia, G. M. Whitesides and I. A. Aksay, *Nature*, **390**, 674 (1997) ; (b) C.-W. Wu, T. Ohsuna, T. Edura and K. Kuroda, *Angew. Chem. Int. Ed.*, **46**, 5364 (2007) ; (c) H. W. Hillhouse, T. Okubo, J. W. van Egmond and M. Tsapatsis, *Chem. Mater.*, **9**, 1505 (1997)
26) T. Suzuki, Y. Kanno, Y. Morioka and K. Kuroda, *Chem. Commun.*, 3284 (2008)
27) (a) H. Miyata and K. Kuroda, *J. Am. Chem. Soc.*, **121**, 7618 (1999) ; (b) H. Miyata and K. Kuroda, *Chem. Mater.*, **12**, 49 (2000) ; (c) H. Miyata, T. Noma, M. Watanabe and K. Kuroda, *Chem. Mater.*, **14**, 766 (2002) ; (d) H. Miyata, T. Suzuki, A. Fukuoka, T. Sawada, M. Watanabe, T. Noma, K. Takada, T. Mukaide and K. Kuroda, *Nat. Mater.*, **3**, 651 (2004)
28) (a) A. Fukuoka, H. Miyata and K. Kuroda, *Chem. Commun.*, 284 (2003) ; (b) I. B. Martini, I. M. Craig, W. C. Molenkamp, H. Miyata, S. H. Tolbert and B. J. Schwartz, *Nature Nanotech.*, **2**, 647 (2007)
29) Y. Yamauchi, M. Sawada, M. Komatsu, A. Sugiyama, T. Osaka, N. Hirota, Y. Sakka and K. Kuroda, *Chem. Asian J.*, **2**, 1505 (2007)
30) H. K. M. Tanaka, Y. Yamauchi, T. Kurihara, Y. Sakka, K. Kuroda and A. P. Mills Jr., *Adv. Mater.*, **20**, 4728 (2008)

第10章 バルクゲルの焼結

平島 碩*

1 はじめに

　乾燥ゲルは通常，多孔質で気孔率50%，比表面積数百 m^2/g に及ぶ。さらに，超臨界乾燥等による乾燥ゲル（エアロゲル）では気孔率90%以上に達する。従って，緻密なセラミックス，ガラスを得るには焼結によって気孔を減少または消滅させる必要がある。また，焼結条件によって気孔率・細孔径分布の制御も可能で，メソおよびナノポーラスセラミックスへの応用も期待される。

　焼結による緻密化の駆動力は表面エネルギー（の減少）であり，ゲルの焼結では表面積が大きいので焼結は比較的低温で進む。このため物質移動は主として粘性流動による。ゲルの焼結に付随する問題点としては，大きな体積変化に伴うクラック，加熱による化学反応（気相との反応，熱分解，基板との反応，等）の進行，結晶化・相転移および粒成長，これらによる不透明化などがあげられる。

　ゾル－ゲル法は「低温合成」とみられているが，焼結のための比較的高温での熱処理が必要で，このことが応用の範囲を狭めている例も多い。そこで低温緻密化，結晶化の研究も盛んである。

2 焼結の理論

2.1 粘性流動焼結

　ガラスのような非晶質固体の焼結は粘性流動機構による。半径 a の球形粒子の焼結の場合（Frenkel モデル），時間 t における焼結体の長さ $L(t)$ は，

$$L(t)/L(0) = 1 - (3\gamma_{SV} t/8\eta a) \tag{1}$$

で表される（γ_{SV}；粒子の表面エネルギー，η；粘性係数）[1]。この式は粒径が小さいほど焼結が速いことを示している。ガラスによるモデル実験，ゲルの焼結などについてこの式が成立することが知られているが，焼結の初期（すなわち気孔の大部分が開いた気孔である場合）にのみ成り

＊ Hiroshi Hirashima　慶應義塾大学名誉教授

立つ。そこでSchererは半径aの円柱を稜とする立方体（稜の長さl）をユニット・セルとするネットワーク構造モデルを提案し，焼結速度式を導き，ゲルの焼結に良く適合することを示している[2,3]。焼結時間tにおける相対密度ρ_tは$x=a/l$とすれば，

$$\rho_t = x^2(3\pi - 8\sqrt{2}x) \tag{2}$$

となり，xと焼結時間の関係は，

$$\gamma_{SV} n^{1/3} t/\eta = f_S(y_t) - f_S(y_0) \tag{3}$$

ここで，

$$f_S(y_t) = -(2/\alpha)[(1/2)\ln\{(\alpha^2 - \alpha y + y^2)/(\alpha+y)^2\} + \sqrt{3}\tan^{-1}\{(2y-\alpha)/\alpha\sqrt{3}\}] \tag{4}$$

および $y = \{(3\pi/x) - 8\sqrt{2}\}^{1/3}$ (5)

但し，l_0, ρ_0, x_0, y_0；初期値，l_t, ρ_t, x_t, y_t；tにおける値
$\alpha \equiv (8\sqrt{2})^{1/3}$, $n = 1/(l_0^3 \rho_0)$；固体の単位体積あたりの気孔の数

またShuttleworthとMackenzieは内径r_1外径r_2の球殻の粘性流動による収縮モデルを提案している[4]。これは気孔が閉じた状態，すなわち焼結の後期に適合し，この段階についてはSchererの結果に一致する。粘性流動モデルを適用する場合の問題は，ゲルの組成，構造が加熱により変化するため，η，γ_{SV}が焼結中に変化することである。焼結中のシリカ・ゲルのOH含有量減少に伴うηの増加などが指摘されている。なおゲル焼結の理論的取り扱いについてはBrinkerら，およびPierreの文献に詳しい[5,6]。

2.2 拡散焼結

結晶質のゲルでは，拡散機構による焼結[7]が考えられるが，焼結中に結晶化が同時に進むことが，ゲル焼結の現象を複雑にしている。

3 ゲル焼結の実際

乾燥ゲルの焼結では，粒子が極めて小さく，表面積が大きいことから，通常のセラミックスの焼結に較べて緻密化がより低温で速やかに起こることが知られている。ゲルを構成するコロイド粒子は$1\mu m$以下であるが，トムソンの法則によれば直径$0.1\mu m$の粒子表面の蒸気圧Pは平衡蒸気圧P_0より2％高い（即ち，より活性が高い）。

焼結時の雰囲気によっても焼結速度が変化することが知られている[8]。これは乾燥ゲル中に残

るアルコキシル基，OH 基等の反応によるとみられる。これらの反応を利用してハロゲンによる OH 基の除去，オキシナイトライド化等が可能である[9~13]。また焼結条件によって焼結体のポロシティを制御して多孔質ガラスを得ることが出来る。

焼結の最終段階では発泡，変形，割れ等の問題がある。これらは閉じたポアー内のガス発生による。従って，ポアーが閉じる前にゲル内の不純物を除くよう，熱処理のプログラムに細心の注意を払う必要がある。

シリカ，シリケート等のガラス質の場合，加熱によりゲルからガラスへの転移が起る。結晶質セラミックスの場合，ゲルの焼結過程で結晶化が起こる。結晶化は均一核形成または不均一核形成によって起こるが，ゲルは表面積が極めて大きいので，不均一核形成による結晶化が起こり易く，固相反応による場合よりもはるかに低温で結晶化が進む。例えば $BaTiO_3$，PZT 等の合成には通常800℃以上の高温を必要とするが，ゾル－ゲル法によればこれらは 500℃以下で生成することが報告されている[14]。

4 ホットプレス焼結

焼結温度を低下させる方法の一つにホットプレス焼結がある。ゲルのホットプレスについても早くから多くの報告があり，Dislich による多成分系ガラスの低温合成などの例が良く知られている[15]。焼結体に均一に圧力を加える静水圧ホットプレスの場合，印加圧力 P_a が焼結の駆動力より大きい場合，即ち

$$P_a \geq 2\gamma/r_{por} \tag{7}$$

但し，γ；surface energy，r_{por}；細孔径

のときホットプレスの効果が現れる。このとき，焼結による緻密化の速さは P_a^n に比例し，焼結が拡散機構による場合，n は 1，粘性流動の場合は 3 とされている。したがって，ゲルの焼結ではホットプレスが効果的であることがわかる。Dislich によれば，高シリカガラスでは通常の焼結では 900℃以上で，加圧すると 700℃以下で緻密なガラスが得られたと言う。

ホットプレスによる緻密化の速度は

$$\ln(1-D(t)) = \ln(1-D_0) + (3\,P_a\,t/4\,\eta) \tag{8}$$

但し，$D(t)$；時間 t における相対密度，D_0；初期相対密度

で表わされるが，焼結過程で粘性が変化する場合には補正が必要となる[16]。

第10章　バルクゲルの焼結

5　おわりに

シリコンアルコキシドから合成したシリカゲルは水溶液から得たものより低温で焼結が進む，多成分系酸化物ゲル（PZTなど）や非酸化物ゲルは低温で結晶化・焼結が進む，など，興味深い結果が多数報告されている。ゾル－ゲル法を活用するには焼結過程の複雑な現象の解明，焼結条件の最適化が必須であり，未だ残された課題も多く，今後の検討が望まれる。

文　　献

1) H. E. Exner, Reviews on Powder Metallurgy and Physical Ceramics, **1**, 1-251 (1979)
2) G. W. Scherer, *J. Am. Ceram. Soc.*, **60**, 236-239 (1977)
3) G. W. Scherer, *J. Non-Cryst. Solids,* **34**, 239-256 (1979)
4) J. K. Mackenzie, R. Shuttleworth, *Proc. Phys. Soc.*, **62** (12B), 838-852 (1949)
5) C. J. Brinker, G. W. Scherer, "Sol-Gel Science", Academic Press, San Diego (1990) Chap. 11, p. 675-742
6) A. C. Pierre, "Introduction to Sol-Gel Processing", Kluwer Academic Publishers, London (1998)
7) W. D. Kingery, H. K. Bowen, D. R. Uhlmann, "Introduction to Ceramics", 2nd Ed., J. Wiley & Sons, New York (1976), Chap. 10, p. 448-515
8) M. Prasas, J. Phalippou, J. Zarzicki, in : "Science of Ceramic Chemical Processing", L. L. Hench, D. R. Ulrich (eds.), Wiley, NY (1986) p. 156-167
9) E. M. Rabinovich, D. W. Johnson, Jr., J. B. MacChesnney, E. M. Vogel, *J. Am. Ceram. Soc.*, **66**, 693-699 (1983)
10) C. G. Pantano, P. M. Glaser, D. J. Armburst, in : "Ultrastructure Processing of Ceramics, Glasses, and Composites",
11) L. L. Hench, D. R. Ulrich (Eds), Wiley, NY. (1984) p. 161-177
12) L. A. Carman, C. G. Pantano, in : "Science of Ceramic Chemical Processing", L. L. Hench, D. R. Ulrich (Eds), Wiley, NY (1986) p. 187-200
13) B. D. Fabes, G. W. Dale, D. R. Uhlmann, in : "Ultrastructure Processing of Advanced Ceramics", J. D. Mackenzie, D. R. Ulrich (Eds), Wiley, NY (1988) p. 883-890
14) H. Hirashima, E. Onishi, M. Nakagawa, *J. Non-Cryst. Solids*, **121**, 404-406 (1990)
15) H. Dislich, Angew. *Chem., Internat. Ed.*, **10**, 363-370 (1971)
16) M. Decottignies, J. Phalippou, J. Zarzycki, *J. Mater. Sci.*, **13**, 2605-2618 (1978)

第11章　静電相互作用による分子組織体を利用した
ナノハイブリッドの作製と応用

片桐清文*

1　はじめに

　近年の材料開発において，避けて通れないキーワードに"ナノ"があげられる。とりわけ物質の界面におけるナノレベルでの構造制御は高度な機能の発現を目指すうえでは重要であると考えられる。このことはゾル-ゲル法をベースとする材料開発においても決して例外ではない。有機-無機ハイブリッドはゾル-ゲル法の研究の歴史が始まって以来，常に注目されている分野であるが，この"ナノ"のアプローチの出現によって，"ゾル-ゲルナノハイブリッド"として，新たな展開をみせつつある。これまでのゾル-ゲル法による有機-無機複合体においては，有機官能基で無機骨格を修飾したもの，機能性有機分子を無機マトリックスで固定化したものが中心であったが[1]，このゾル-ゲルナノハイブリッドでは分子レベルで構造を制御しながら無機物質と有機物質を複合化し，構造のみならず，それらの機能を巧みに連携させるものである。このナノハイブリッドの開発においての大きな鍵は自己組織化などによって得られる分子組織体の応用である。典型的なものには両親媒性物質の疎水性相互作用を利用した分子集合体を用いたハイブリッド材料[2,3]があり，なかでもメソポーラス材料はすでに材料化学の一分野を形成している。しかし，自己組織化の駆動力としては疎水性相互作用のみならず，静電相互作用など幅広い分子間相互作用が利用可能であり，実際，それらを駆使して様々なナノハイブリッド材料が開発されている[4]。疎水性相互作用を利用した分子集合体によるナノハイブリッドについては，本書の他項や前書『ゾル-ゲル法のナノテクノロジーへの応用』でも取り上げられているのでここでは割愛し，本項においては特に静電相互作用を駆動力として作製されるゾル-ゲルナノハイブリッドにスポットをあてて，その最近の展開を紹介する。

＊　Kiyofumi Katagiri　名古屋大学　大学院工学研究科　化学・生物工学専攻　応用化学分野　助教

第11章　静電相互作用による分子組織体を利用したナノハイブリッドの作製と応用

2　静電相互作用を利用したハイブリッド超薄膜作製法としての交互積層法

　交互積層法は，1991年にG. Decherらが確立した静電相互作用を駆動力とした超薄膜の作製法である[5]。この交互積層法は他の超薄膜作製プロセスと比較すると，特殊な装置を必要としない非常に簡便なプロセスであり，究極的にはビーカーとピンセットのみでも複数物質からなるハイブリッド積層膜をナノレベルでの超薄膜として作製することが可能である。交互積層法による高分子電解質多層膜の基板上への製膜の操作を図1に示す。表面を親水化処理して電荷（例えば，−）を持たせた固体基板を反対の電荷（＋）を持つ高分子電解質の水溶液に浸すと静電相互作用によって，高分子の強い吸着が起こる。この際に電荷が中和されるだけでなく，電荷が反転し，再飽和するまで吸着される。それ以上の過剰吸着は同電荷の反発によって自己規制されるため，作製条件（pH，塩強度など）によって吸着量は一定となる。一定時間吸着させた後，純水ですすぐことで非特異吸着した分子を取り除き，乾燥させて1回の操作となる。引き続いて反対の電荷（−）の高分子電解質溶液を用いて同様の操作をすることで，再び高分子の吸着と電荷の反転が起こる。これを繰り返すことでナノメートルスケールの超薄膜を交互に積層することが可能である。このように，この方法における作製プロセスでは非常に単純であり，用いる基板も平板だけでなく，曲面や凹凸を有するものなどにもほとんど制限なく適用可能である。また，この方法の製膜の駆動力が主として静電相互作用であるので，積層可能な材料は高分子電解質に限らず多電荷を有する物質であればほとんど適用できる。すなわちタンパク質，DNAなどの生体高分子，無機微粒子や板状化合物，ヘテロポリ酸，色素分子，金属ナノ粒子などが適用可能である[6]。これらの特徴から，交互積層法とゾル−ゲル法を組み合わせることで様々なナノハイブリッドの開発が可能であると考えられる。

3　交互積層膜を利用したナノハイブリッドコーティング薄膜

　最近，ゾル−ゲル法で一般によく使われる金属アルコキシドではなく，水溶性の金属錯体化合

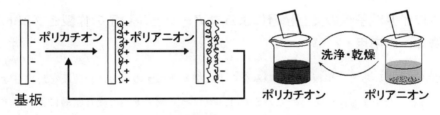

図1　交互積層法の基本的な原理とその操作方法

物が無機酸化物の溶液プロセスでの合成に利用されるようになってきているが，これらの錯体も多電荷を有する水溶性化合物であるため，交互積層法に適用可能な物質となる。なかでもTiO$_2$の前駆体となるチタンの乳酸錯体化合物であるチタニウム（IV）ビス（アンモニウムラクタート）ジヒドロキシド（TALH）は安定な水溶液として容易に入手可能であり，また比較的低温でアナターゼ型に結晶化することが報告されている（図2)[7]。従って，交互積層法にTALHを用いることでアナターゼナノ結晶が分散した超薄膜を低温で作製でき，その膜内に色素あるいは酵素といった有機機能性分子を任意の層に組み込むことで，TiO$_2$の光電効果と有機物質の機能を連携させたナノハイブリッドデバイスを構築することも可能である。我々はTALHをカチオン性の高分子電解質と交互積層して超薄膜を形成して比較的低温での熱処理，温水処理，あるいは紫外光照射などを施し，電子顕微鏡観察等によって結晶化挙動と構造変化の評価を行った[8]。カチオン性高分子電解質にはポリジアリルジメチルアンモニウムクロリド（PDDA）などを用い，水晶振動子微小天秤法（QCM）における振動数変化から積層薄膜の成長過程における重量変化を追跡したところ，積層回数に基づく段階的な膜の成長が認められた。TALH/PDDA積層薄膜表面のTEM観察と電子回折測定を行ったところ，アナターゼ型結晶の存在を示唆する3.5Åの格子縞が確認された。また，電子回折パターンにおいては，アナターゼ相とTiO$_2$（B）相が混在していると考えられる回折が認められ，高温の熱処理を行わなくても結晶性のTiO$_2$が得られることが分かった。（TALH/PDDA）$_5$積層薄膜の温水処理1時間前後における光触媒活性評価を評価したところ，温水処理前では触媒活性を示さなかったのに対し，温水処理後では触媒活性を示した。これより，温水処理によってTiO$_2$の結晶が増加もしくは成長したと推測される。このプロセスは薄膜の形成からTiO$_2$の結晶化までをすべて100℃以下の低温で行えるので，機能性有機分子とのナノハイブリッド化に適した手法であると言える。

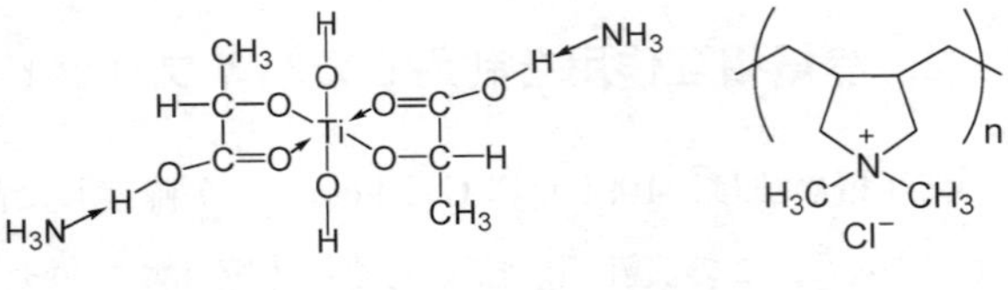

図2 TALHとPDDAの分子構造

4 コロイド粒子への交互積層によるコアーシェル粒子の作製とプロトン伝導体への応用

交互積層法を用いると，平板基板上のみならず，様々な形態のものに超薄膜を形成させることが可能である。なかでも注目を集めているのは，コロイド粒子上への交互積層によるコアーシェル粒子の合成である。コロイド粒子は一般に水溶液中では，正負いずれかに帯電した状態で分散

第11章　静電相互作用による分子組織体を利用したナノハイブリッドの作製と応用

している。ここに高分子電解質等を加えると固体基板上同様に，高分子の吸着と電荷の反転現象が起こるため，交互積層によって粒子を高分子電解質の多層超薄膜でコートすることができ，用いたコロイド粒子をコアとしたコア－シェル型の複合粒子を作製することができる。

一方，近年ナノ粒子の分散やナノ薄膜の積層によってもたらされる異種物質間のヘテロ界面において，イオン伝導性が飛躍的に高められる「ナノイオニクス現象」が報告され，新規イオン伝導体の設計においてもナノ粒子やナノ薄膜の「表面・界面」に強い関心がもたれている[9]。ナノ粒子の分散やナノ薄膜の積層によってもたらされる異種物質間のヘテロ界面において，界面歪みによる格子の変形や空間電荷層によるキャリアの増加，もしくはバンド構造の変化等の影響によりイオン伝導性や誘電性が大きく変化することが明らかになってきた。このようなヘテロ界面効果はナノメートルスケールに特徴的な現象であり，従来の固体電解質の作製方法では，ヘテロ界面の効果を最大限に生かした材料の設計・開発を行うことは困難である。そのため一般的にはパルスレーザー堆積（PLD）法などの気相法が用いられている。しかしながら，これらの方法では膜厚および組成は厳密に制御可能であるものの，実用に際して燃料電池セルサイズのものをバルクあるいはシートとして量産化する上で問題がある。そこで，我々は燃料電池用プロトン伝導体として応用可能な新規材料をゾル－ゲル法と交互積層法を利用して作製したコア－シェル粒子を用いて開発した。まず，熱的・化学的耐久性および柔軟性などを組成によって制御可能なシリカ系ハイブリッド微粒子を調製し，その粒子表面を交互積層法によって修飾することで，ヘテロ界面構造を有するプロトン伝導体を作製した。図3に粒子の表面修飾によるプロトン伝導性材料の設計コンセプトを示す。まず，粒径制御され，塑性変形しやすく圧着可能な微粒子をゾル－ゲル

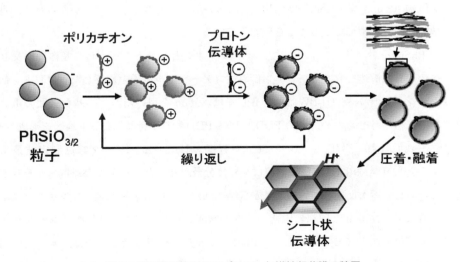

図3　交互積層法によるプロトン伝導性超薄膜の積層

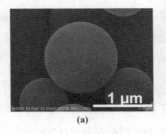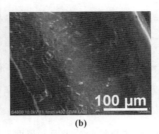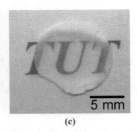

図4 PhSiO$_{3/2}$粒子(a)および加圧により得られた粒子集積膜の断面SEM写真(b)と外観図(c)

法により合成する。次に作製した粒子をコアに用いて、プロトン伝導体（負に帯電）をカチオン性高分子電解質を介して積層し、プロトン伝導層を形成する。その上で、得られた修飾粒子を稠密配列・集積させ、粒子間の圧着もしくは融着を利用してモノリス化することでシート状の粒子集積体とする。粒子表面のプロトン伝導層を圧着により連続相とすることで、高いプロトン伝導性が実現すると期待される。またコア粒子材料を選択することによって、粒子集積膜の耐熱性・化学的耐久性および機械的強度を高められるほか、ガス透過や膨潤の抑制が可能である。コア粒子には、熱的・化学的安定性および圧着性が求められることから、組成によってそれらを制御可能なフェニルシルセスキオキサン（PhSiO$_{3/2}$）微粒子をゾル－ゲル法を用いて調製し使用した[10]。合成条件（原料，原料組成，添加剤等）および反応時に加えるアルコール量や加水分解・重縮合反応時間を調整することで、加圧による粒子同士の圧着性は大幅に向上し、50 MPa以上の圧力で加圧成形することで、およそ透明な粒子集積膜が得られることがわかった（図4）[11]。作製した集積膜は500℃程度まで熱分解せず、また燃料電池電解質としての耐酸化性を評価するフェントン試験（2 ppm Fe^{2+}ion，3% H$_2$O$_2$）においても、大きな重量変化がみられず、良好な熱的・化学的安定性を備えていることを確認している。

作製したPhSiO$_{3/2}$粒子をコアに用いて、ポリカチオンとプロトン伝導体の超薄膜が交互に堆積した、ヘテロ界面構造を有するプロトン伝導性コア－シェル粒子を作製した。プロトン伝導体には、リンタングステン酸（H$_3$PW$_{12}$O$_{40}$）もしくはNafionを用いた[11~13]。基材表面の電荷密度を上げて均一に積層させるため、予めPDDA/PSS/PDDAの3層よりなる下地層を形成させる。PhSiO$_{3/2}$粒子表面は負に帯電（－20～－30 mV程度）している。ゼータ電位測定結果より、PhSiO$_{3/2}$粒子をPDDAおよびNafion溶液に交互に分散させると、粒子の表面電荷がそれぞれの積層過程に対応して逐次反転している様子が観測された。プロトン伝導層にリンタングステン酸を用いた場合にも、Nafionと同様に電荷の反転が観測された。また、単体のリンタングステン酸は水にすぐ溶解してしまうのに対して、PDDAを介して積層させたものは、水に長時間（48時間以上）浸漬しても、最外層は溶解するが内部の層は基板に吸着したままであることがUV-

第11章 静電相互作用による分子組織体を利用したナノハイブリッドの作製と応用

Vis吸光度測定より明らかとなった。ゆえに交互積層を用いることで,リンタングステン酸をプロトン伝導体として用いる際に問題となっていた耐水性についても改善できる。粒子を加圧融着させて作製した集積膜の導電率と成形圧力の関係を測定したところ,集積膜の密度は成形圧力の上昇に伴い増加し,およそ40 MPa以上の圧力で一定となった。密度と同様に,成形圧力の上昇に伴い集積膜の導電率は高くなる傾向を示した。Nafion層およびリンタングステン酸を積層した粒子を用いて作製した集積膜の導電率の温度変化を測定したところ,コア粒子のみの集積膜の値(10^{-9} S/cm以下)と比較しておよそ4～5桁程度向上した。集積膜中に含まれるNafionもしくはリンタングステン酸の量はいずれも10 vol%以下であると見積もられた。以上の結果は,粒子界面に濃縮されたプロトン伝導性層が圧着により連続相となることで,プロトン伝導経路として機能していることを示唆しており,極めて少ないプロトン伝導体を用いて伝導パスの形成が可能であることも明らかとなった。さらにこの集積膜を電解質に用いて燃料電池を試作し,水素および空気を用いて発電可能であることを確認した(80℃において開回路電圧:1.0 V,最大出力2 mW cm^{-2}程度)。出力はまだ小さいものの,ナノ厚みのプロトン伝導体を電解質に用いた燃料電池が発電可能であることが示された。

5 コロイドをテンプレートとした中空カプセルの作製と外部刺激応答性材料への応用

交互積層法によって作製したコア－シェル粒子のコアを除去することで,超薄膜からなる中空カプセルも作製することが可能である[14]。中空カプセルは,医薬品分野をはじめ,農業,食品工業,化粧品産業など様々な分野において応用が期待されており,近年注目を集めるコロイド材料である。我々は,高分子電解質からなる中空カプセルにゾル－ゲル法によってTiO$_2$を含む無機層を複合化して,紫外線に応答し内包物を放出する機能を有する新規な中空カプセルを開発した(図5)[15]。まずコア粒子にアニオン性高分子電解質であるPSSと,カチオン性高分子電解質のPDDAを交互に積層してコア－シェル粒子を作製し,コアを溶解,除去して中空カプセルを合成した。これにシリコンおよびチタンのアルコキシドを用いて,ゾル－ゲル法によってSiO$_2$またはSiO$_2$-TiO$_2$のセラミックス薄層を高分子電解質のカプセル上に形成させた。中空カプセルの形成は電子顕微鏡観察によって確認でき,コア粒子のサイズを反映したカプセルが得られていることが確認された。これにシリコンおよびチタンアルコキシドを用いてゾル－ゲル法によって,高分子電解質のカプセルをSiO$_2$あるいはSiO$_2$-TiO$_2$と複合化した系では,高真空下においても真球状の構造を保っている様子が確認できた[15,16]。この方法で作製したカプセルではアルコキシドの加水分解・重縮合によって,高分子電解質多層膜上で無機骨格が形成・発達していることに

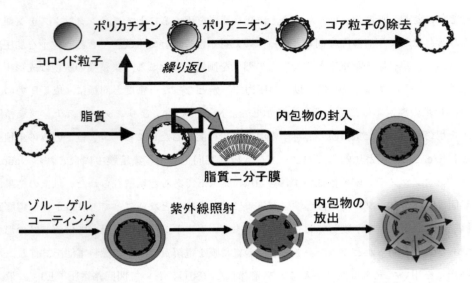

図5　コロイド粒子を鋳型にした紫外線応答性ハイブリッドカプセルの形成プロセス

よるものと考えられる。また，ゾル－ゲル法でSiO_2-TiO_2と複合化したカプセルでは，温水処理することで，カプセル殻中でアナターゼナノ結晶を析出させることが可能であることが確認された。得られた中空カプセルに紫外光を照射し，カプセル構造への影響を電子顕微鏡観察によって検討した。無機層がSiO_2のみからなるカプセルでは，長時間の紫外線照射をおこなっても構造に変化は認められなかった。一方，無機層がSiO_2-TiO_2からなるカプセルでは数分の紫外線照射で，カプセル殻に亀裂が生じ始め，長時間の照射後では，粒子形状が失われていることが電子顕微鏡観察で確認された（図6）[15]。これはカプセルの殻部分を形成している有機層の高分子電解質膜が紫外光照射によるTiO_2の光触媒効果で分解されることで，カプセルの開裂を引き起こしていると考えられる。つまり，紫外線に応答しカプセル殻が開裂することでカプセルに封入された内包物を放出するポテンシャルを有しているといえる。そこで標識物質として色素であるフェノールレッドを用いて，カプセル内部に内包させ，紫外光照射に対する内包物放出特性の測定を行った。この際，色素の自然漏出の防止のために脂質二分子膜もカプセルに複合化した。図7に示すように，無機層がSiO_2のみからなるカプセルにおいては，1時間紫外光照射を行ってもフェノールレッドの漏出は認められなかった。一方SiO_2-TiO_2を用いた場合，紫外光照射によりカプセル外への色素の放出を示す最大吸収波長550 nmにおける吸収が現れ，紫外光照射による膜の開裂によって内包物を放出していることが示唆された。また，この吸光度は最初の5分間で急激に増大しており，このカプセルがすばやい応答特性を有していることが明らかになった。これらの挙動は蛍光物質を用いた蛍光顕微鏡観察においても確認された。さらにこの応答挙動は，照射

第11章　静電相互作用による分子組織体を利用したナノハイブリッドの作製と応用

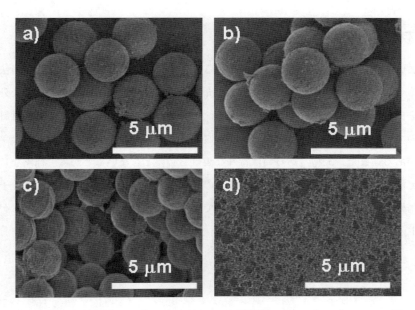

図6　SiO_2被覆カプセル（a, b）とSiO_2-TiO_2被覆カプセル（c, d）のSEM写真（a, c）紫外線照射前, （b, d）紫外線照射後

する紫外光の照度，あるいはSiO_2-TiO_2の組成によって変化することも分かった。すなわち，無機成分のTiO_2の割合が多くなれば，より弱い照度の紫外光でも内包物を放出し，逆にTiO_2の割合が少なくなれば，内包物の放出にはより強い照度の紫外光の照射や，長時間の照射が必要になる。さらに，応答挙動は有機層である高分子電解質の積層数を増やし，その厚みを変化させることでも違ってくるものと考えられる。従って，このカプセルを応用する目的に応じて，応答挙動を複合体の有機成分，無機成分の調製過程でコントロールすることも可能であることが明らかになった。

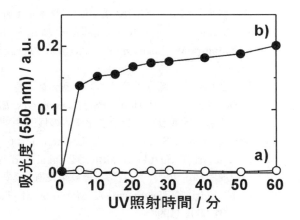

図7　高分子電解質／脂質二分子膜／無機酸化物ハイブリッド中空カプセルにフェノールレッドを内包させ，紫外光照射を行った場合の内包物放出挙動

6 おわりに

本章においては，静電相互作用を駆動力とする分子組織化プロセスとして交互積層法を用いて作製されるナノハイブリッドの研究について紹介した。交互積層法では，さまざまな分子やナノ粒子などを出発原料として用いていることから，ゾル－ゲル法をベースとする無機材料の合成プロセスとのマッチングがよく，新たなナノハイブリッド材料を開発するうえで強力なツールになる可能性がある。また，大型，あるいは特殊な装置を必要としないことから，様々なスケールでの合成が可能であり，工業化においても数多くのメリットが存在する。今後はより分子設計を伴うような精緻な材料設計を行うことで，これまでよりも幅広い分野において，ゾル－ゲルナノハイブリッドが応用されることが期待される。

文　献

1) 作花済夫，ゾル－ゲル法の応用，アグネ承風社（1998）
2) A. Shimojima and K. Kuroda, *Chem. Rec.*, **6**, 53（2006）
3) K. Katagiri, M. Hashizume, K. Ariga, T. Terashima, and J. Kikuchi, *Chem. Eur. J.*, **13**, 5272（2007）
4) 国武豊喜監修，超分子サイエンス＆テクノロジー，エヌ・ティー・エス（2009）
5) G. Decher and J.-D. Hong, *Ber. Bunsen-Ges. Phys. Chem.*, **95**, 1430（1991）
6) 有賀克彦，国武豊喜，超分子化学への展開，岩波書店（2000）
7) S. Baskaran, L. Song, J. Liu, Y. L. Chen, and G. L. Graff, *J. Am. Ceram. Soc.*, **81**, 401（1998）
8) K. Katagiri, T. Suzuki, H. Muto, M. Sakai, and A. Matsuda, *Colloids Surf. A*, **321**, 233（2008）
9) 山口周監修，ナノイオニクス―最新技術とその展望―，シーエムシー出版（2008）
10) K. Katagiri, K. Hasegawa, A. Matsuda, M. Tatsumisago, and T. Minami, *J. Am. Ceram. Soc.*, **81** 2501（1998）
11) Y. Daiko, H. Sakamoto, K. Katagiri, H. Muto, M. Sakai, and A. Matsuda, *J. Electrochem. Soc.*, **155**, B479（2008）
12) Y. Daiko, K. Katagiri, K. Shimoike, M. Sakai, and A. Matsuda, *Solid State Ionics*, **178**, 621（2007）
13) Y. Daiko, S. Sakakibara, H. Sakamoto, K. Katagiri, H. Muto, M. Sakai, and A. Matsuda, *J. Am. Ceram. Soc.*, **92**, S185（2009）
14) F. Caruso, ed, "Colloids and Colloid Assemblies," Wiley-VCH, Weinheim,（2004）
15) K. Katagiri, K. Koumoto, S. Iseya, M. Sakai, A. Matsuda, and F. Caruso, *Chem. Mater.*, **21**, 195（2009）
16) K. Katagiri, *J Sol-Gel Sci. Technol.* **46**, 25（2008）

第12章　膜の形成
―スピンコーティング膜表面の放射状凹凸―

幸塚広光*

1　はじめに

　ゾル-ゲル法によるガラス薄膜やセラミック薄膜の作製は，ディップコーティングやスピンコーティングによってゲル膜を作製し，これを焼成することにより行われる。ただし，コーティング液は多くの場合，金属アルコキシドの加水分解によって調製される。有機・無機ハイブリッド薄膜もディップコーティングやスピンコーティングによって作製される。

　スピンコーティングによって作製される薄膜には，radiation striationとよばれる放射状の凹凸がしばしば観察される。この放射状の凹凸（以下ではストライエーションとよぶ）は，ゾルに固形粒子が浮遊しているために薄膜に生じてしまう筋や，基板表面の濡れが悪いために薄膜に生じる破れ傘状の模様ではない。ストライエーションは，角度をゆっくりと変えながら薄膜表面で光を反射させ，肉眼でごく注意深く観察することによって見られる均一で非常に細かい筋である。光学顕微鏡で観察すると，光の干渉と凸部と凹部のわずかな膜厚の違いによって，ストライエーションは着色した縞状模様として観察される。

　ストライエーションは光を散乱するため，光の散乱が望まれない場合には排除する必要がある。また，高い精度の表面平滑性が要求される場合にもストライエーションは好ましくない。一方，ストライエーションを回折格子などの光学素子として積極的に利用することも可能かもしれない。いずれの場合にも，ストライエーションをいかにして制御するかが技術上重要であるが，薄膜作製のための具体的条件がストライエーションの形成にどのような影響を及ぼすかについての系統的知見は決して多くない。そこで筆者の研究室では約10年前から，触針式表面粗さ計を使用してストライエーションを定量的に評価することから研究を始め，薄膜作製条件がストライエーションの形成に及ぼす効果を調べてきた。

＊　Hiromitsu Kozuka　関西大学　化学生命工学部　化学・物質工学科　教授

2 触針式表面粗さ計によるストライエーションの定量的評価

ストライエーションは，基板の回転中心から放射状に伸びた凹凸である。筆者らはこの放射状の凹凸の高さと間隔を触針式表面粗さ計により評価することから研究を始めた[1~6]。図1(a)に示すように，ストライエーションをほぼ垂直に横切る線上で粗さ断面曲線の測定を行なった。この測定によって，図1(b)に示すような粗さ断面曲線が得られる。（高さ方向の倍率が水平方向の倍率よりもはるかに大きいことに注意していただきたい。すなわち，実際の粗さ断面曲線は，図1(b)で視覚的にとらえられるよりもはるかに平坦なものである。）表面粗さパラメータとして，図2で定義される R_z（十点平均粗さ）および S（局部山頂平均間隔）を選んだ。R_z はストライエーションの高低差を，また，S は間隔を示すと考えることができる。膜厚も触針式表面粗さ計により測定した。すなわち，成膜直後のゲル膜を手術用のメスで剥離し，剥離によって生じる段差を1日後または熱処理後に測定し，膜厚とした。

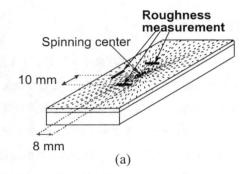

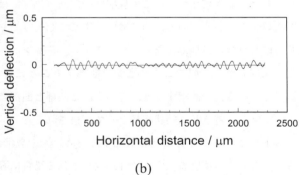

図1　表面粗さ測定によるストライエーションの定量化
(a) 測定位置，(b) 粗さ断面曲線の例

3 回転基板上に供給するゾルの量，ゾルの粘度，基板回転速度の効果

まず，シリカゲル膜を対象とし，基板回転上に供給するゾルの量がストライエーションの形成に及ぼす効果を調べた[3,6]。モル比 $Si(OC_2H_5)_4 : H_2O : HNO_3 : C_2H_5OH = 1 : 4 : 0.01 : 2$ なる出発溶液から粘度 4.2 mPa s（25℃で）のシリカゾルを調製し，コーティング液とした。ソーダ石灰ガラス基板（$52 \times 76 \times 1.3$ mm^3）を2000 rpm で回転させ，注射器を用いてとぎれることなくゾル 0.2~2.0 mL を基板の回転中心に供給し，シリカゲル膜を作製した。基板の回転中心から 10 mm 離れた位置で表面粗さと膜厚を測定した。図3に見られるように，膜厚，R_z，S のいず

第12章 膜の形成

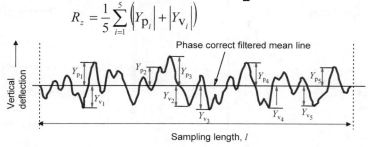

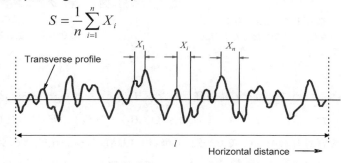

図2 表面粗さパラメータ R_z（十点平均粗さ）および S（局部山頂平均間隔）の定義

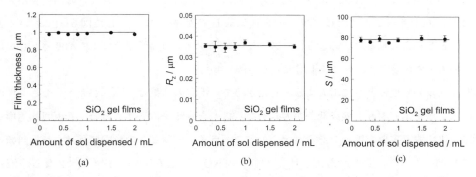

図3 スピンコーティングにより作製したシリカゲル膜の(a)厚さ，(b) R_z，(c) S とゾル供給量の関係

れもが，ゾル供給量に依存せず一定であることがわかった。このように，ゾルの供給量はストライエーションの形成に影響を及ぼさない。

アルコキシドの加水分解・縮合反応は時間とともに進行するため，密封条件下一定温度で静置したゾルの粘度は時間とともに増大する。そこで，ゾルの粘度がストライエーションの形成に及

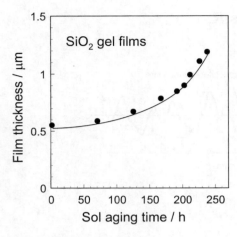

図4 種々の時間静置したゾルからスピンコーティングによって作製したシリカゲル膜の厚さ

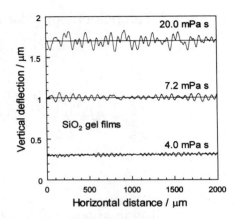

図5 種々の時間静置したゾルからスピンコーティングによって作製したシリカゲル膜の粗さ断面曲線

ぼす効果を調べるために，種々の時間静置したシリカゾルをコーティング液としてスピンコーティングを行った[2〜4,6]。すなわち，モル比 $Si(OC_2H_5)_4 : H_2O : HNO_3 : C_2H_5OH = 1 : 4 : 0.01 : 2$ なる出発溶液を密封容器中30℃で0〜237h静置して粘度3〜20mPa sのゾルを調製し，スピンコーティング（3440 rpm）を行った。ゾルの静置時間の増大とともにゾルの粘度は増大し，その結果，ゲル膜の厚さは増大する（図4）。基板回転中心から10mm離れた位置で測定した粗さ断面曲線を図5に示す。図5より，粘度の増大とともにストライエーションの高低差が大きくなることがわかる。このことは，ゾルの粘度に対してR_zをプロットした図6(a)においてよりはっきりととらえられる。このように，ストライエーションの高低差はゾルの粘度とともに増大する。一方，Sも粘度とともに若干増大する（図6(b)）。

　膜厚はゾルの粘度とともに増大する。したがって，上記の結果は，膜厚が大きくなる条件のもとではストライエーションの高低差が大きくなることを意味する。ところで，基板回転速度もまた膜厚を決定する重要な因子である。そこで，ストライエーションの形成に及ぼす基板回転速度の効果を調べた[2,3,6]。モル比 $Si(OC_2H_5)_4 : H_2O : HNO_3 : C_2H_5OH = 1 : 4 : 0.01 : 2$ なる溶液から作製した粘度4.2mPa sのシリカゾルを，500rpmで回転するガラス基板上に供給し，5s後に回転速度を1000〜6000rpmに上昇させ，1min保つことによって，厚さ0.6〜1.5μmのシリカゲル膜を作製した。2段目の回転速度の増加とともに膜厚は減少し（図7(a)），基板回転中心から25mm離れた位置で測定したR_zとSは減少した（図7(b),(c)）。このように，基板回転速度を小さくすることによって膜厚を大きくしても，ストライエーションの高低差と間隔は大きくなる。

第12章　膜の形成

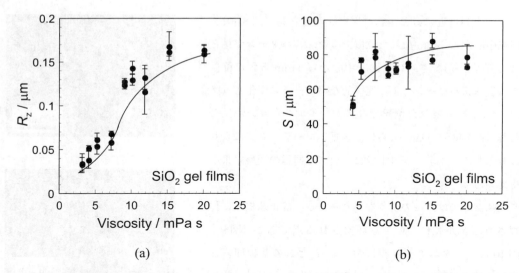

図6　種々の時間静置したゾルからスピンコーティングによって作製したシリカゲル膜の(a) R_z と (b) S とゾルの粘度の関係

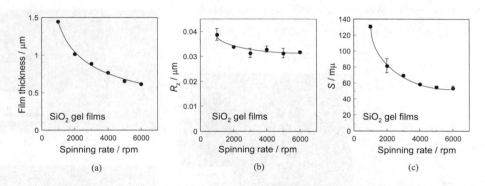

図7　スピンコーティングによって作製したシリカゲル膜の(a)厚さ，(b) R_z，(c) S と基板回転速度の関係

4　静止基板上に作製されるゲル膜におけるストライエーションの形成

スピンコーティングの過程でゾルには遠心力とそれに対する粘性抵抗が生じるので，遠心力と粘性抵抗がストライエーションの発生の源となるような印象を受ける。また，ストライエーションの形成には基板の回転が必須であるとの印象も受ける。しかしながら，以下で述べるように，基板を回転させなくてもストライエーションは生じる[3,4,6]。

モル比 $Ti(OC_3H_7^i)_4 : H_2O : NH(C_2H_4OH)_2 : HNO_3 : C_2H_5OH = 1 : 1 : 1 : 0.2 : 30$ なる溶液から作製したチタニアゾルをコーティング液とし，900 rpm でスピンコーティングを行って作製したチタニアゲル膜を 700℃ で 10 min 焼成した。この焼成膜の表面を光学顕微鏡で観察すると，基

板回転中心付近にはセル状パターンが見られ（図8(a)），回転中心から3mm離れた位置では数珠状パターンが見られた（図8(b)）。さらに，回転中心から6mm離れた位置では数珠状パターンがより連続的なパターンに変化し（図8(c)），15mm離れた位置ではストライエーションが見られた（図8(d)）。Danielsらは，スピンコーティングにより作製されるフォトレジスト膜についても同様の観察結果を得ている[7]。

興味深いのは，このようなパターンが，静止基板上に作製されるゲル膜においても観察される点である（図9）。図10に，チタニアゲル膜におけるR_zとSの基板回転速度依存性を示す。ここで0rpmにおけるR_zとSは，静止基板上に作製したチタニアゲル膜について測定した値であるが，これらの値は，基板回転上での値の延長線上にある。このことは，図9の結果とあわせ，基板の回転がストライ

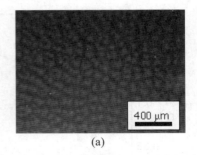

(a)

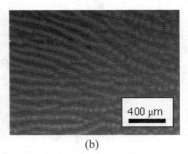

(b)

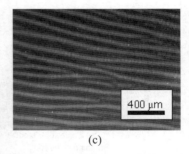

(c)

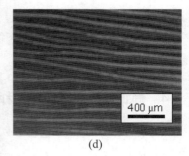

(d)

図8　スピンコーティングによって作製したチタニア膜の表面の光学顕微鏡像
基板回転中心位置から (a) 0 mm, (b) 3 mm, (c) 6 mm, (d) 15 mm 離れた位置で撮影。

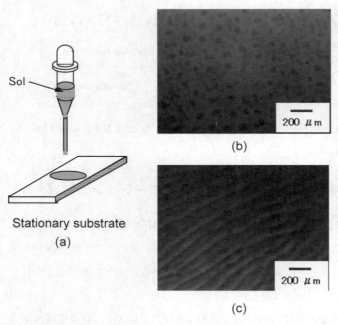

図9　(a)静止基板上へのゾルの滴下，ならびに，静止基板上にゾルを滴下して作製したチタニアゲル膜の(b)滴下中心近傍および(c)それから離れた位置で撮影した表面の光学顕微鏡像

第 12 章　膜の形成

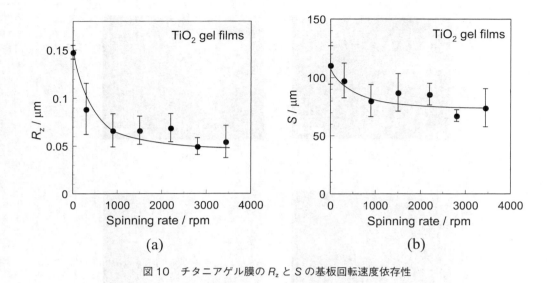

図 10　チタニアゲル膜の R_z と S の基板回転速度依存性

エーション形成のための必要条件でないことを強く示唆する．すなわち，ストライエーション形成機構は，基板の回転の有無によらず同じであると推測される．

5　静止基板上に作製されるゲル膜におけるその場観察

スピンコーティング過程は，①ゾルが基板表面に供給される"deposition"，②ゾルが遠心力によって基板表面を放射状に移動する"spin-up"，③過剰なゾルが液滴として基板表面から離脱する"spin-off"，④基板表面上のゾル層からの溶媒が蒸発する"evaporation"の 4 段階からなるといわれる[8]．それでは，ストライエーションは，これら 4 段階のいずれの段階で形成されるのか．

4 節で述べたように，ストライエーション形成機構は基板の回転の有無によらず同じであると考えてよさそうである．したがって，静止基板上に滴下したゾルのその場観察を行うことにより，ストライエーションが形成される過程について何らかの知見が得られるであろう．このように考え，静止基板上にチタニアゾルを 1 滴滴下し，光学顕微鏡によりその場観察を行った[3,6]．その結果を図 11 に示す．図 11 の(a)～(f)は，約 7 s 間隔で撮影した写真である．滴下位置近傍でのセル状パターンと，滴下位置から離れた位置でのストライエーションは，ゾルが基板上に広がった後，溶媒が蒸発する過程でほぼ同時に観察された．基板上を広がるゾルの先端部からストライエーションが形成されるというような様子は見られなかった．以上のように，ストライエーションは evaporation の段階で形成される．Haas と Birnie も，ストライエーションの形成によるレー

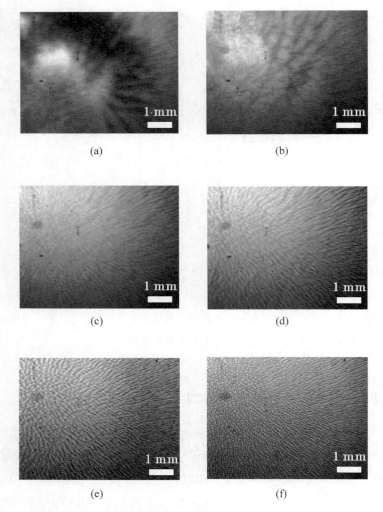

図11 静止したガラス基板上に滴下したゾルのその場観察結果
　　　光学顕微鏡像は,約7s毎に撮影したものであり,時間は(a)から(f)に向かって経過。

ザー光の回折をリアルタイムで測定し,ストライエーションが evaporation の段階で形成されると述べている[9]。

　次に,静止基板上に滴下したゾルの内部での流動を可視化するために,シリカゾル中およびチタニアゾル中にシリコン微粉末を加え,光学顕微鏡によるその場観察を行った[5,6]。滴下位置近傍では厚さ方向での対流が見られ,対流過程でのセル状パターンの形成が認められた(図12)。滴下位置から離れた位置では,厚さ方向の対流に外周方向への流動が加わる様子が観察された。

6 ストライエーションの形成機構

Haasらは、オプティカルプロファイロメトリーにより、スピンコーティングにより作製されるケイリン酸塩系ガラス薄膜のストライエーションを定量的に評価し、ストライエーションの間隔は、基板回転中心によらず一定であることを報告している[10]。筆者らも$Si(OC_2H_5)_4$から作製されるシリカゲル膜について同様の結果を得ており、図13に示すように、基板回転中心から遠ざかるにしたがってSはわずかに増加するものの、直線的には増加せず、また、プロットは原点を通らない。これらのことは、ストライエーションが、基板回転中心近傍で生成するセル状構造が遠心力によって放射状に延伸されたものではないことを示している（セル状構造が遠心力によって延伸されたものであれば、ストライエーションの間隔は、回転中心から遠ざかるにしたがって大きくなるはずであり、また、図13のプロットは原点を通るはずである）。静止基板上で広がるゾルをその場観察した結果（図11）もまた、滴下中心近傍で生成するセル状構造が放射状に延伸されたものではないことを示している（すなわち、セル状構造とストライエーションは、ほぼ同時に出現する）。

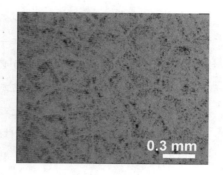

図12 $CH_3CH(OH)CH_2OH$ を溶媒として含むシリカゾルを静止基板上に滴下して撮影した光学顕微鏡像
ゾルにはシリコン微粉末が添加してあり、撮影は滴下中心近傍で行った。

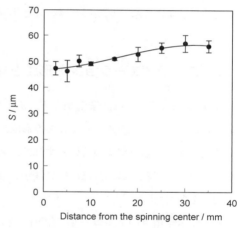

図13 スピンコーティングにより作製したシリカゲル膜のSと基板回転中心からの距離の関係

固体表面に静置された液層中に形成されるモルフォロジカルなパターンは、古くから研究されている。それらのパターンは、マランゴニ対流またはベナール対流によって形成されると考えられており、液層を構成する物質の種類、液層の厚さ方向での温度分布、そして液層の厚さに依存して変化することが知られている。Bergらは、液層中に形成されるパターンがセル状になるかワーム状（ミミズ状）になるかは、液層の厚さに依存することを実験的に示している[11]が、ストライエーションが溶媒蒸発過程で生じるものであるならば、円筒状の対流もまたストライエーションの起源の1つとして挙げることができよう（図14）。

円筒状の対流がストライエーションの起源であると仮定しても，なぜストライエーションが放射状であるかについての説明が必要となる。spin-offとevaporationの段階で，ゾル層の厚さは位置にかかわらず一定ではなく，基板回転中心では厚く，外周部では薄い。

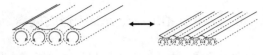

図14 厚いゾル層および薄いゾル層における円筒状の対流の模式図

ゾル層の動径方向での厚さ依存性が，円筒状の対流を引き起こしているのかもしれない。Birnieは，対流に放射状の流動が加わり，その結果，円筒状の対流がおこると推察している[12]。回転基板上では遠心力によって回転中心から外周部に向かう放射状の流動が誘起され，また，静止基板上でも滴下中心から放射状の流動がおこる。

ところで，3節で述べたように，ゾルの粘度の増加あるいは基板回転速度の減少とともに，すなわち膜厚の増大とともに，ストライエーションの高低差と間隔が増大する。これは，図14に模式的に示すように，ゾル層が厚いほど対流のサイズが大きくなるため理解できる。

7 ストライエーションの形成を抑制するために：溶媒の揮発性の効果

DanielsらとDuらは，密閉条件下，あるいは溶媒蒸気で満たされた環境下でスピンコーティングを行うと，ストライエーションの形成が抑制されることを指摘している[7,13]。このことから，揮発性の低い液体をゾルの溶媒とすれば，ストライエーションの形成が抑制されることが期待される。そこで筆者らは，溶媒の揮発性がシリカゲル膜におけるストライエーションの形成に及ぼす効果を調べた[5,6]。

表1に示す種々のアルコール（ROH）を溶媒としてSi$(OC_2H_4)_5$-HNO_3-H_2O-ROH溶液を作製した。ただし，モル比Si$(OC_2H_4)_5$：HNO_3：H_2O：C_2H_5OH＝1：0.01：4：4とし，C_2H_5OH以外のアルコールを使用する場合には，C_2H_5OHと同体積のアルコールを用いた。出発溶液を密封ガラス容器中30℃で72 h静置し，コーティング液とした。コーティング液をソーダ石灰ガラス基

表1 シリカゾルの作製に使用した溶媒（アルコール）の沸点，蒸気圧，表面張力，ならびにゾルの粘度，200℃で熱処理したシリカゲル膜の厚さ

Solvent	Boiling point / ℃	Vapor pressure (at 25℃) / kPa	Surface tension / mN m^{-1}	Sol viscosity / mPa s	Film thickness / μm
CH_3OH	64.7	16	22.06	1.5	0.48 ± 0.02
C_2H_5OH	78.3	8	21.97	2.1	0.53 ± 0.02
$CH_3OC_2H_4OH$	124.5	1.6	30.84	2.7	0.30 ± 0.02
$CH_3CH(OH)CH_2OH$	187.6	≅ 0	35.80	19	0.40 ± 0.02

第12章 膜の形成

板上に滴下し，基板回転速度を 1000 rpm s^{-1} の速度で 2000 rpm まで上げ，60 s 保持した．作製したゲル膜を 200℃ の電気炉に投入して 10 min 保持し，試料とした．

膜厚には大きい差が見られなかったが（表 1），図 15 に示すように，CH$_3$OH，C$_2$H$_5$OH，CH$_3$OC$_2$H$_4$OH を溶媒とするゾルから作製した薄膜の表面の光学顕微鏡像にはストライエーションが見られるのに対し，最も揮発性の低い CH$_3$CH(OH)CH$_2$OH を溶媒とするゾルから作製した薄膜にはストライエーションが見られなかった．また図 16 に示すように，アルコールの沸点の上昇に伴って R_z（高低差）が減少し，S（間隔）が増大する傾向が見られた．アルコールの揮発性の減少にともなう R_z の減少は，密閉条件下，あるいは溶媒蒸気で満たされた環境下でスピンコーティングを行うとストライエーションの形成が抑制されるという Daniels ら[7]や Du ら[13]の報告と定性的に一致する．S の増大は，膜のゲル化に至る過程で隣接するストライエーションが合体し

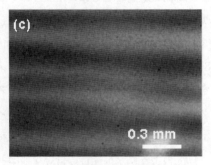

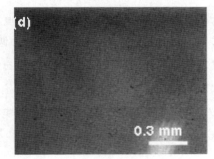

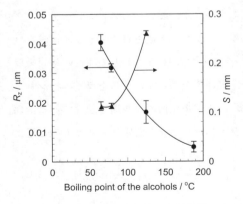

図 16　スピンコーティングにより作製した
シリカゲル膜の表面粗さパラメータ
とアルコール（溶媒）の沸点の関係
ゲル膜はスピンコーティングの 1 min 後に
200℃ で熱処理した．

図 15　スピンコーティングにより作製した
シリカゲル膜表面の光学顕微鏡像
ゾルは溶媒として (a) CH$_3$OH，(b) C$_2$H$_5$OH，
(c) CH$_3$OC$_2$H$_4$OH，(d) CH$_3$CH(OH)CH$_2$OH を
含有し，ゲル膜はスピンコーティングの
1 min 後に 200℃ で熱処理した．

た結果と見ることができるかもしれない。

ところで，溶媒の揮発性が低い場合にストライエーションの形成が抑制されるのは，ゾル層中で対流がおこりにくいからであろうか。このことを確かめるために，シリコン微粉末を添加した上記ゾルをガラス板上に滴下し，光学顕微鏡を用いてその場観察を行った。その結果，最も沸点の高い $CH_3CH(OH)CH_2OH$ を溶媒として作製したゾルにおいても対流が認められた（図12）。

そこで次に，$CH_3CH(OH)CH_2OH$ を含むゾルから作製したゲル膜を大気中で静置し，光学顕微鏡でその場観察した。スピンコーティングを行った5s後および240sに撮影した光学顕微鏡像を図17に示す。スピンコーティング直後にはストライエーションが見られるが，時間の経過とともにストライエーションは次第に消失した。さらに，$CH_3CH(OH)CH_2OH$ を含むゲル膜をスピンコーティング直後に200℃で加熱すると R_z は約86 nmであるが，スピンコーティングの1 min後に加熱すると約5 nmであった。すなわち，スピンコーティング時に形成されるストライエーションは急速な加熱によって固定されるが，加熱せずに室温で静置しておくと消失してしまう。

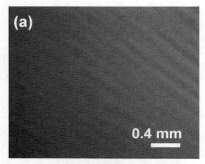
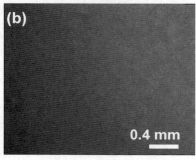

図17 $CH_3CH(OH)CH_2OH$ を溶媒とするゾルからスピンコーティングにより作製したシリカゲル膜の光学顕微鏡像
スピンコーティングの(a)5s後および(b)240s後に撮影。

以上のように，揮発性の低いアルコールを溶媒として含むゾルにおいてもスピンコーティング過程で対流はおこり，ストライエーションは形成される。しかし，形成されたストライエーションは時間とともに消失する。揮発性の低いアルコールを含むゾル層のゲル化には長い時間を要し，その結果，ゾル層は長い間流動性を保つ。その間，表面積を減らすべくストライエーションが消失するものと考えられる。ストライエーションが現れたゲル化前のゾル層を急熱すると溶媒が急速に蒸発し，ゲル化が急速に進行するため，ストライエーションが固定化されるものと考えられる。

8 おわりに

基板の回転はストライエーション形成のための必須条件ではなく，静止基板上にゾルを滴下した場合でもストライエーションは形成される。また，回転基板上，静止基板上のいずれにおいて

第 12 章　膜の形成

も，ストライエーション形成機構は同じであると考えられる．少なくとも，基板上のゾル層からの溶媒の蒸発によって引き起こされるマランゴニ対流あるいはベナール対流によって形成されるセル状構造が遠心力によって延伸された結果ストライエーションが形成されるのではなく，基板中心近傍でのセル状構造の形成と，基板中心位置から離れた位置でのストライエーションの形成は，同時におこる．恐らくはこれらの対流に，基板中心位置から外周部に向かっての放射状の流動が加わり，その結果，円筒状の対流が生じ，ストライエーションが形成されるものと推察される．

ゾルの粘度が高いほど，あるいは基板回転速度が小さいほど，すなわち，ゲル膜が厚くなる条件では，ストライエーションの高低差と間隔が大きくなる．これは，ゾル層が厚いほど，その中で発生する対流のサイズが大きくなるためであると考えられる．

ゾルの作製のために揮発性の低い（すなわち沸点の高い）溶媒を使用することは，ストライエーションの形成を抑制するのに有効である．ただし，この場合でも対流やストライエーションの発生がおこらないのではなく，ゾル層の乾燥・ゲル化に時間を要し，その過程でストライエーションが消失し，結果的にストライエーションが固定化されないものと理解される．

文　　献

1) H. Kozuka and M. Hirano, *J. Sol-Gel Sci. Techn.*, **19**, 501 (2000)
2) H. Kozuka, S. Takenaka and S. Kimura, *Scripta Mater.*, **44**, 1807 (2001)
3) H. Kozuka, S. Takenaka, S. Kimura, T. Haruki and Y. Ishikawa, *Glass Techn.*, **43C**, 265 (2002)
4) H. Kozuka, *J. Ceram. Soc. Jpn.*, **111**, 624 (2003)
5) H. Kozuka, Y. Ishikawa and N. Ashibe, *J. Sol-Gel Sci. Techn.*, **31**, 245 (2004)
6) H. Kozuka, in *Handbook of Sol-Gel Science and Technology: Processing, Characterization and Applications, Volume 1*, S. Sakka ed., Kluwer Academic Publishers, Norwell, U.S.A. (2005) pp. 247-287
7) B. K. Daniels, C. R. Szmanda, M. K. Templeton and P. K. Trefonas III, *Proc. SPIE*, **631**, 192 (1986)
8) D. E. Bornside, C. W. Macosko and L. E. Scriven, *J. Imaging Techn.*, **13**, 122 (1987)
9) D. E. Haas and D. P. Birnie, *Sol-Gel Commercialization and Applications*, X. Feng et al. ed. Westerville: American Ceramic Society (2001) pp. 133-138
10) D. E. Haas, D. P. Birnie III, M. J. Zecchino and J. T. Figueroa, *J. Mater. Sci. Lett.*, **20**, 1763 (2001)

11) J. C. Berg, M. Boudart and A. Acrivos, *J. Fluid Mech.*, **24**, 721 (1966)
12) D. P. Birnie, *J. Mater. Res.*, **16**, 1145 (2001)
13) X. M. Du, X. Orignac and R. M. Almeida, *J. Am. Ceram. Soc.*, **78**, 2254 (1995)

ゾルーゲル法の応用編

〈多孔質モノリス〉

第13章　多孔質シリカによるモノリス型液体クロマトグラフィーカラム

中西和樹*

1　はじめに

　近年，メソポーラス材料の研究開発が盛んに行われ，それらの効率的な応用を考える上で，階層的な多孔構造の重要性に関心が集まっている。従来の化学プロセスによって得られるメソ多孔性の構造単位を積み上げてゆく，いわゆるボトムアッププロセスでは，階層的多孔構造の作製は一般に手間がかかりすぎる。これに対して，相分離を伴うゾル－ゲル過程を利用すれば，ゲル化後に化学的な改変の可能な骨格からなるマクロ多孔体が簡単に得られる。本章では，ゾル－ゲル法によって得られる，階層的多孔構造をもつシリカ系モノリス型カラムの近年の性能向上と，ポストゲノム時代のバイオ関連分野への応用を含めた今後の発展を展望する。

2　液体クロマトグラフィーの発展と課題

　クロマトグラフィーは，液体あるいは気体の移動相中に存在する複数の試料物質が，それに接触する固定相との間で異なる分配挙動を示すことを利用して，物質分離を行う。従来の液体クロマトグラフィー（LC）では，シリカゲルをはじめとする微粒子を充填した分離管（カラム）を分離媒体として用いる。70年代以降の半世紀近い技術革新により，平均粒径2～5 μmの単分散真球状粒子を充填剤として用いたカラムを，最高40 MPa程度のポンプで送液する，いわゆる高性能液体クロマトグラフィー（High Performance Liquid Chromatography, HPLC）が広く使われている[1]。カラムの単位長さあたりの分離能は充填粒子径が小さいほど高くなるが，これに並行して粒子間空隙は小さくなる。充填カラムの圧力損失は流路（空隙）径の2乗に反比例して増加するため，小粒径カラムでは適当な流速を得るために必要な圧力（カラム圧）が高くなり，通常の装置では分離に長時間を要することになる[2]。これを克服するために，短い小粒径カラムを100 MPa程度の高圧で送液する装置も市販され始めているが，カラムや配管の耐久性に課題が残る。数十 cm径の分取用途から，1 mm径以下の微量分析用途まで，様々なサイズのカラム

---

*　Kazuki Nakanishi　京都大学　大学院理学研究科　化学専攻　准教授

に対して工業的に再現性の高い充填技術が確立されているが，径の小さいカラムについては粒子の充填というプロセスは飛躍的に困難になる。

3 シリカ系モノリス型カラム

90年代に入り，粒子の充填によらず高分子系の連続多孔体を分離媒体として用いる技術が現れた[3]。これに少し遅れて，シリカの重合によって誘起される相分離とゾル-ゲル転移とを組み合わせて，気孔率が高く骨格の細いマクロ多孔性シリカが得られることが見出された[4~6]。ケイ素アルコキシドの加水分解・重縮合によって引き起こされる「相分離」が，特徴的な共連続構造を生じ，これがゾル-ゲル転移によって材料構造として凍結されることにより，大きさの極めて揃ったマクロ孔とゲル骨格からなるシリカ系多孔体が得られる。適切な熟成過程によってゲル骨格内部のメソ孔領域の構造も制御することにより，この「階層的多孔構造」をもつシリカゲルをHPLCカラムとして応用する研究開発が行われ，2000年に商品化された。一塊の多孔質材料を用いた分離媒体を，充填型カラムに対比して「モノリス型カラム」と呼ぶ。シリカゲル多孔体の場合には，ゲル骨格の多孔性非晶質シリカとしての表面化学は，既存の充填粒子とほぼ同等であるため，表面修飾による官能基導入技術の蓄積をそのまま生かすことができる。

HPLCカラムの分離効率はいわゆるVan Deemterプロットによって，理論段高（カラムの長さを理論段数で割った値）の移動相線速度依存性（H-u曲線）として表される。充填カラムにおいては，理論段高は低流速域で極小を示し流速と共に増加する。したがって最高の分離効率を実現するためには，理論段高の極小に対応する比較的低い最適流速で分離を行わざるを得ない。高流速域での段高の増加は，充填粒子内部への分子拡散が粒子間隙における移動相流速に追いつかないことに起因しているので，粒子径を小さくすると傾きは小さくなり，高流速での性能は向上する。上述のように粒子充填の手法を用いる限り，高性能化のための小粒径化と高速駆動のための低カラム圧とは両立し得ない。しかし気孔率と細孔径が独立に制御可能な連続多孔体ならば，細い固相骨格（高性能分離）と大きい流路および高い気孔率（低カラム圧）とを兼ね備えた構造を作ることができる（図1）。

2000年以降ドイツ・メルク社から市販されているChromolith™カラムは，約$1 \sim 1.5 \mu m$のシリカ骨格と$2 \mu m$のマクロ孔をもつ円柱形シリカ系多孔体をPEEK樹脂のクラッドで覆ったものであり，$3.5 \mu m$充填粒子カラムを上回る分離効率（100,000理論段/m）を，$5 \mu m$粒子充填カラムの半分以下のカラム圧で実現する。同じ長さのカラムで比べた場合，同じ圧力で駆動してもモノリス型カラムは充填型カラムの2～3倍の流速が得られ，しかも分離効率がほとんど低下しないので，実質的にカラム圧の低下分だけ速い分離を行うことができる。またモノリス型カラム

第13章　多孔質シリカによるモノリス型液体クロマトグラフィーカラム

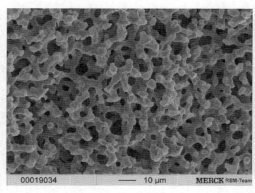 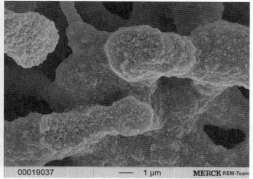

図1　シリカ系モノリス型カラムの電子顕微鏡写真（ドイツ・MERCK社提供）
相分離によって形成されるマイクロメートル領域の連続貫通孔（マクロ孔）と，
熟成過程で形成されるシリカ骨格内のメソ孔。

を長くして同程度のカラム圧を示す充填型カラムと比較すると，長くなった分だけ理論段数の高いカラムになり，分離効率が大幅に改善される。実際には複数のカラムを連結することによる性能低下や，カラムオーブンに連結したカラムを収容することの困難さなどから，内径数ミリの分析用カラムを非常に長くすることは現実的でない。モノリス型カラムは内径 50～200 μm の溶融シリカキャピラリー中にシリカ多孔体を作製することによって，いわゆるキャピラリーカラムの形態でも実用化されている（図2）[7]。キャピラリーカラムはコイル状に巻いて使用されるので，より長いカラムによる高理論段数（カラム当たり）の分析が可能となる。

4　モノリス型カラムの利点と課題

モノリス型カラムの開発・発売当初には，高流速域での性能低下が小さいことを利用した，既存装置での高速分離の可能性が強く訴求された。しかし高流速での分析操作は溶媒消費量の増大を招き，非常に長時間を要する一部の分離を除けば実際の需要が大きいわけではない。また，細い骨格と大きいマクロ孔による高い気孔率をもつシリカ多孔体の構造は，十分良好に充填された従来のカラムに比べて，カラム内の流動挙動を不均一にしてしまう場合があり，分離媒体として最適な構造は必ずしも気孔率の高いものとは限らないことも，計算機による流体力学計算によって見いだされた。すなわちモノリス型カラムにおいても，「高性能」に含まれる「高速」と「高理論段数」の両要素は容易に両立できず，その主な原因は多孔構造の制御の不完全さに依るものであることが，明らかになってきた[8]。

モノリス型カラムの多孔構造は，流動性をもつゾル－ゲル反応溶液中で，重合に誘起されたゲ

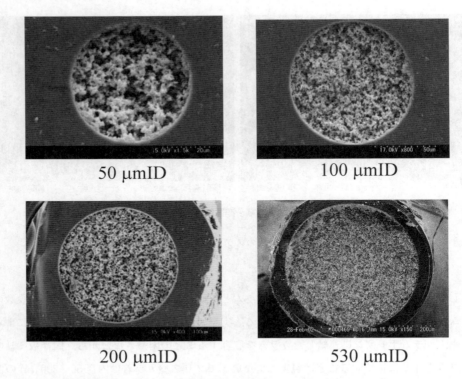

図2 様々な内径のキャピラリー中に作製されたシリカ系モノリス型カラム

ル相と流動相への相分離が起こることに基づいており，大まかに言ってゲル相を構成する成分の濃度が低い場合（気孔率が高い場合に対応する）ほど，生じるマクロ孔構造の不均一性が高くなり易い。したがって，気孔率をいくらか犠牲にしてマクロ孔構造の均一性を向上させることにより，理論段数を高めることが可能である。キャピラリーカラムについては田中らの研究により，出発組成のシリカ濃度を増やして気孔率を下げた改良型のカラムでは，気孔率が90％近い初期型カラムに比べて，最適流速付近において3～5倍程度理論段数が向上することが報告されている[9]。キャピラリーの場合には長いカラムを作製することも比較的容易であり，分析時間が長くなることを厭わなければ，カラム長は14mに及ぶが100万段の分離性能を引き出すことも可能となる[10]。1mm径以上の円柱状ゲルに耐圧クラッドを被覆して作製されるモノリス型カラムでは，初期型カラムの気孔率は70％程度であるが，それでも内部構造の不均一性は分離性能を劣化させており，相分離誘起に用いる水溶性高分子を変えて気孔率を60％程度に下げたシリカゲルを用いると，最適流速付近での理論段数は30％程度向上する[11]。このように，構造を最適化したモノリス型カラムは50～60％程度の気孔率において最高の分離性能（理論段数）を発揮するが，気孔率の高い従来のモノリス製品よりも分析にかかる時間は長くなる。しかしなお，同等

第13章 多孔質シリカによるモノリス型液体クロマトグラフィーカラム

な理論段数を与える充填カラムの半分以下の圧力で送液できるため，1 mm 以上のカラムでも 50 cm 程度の長さで分析を行うことは可能であり十分実用的である。浜瀬らは 50 cm 長さのモノリス型カラムを用いた 2 次元 HPLC によって，20 種類の全必須アミノ酸混合物の一斉分離と，各々のアミノ酸の D-体，L-体への分離定量が可能であることを実証している[12]。

5 バイオ分析，医療関連デバイスへの展開

　HPLC 分離は上述のように極めて精緻に制御された細孔構造をもつカラムを要求する技術であるが，固－液接触の促進を主とする他の分野では，モノリス型多孔体の細孔構造への要求はやや緩和され，高い通液性など実用面の要求を満たすデバイスを比較的安価に供給することができる。LC/MS 解析に先だって，タンパク質の酵素消化により低分子量のペプチド断片を得る場合，タンパク質を含む溶液に酵素を添加して溶液反応を行うと少なくとも数時間を要する。10 μm 程度のマクロ孔をもつモノリス型シリカの細孔表面に，リンカーを介してトリプシンを固定したリアクターを用いて，タンパク質溶液のピペットによる吸入・吐出を数分間繰り返すと，上記と同等な酵素消化が可能となる。また同様なマクロ孔をもつモノリス型シリカの未修飾表面を利用して，広範囲の分子量をもつ DNA 混合物の精製を迅速に行うツールも開発されている。通液の操作を大量迅速に行うために，ディスク上の回転ホルダーに固定された多数のカラムを回転させて遠心力で通液させる，スピンカラムと呼ばれるデバイスがある。従来は粒子充填層を固定相として用いていたが，円盤状に成形したモノリス型シリカに代替することにより，より迅速な濃縮・精製が可能となった（図3）。

　酸化チタンは汎用されるシリカとは異なる化学親和性を示す表面をもち，特にリン酸を含む化合物の分離が可能であることが知られている。生体内でのタンパク質等のリン酸化の挙動を追跡することによって，特定の生化学反応に関わる物質群を明らかにすることが可能になると考えられる。したがって，細胞由来の多種多様なタンパク質（あるいはこれを消化したポリペプチド）のうち，リン酸化を受けているものだけを高い効率で分離することのできるカラムが注目されている。酸化チタン表面をもつカラムは，上述のシリカカラムの内表面に希薄なチタンアルコキシド溶液を接触させることによって薄い酸化チタン層を形成させるか，チタンアルコキシドを出発物質として，シリカ系と同様の手法で作製することができる。酸化チタンの表面は強くリン酸基を吸着するので，酸化チタンマクロ多孔体は，対象とするリン酸化ペプチドなどを分離操作の前に濃縮する固相抽出デバイスとしても有用である。

　血漿中の有害な成分を除去する医療デバイスとして人工透析がよく知られているが，LDL コレステロールなどを吸着カラムを通して除去する手法を「アフェレーシス」と呼ぶ。通液性に優

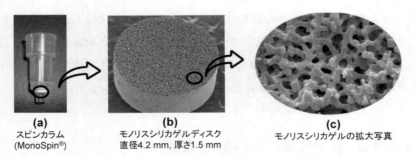

(a) スピンカラム (MonoSpin®)
(b) モノリスシリカゲルディスク 直径4.2 mm, 厚さ1.5 mm
(c) モノリスシリカゲルの拡大写真

図3　シリカモノリスを用いたスピンカラム
円盤状に成形された多孔質シリカが樹脂製のカラム内に固定されており，遠心力を利用した送液で特定の化合物の濃縮・精製を行う。

れた大型のモノリス型シリカを円筒状に作製し，細孔表面に LDL コレステロールを効率的に吸着する表面修飾を施したカラムは，カラム体積当りの LDL コレステロール吸着量が倍増し，1回の処置に要する時間も短縮できることが明らかになった。医療用デバイスとして近日中に実用化される見込みである。

6　おわりに

モノリス型カラムの発売から10年が経過した。分析カラムとしては「フューズドコア粒子」を用いた，低圧・高段数の充填カラムが近年開発され，モノリス型カラムの優位性は脅かされつつある。もう少し広く考えれば，一体型（monolith）でありながら高度に制御された内部表面をもつ材料は，既存の粒子充填構造に代わって，分離・分析のみならず触媒・酵素反応など，多くの応用分野において高性能な担体となると考えられる。大きさや形態を自在に選択できるモノリスという新しい材料の特長を生かして，高効率に内部表面を利用することの可能な多孔質担体として，液相分離・抽出・反応を中心とする斬新な分野への応用を提案してゆきたい。

2010年3月現在，HPLCカラムおよび分析前処理ツール等のシリカモノリス製品は，Merck社（Merck Ltd.），ジーエルサイエンス㈱，㈱資生堂から発売されている。

文　献

1) R. P. W. Scott, "Silica Gel and Bonded Phases", John Wiley & Sons, Chichester (1993)

第13章　多孔質シリカによるモノリス型液体クロマトグラフィーカラム

2) H. Poppe, *J. Chromatogr. A*, **778**, 3 (1997)
3) F. Svec and J. M. Frechet, *Anal. Chem.*, **64**, 820 (1992)
4) K. Nakanishi, *J. Porous Mater.*, **4**, 67-112 (1997)
5) K. Nakanishi, R. Takahashi, T. Nagakane, K. Kitayama, N. Koheiya, H. Shikata and N. Soga, *J. of Sol-Gel Sci. & Technol.*, **17**, 191-210 (2000)
6) N. Tanaka, H. Kobayashi, K. Nakanishi, H. Minakuchi and N. Ishizuka, *Anal. Chem.*, **73**, 420A-429A (2001)
7) K. Cabrera, D. Lubda, H.-M. Eggenweiler, H. Minakuchi, K. Nakanishi, *J. High Resol. Chromatogr.*, **23**, 93-99 (2000)
8) J. Billen, P. Gzil, G. Desmet, *Anal. Chem.*, **78**, 6191 (2006)
9) (a) N. Ishizuka, H. Minakuchi, K. Nakanishi, N. Soga, H. Nagayama, K. Hosoya and N. Tanaka, *Anal. Chem.*, **72**, 1275-80 (2000) ; (b) T. Hara, H. Kobayashi, T. Ikegami, K. Nakanishi and N. Tanaka, *Anal. Chem.*, **78**, 7632-7642 (2006)
10) K. Miyamoto, T. Hara, H. Kobayashi, H. Morisaka, D. Tokuda, K. Horie, K. Koduki, S. Makino, O. Núñez, C. Yang, T. Kawabe, T. Ikegami, H. Takubo, Y. Ishihama and N. Tanaka, *Anal. Chem.*, **80**, 8741-8750 (2008)
11) K. Morisato, S. Miyazaki, M. Ohira, M. Furuno, M. Nyudo, H. Terashima and K. Nakanishi, *J. Chromatogr. A*, **1216**, 7384-7387 (2009)
12) K. Hamase, A. Morikawa, T. Ohgusu, W. Lindner and K. Zaitsu, *J. Chromatogr. A*, **1143**, 105-111 (2007)

〈粒子および粉末〉

第14章 高純度コロイダルシリカの製法,特性とその応用例

酒井正年[*]

1 はじめに

コロイダルシリカとは,数～数百 nm の非晶質シリカ微粒子が水又は有機溶媒に分散した液で,100 nm 以下ではシリカの比重は 2.2 にもかかわらずブラウン運動により沈降せず安定に分散している。

コロイダルシリカの主な製造方法は,珪酸ソーダを原料とするイオン交換法と珪酸アルコキシドを原料とするゾルゲル法があり,製法の違いから純度,形状,表面特性等に差がある。前者は半導体基盤であるシリコンウエーハの一次,二次研磨砥粒に,後者は高純度でヘイズ,スクラッチ特性に優れていることから,シリコンウエーハの最終鏡面研磨砥粒に使用されている。

また,半導体デバイスの層間絶縁膜の平坦化用研磨砥粒はヒュームドシリカが使用されてきた。コロイダルシリカが湿式法で比較的単粒子であるのに対し,ヒュームドシリカは乾式法の凝集性粒子で研磨速度が速いことによる。しかしながら,近年の半導体デバイスの微細化,多層化に伴い,スクラッチフリーであるコロイダルシリカが注目され,特に高純度であるゾルゲル法のコロイダルシリカが配線メタルや STI の平坦化用研磨砥粒として使用されてきている。

本章では,弊社が上市しているゾルゲル法超高純度コロイダルシリカの製法,特性及びその応用例を紹介する。

2 高純度コロイダルシリカの製造方法

金属アルコキシドから微粒子を合成する研究は,1968 年にストーバーがエチルシリケート $((Si(OC_2H_5)_4)$ を水,アンモニアを含むアルコール溶液中で加水分解し,球状の単分散コロイダルシリカを得たことに始まる[1]。

原料の珪酸アルコキシドの代表的製造方法は,金属珪素を触媒下でアルコールと直接反応させて合成する。合成した珪酸アルコキシドは蒸留精製により容易に高純度化される。

---

[*] Masatoshi Sakai　扶桑化学工業㈱　電子材料本部　顧問

この珪酸アルコキシドをアルカリ領域で加水分解，縮重合することにより，コロイダルシリカが得られる。この際，pH，温度，時間等を調整することで各種粒径，形状のコロイダルシリカが得られる[2]。

この生成機構は，アルコキシドの滴下に伴いオリゴマーが生成し，この濃度が臨界過飽和濃度に達すると核微粒子が析出する。次いで，飽和濃度以上のオリゴマーは核微粒子の表面に付着，粒子成長してコロイド粒子を形成するといわれている[3]。

合成したコロイダルシリカは目的の溶媒（通常は超純水）に置換，精密ろ過，必要に応じて添加剤が加えられ製品となる（図1）。

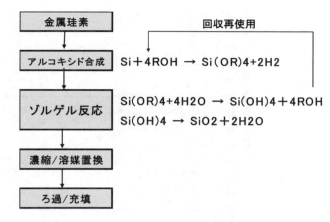

図1 高純度コロイダルシリカの製造工程

3 高純度コロイダルシリカの特性

コロイダルシリカの安定性はゼータ電位計で表面電位を測定することにより評価ができる。通常，コロイダルシリカの表面はシラノール基（-SiOH）により負に帯電しており，その近傍はアルカリイオンによる電気二重層が形成され，このため粒子同士は反発しあって，凝集することなく安定に分散している。通常のコロイダルシリカは，イオン交換法ではpH4～7，ゾルゲル法ではpH3～5で表面電位がほぼゼロ（等電点）で，粒子同士の反発がなくなり不安定でゲル化しやすい。このため表面改質により，酸性領域でも安定なものが開発されている（図2）。

コロイダルシリカの粒子径は電子顕微鏡による観察，比表面積から算出する方法，レーザー散乱を利用した動的光散乱法等で測定されている。

比表面積から算出する方法は，コロイダルシリカが真球状で密度が2.2と仮定して，次の式から算出される。

$$粒子径（nm）= 6 \times 10^3 \div 2.2 \div 比表面積（m^2/g）$$

動的光散乱法はレーザー光をブラウン運動している粒子に照射し，そのブラウン運動速度に依存した散乱光の揺らぎから粒径を測定する方法である。

粒子形状については，一次粒子径は比表面積法（d1），二次粒子径は動的光散乱法（d2）で評

ゾル-ゲル法技術の最新動向

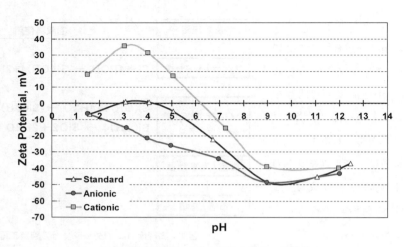

図2 高純度コロイダルシリカのゼータ電位

表1 高純度コロイダルシリカの量産品種（扶桑化学工業）

グレード名 一次粒径 [nm] シリカ濃度 [%]	PL-06L 6 6	PL-1 15 12	PL-2 25 20	PL-3 35 20	PL-5 55 20	PL-7 70 22	PL-10 100 24	PL-20 200 24
単分散球状	✓ PL-06L	✓ PL-2L		✓ PL-3L				✓ PL-20
まゆ型		✓ PL-1SL	✓ PL-2	✓ PL-3	✓ PL-5	✓ PL-7	✓ PL-10	
会合型		✓ PL-1		✓ PL-3H		✓ PL-7H	✓ PL-10H	
ひも状		✓ PL-07						

価され，その比率（d2/d1）は粒子形状（会合度）の目安とされている。単分散な真球状，まゆ型，会合型など様々な粒径，形状のものが合成され，用途により選別使用されている（表1，図3）。

コロイダルシリカ及びヒュームドシリカの代表サンプルの物性，不純物データを表2に示す。ゾルゲル法のコロイダルシリカは中性でも安定で，純度が最も高い。イオン交換法のコロイダルシリカは通常はアルカリで安定化されており，原料由来の不純物が含まれている。一方，ヒュームドシリカはコロイダルシリカに比べては凝集し沈降し易いため，分散剤として強アルカリが添加されている。また，原料由来の塩素イオンが含まれている。

第 14 章　高純度コロイダルシリカの製法，特性とその応用例

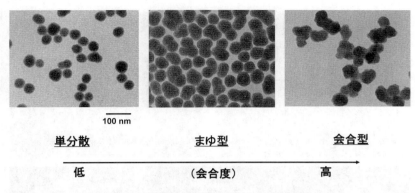

単分散　　　　まゆ型　　　　会合型

低　　　　　（会合度）　　　　高

図 3　高純度コロイダルシリカの形状制御

表 2　各種ナノシリカの物性，不純物比較

製法	ゾルゲル法	イオン交換法	フュームドシリカ
主原料	Si(OR)$_4$	Na$_2$・nSiO$_2$	SiCl$_4$
物性			
Particle size（d1）	35 nm	40 nm	30 nm
Particle size（d2）	70 nm	—	200 nm
SiO$_2$, wt%	20	30	26
pH	7.3	10.7-11.0	11.1
不純物			
Na	26 ppb	50〜4,000 ppm	2132 ppb
K	< 10 ppb	〜100 ppm	—
Fe	< 10 ppb	7.9 ppm	334 ppb
Al	< 10 ppb	19.8 ppm	272 ppb
Ca	< 10 ppb	〜100 ppm	67 ppb
Mg	< 10 ppb	〜100 ppm	データなし
Ti	< 10 ppb	〜100 ppm	22 ppb
Ni	< 10 ppb	42 ppb	データなし
Cr	< 10 ppb	192 ppb	21 ppb
Cu	< 10 ppb	26 ppb	データなし
Zn	10 ppb	〜100 ppm	21 ppb
Pb	< 10 ppb	〜100 ppm	データなし
Ag	< 10 ppb	〜100 ppm	データなし
Cl（塩素イオン）	検出せず	データなし	〜250 ppm

4　高純度コロイダルシリカの応用例

コロイダルシリカは研磨砥粒の他，無機ナノ素材としてインクジェット紙，コート剤，バインダー，金属表面処理等の様々な用途に使用されている。

特に高純度コロイダルシリカはイオン性不純物が少ないため，その表面シラノール基をカップ

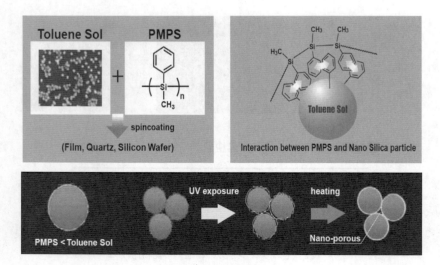

図4　シリカ多孔質膜の形成

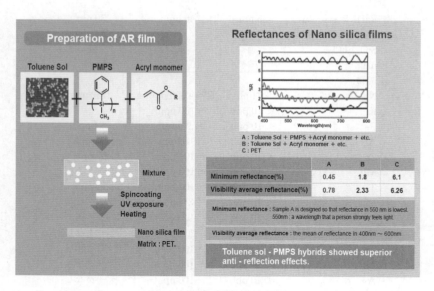

図5　反射防止膜への応用例

リング剤等で容易に改質,疎水化でき,その用途,応用品の開発を進めている。その1例として,大阪市立工業研究所との共同研究である反射防止膜への応用例を以下に紹介する[3〜5]。

コロイダルシリカの表面をフェニル基で修飾したトルエン分散シリカゾルとPMPS（メチルフェニルポリシラン）から低屈折率な多孔質シリカ膜が形成される（図4）。フェニル基同士のπ-π相互作用で,PMPSが自己組織的にシリカナノ粒子表面を被覆し,これを紫外線照射,熱

第14章　高純度コロイダルシリカの製法,特性とその応用例

硬化することで,シリカナノ粒子間にナノ空孔が形成される。また,PMPSとナノシリカ粒子の比率を変えることで,屈折率(反射率)を調整できる(図5)。

文　　献

1) Stober W, *et al., Journal of Colloid and Interface Sci.*, **26**, 62-69 (1968)
2) Ralph K. Iler, *THE CHEMISTRY OF SILICA*, 174-176, JOHN WILEY & SONS (1979)
3) Lamer, V, K, and R, H, Dineger, *J, Am, Chem, Soc.*, **72**, 4847-4854 (1950)
4) (大阪市立工業研究所) 松川公洋,松浦幸仁,(扶桑化学工業) 田淵穣,木田宏幸,国時英之,酒井正年,第24回無機高分子研究討論会要旨集 (2005)
5) (大阪市立工業研究所) 松川公洋,松浦幸仁,(扶桑化学工業) 田淵穣,木田宏幸,国時英之,酒井正年,第23回無機高分子研究討論会要旨集 (2004)

第15章　固体触媒

高橋亮治*

1　固体触媒とその調製

　触媒は，化学反応過程に関与して，自らは反応によって消費されずに，反応を促進し，あるいは反応経路を変え，生成物分布に変化をもたらす働きをする物質である．我々が化学反応を行うとき，ほとんどの反応で触媒が利用される．例えば，ゾル－ゲル法におけるケイ素アルコキシドの加水分解・重合においても，酸や塩基が触媒として添加されている．このように，系に分子レベルで均一に共存して機能する触媒は，均一触媒と呼ばれる．一方，窒素と水素からのアンモニア合成における鉄のように，固体として触媒作用を示す触媒を，不均一触媒または単に固体触媒と呼ぶ．

　固体触媒では，固体表面と気相ないしは液相の分子との接触がまず起こり，接触時の固体表面と分子の相互作用による活性化によって，反応が促進される．反応速度を上げるためには，固体の表面積を高める工夫が必要となり，古くからさまざまな方法が，表面積の高い触媒の調製法として提案されてきた．例えば，Ni金属は水素化触媒として広く利用されるが，表面積を上げるために微細な粒子にしても，触媒調製・賦活における加熱や還元によって簡単に凝集してしまう．Ni-Al合金からのAlの選択的溶出により作製されるRaneyニッケルは，熱処理を必要とせずに得られる高表面積のNi粉末であり，液相反応を中心に広く利用されている．また，安定な無機多孔体に，Niを含む溶液を含浸して乾燥・焼成・還元を施すことにより，Ni微粒子が多孔体細孔内に分散した構造をつくることができる．多孔体の表面上でNi粒子の凝集が抑制されるため，高温の処理においても高い金属表面積を維持する触媒として利用できる．こうした触媒に利用される多孔体は触媒担体と呼ばれ，天然の多孔体としてはゼオライトや珪藻土が，また，合成多孔体としてシリカゲルや，活性炭，他の多様な無機酸化物などが広く利用されている．

　合成無機多孔体は，活性炭を除くと，多くは液相を経由して作製される．例えば，乾燥剤として広く利用される市販のシリカゲルは水ガラスを酸性条件のゾルとしてゲル化・乾燥・焼成を経て作製され，その過程でのpH制御や熟成によってメソ細孔構造が制御されている．アルミナは水溶性塩にアルカリを加えて沈殿を得，乾燥・焼成によって作製される．これらを触媒担体とし

---

*　Ryoji Takahashi　愛媛大学　理工学研究科　教授

第 15 章　固体触媒

て利用する場合，上で記した含浸法と呼ばれる多孔体に金属溶液を含浸することで活性種を分散させる方法のほか，気相で導入する方法，多孔体合成時に共存させて直接導入する方法がある。

2　固体触媒のゾル−ゲル法による調製の概略

　1970年代より，ゾル−ゲル法が新しい材料の低温合成法としてガラス・セラミックス分野で注目を集め，1990年代にかけて低温合成，高均一性，新組成といった，ゾル−ゲル法による利点を生かした材料合成が進められ，また，溶液中の無機成分重合による構造形成の科学が急速に進展した。ゾル−ゲル法で作製される材料は，その形成過程で多孔体を経由することから，触媒分野でも，1980年代以降ゾル−ゲル法が固体触媒調製法として取り入れられるようになった[1]。もっとも，ゾル−ゲル法を狭義に金属アルコキシドを原料としたプロセスに限定するのか，水ガラスや金属塩を含む溶液からのゲル・沈殿の生成を含めて定義するのかによって，「ゾル−ゲル法による固体触媒調製」で扱う内容も異なってくる。上で述べたように，古くから触媒に利用される多孔体の調製法は，広義のゾル−ゲル法に含まれるからである。本章では，金属アルコキシドを主原料とした触媒調製法に限定して話を進める。

　ゾル−ゲル法によって作製された固体触媒は，①担持金属・触媒，②複合酸化物触媒，③周期性メソ多孔体関連物質，④有機無機複合体触媒に分類できる。①に関しては，ゾル−ゲル法で作製した多孔体への含浸法も含むと，様々な担体に様々な触媒活性種の担持が検討され，分散性や触媒活性の検討がなされている。特に，金属微粒子を多孔体表面に分散させた多孔体担持金属触媒は広く研究されており，ゾル−ゲル法の初期の研究は，これらの触媒の高分散化・高活性化を意図して進められた。②に関しては，シリカアルミナなどの複合酸化物触媒の酸特性制御の検討がなされている。③に関しては，MCM-41などの周期性メソ多孔体の合成が1992年に報告されて以降は，そのナノスケールの構造規則性による分子認識の期待から触媒研究者の関心を引き，非常に多くの研究者によって，その触媒への応用が検討されてきた。④に関しては，有機基修飾ケイ素アルコキシドを用いた多孔体の構造制御に加え，無機固体への有機官能基修飾による酸・塩基特性の付与，金属錯体固定化，不斉合成のための反応場構築，など多様な検討がなされている。

　これらの全てについて紹介していくのは紙面の制限もあるため，独立して取り上げられることの多い周期メソ多孔体や有機修飾型の触媒に関しては他の章（8章，9章）を参照いただき，本章では主に，①について，筆者の成果も交えながら紹介したい。

3　シリカ担持金属触媒における高分散化

　ゾル-ゲル法で利用する金属アルコキシドは，無機系の原料に比べるとその原料単価は高くなる。しかしながら，ゾル-ゲル法における構造設計や組成の自由度が高いことより，構造制御におけるサイエンスの確立や，用途に特化した触媒調製など，様々な目的でその利用が検討されている。比較的よく報告されている方法に，ゾル-ゲル法で得た多孔体に金属塩溶液を含浸する方法がある。含浸法では，ゾル-ゲル法を採用することによる特徴が多孔体の構造に無い場合には，通常の触媒調製法との差異はほとんど無いと言って良いが，例えば，相分離の過渡構造をゲル化によって固定して得られる二元細孔シリカゲルに貴金属微粒子を含浸担持させて得られるPd/SiO_2触媒は，ゾル-ゲル法においてなしえた細孔構造制御法を生かした触媒調製法であり[2]，ゾル-ゲル法触媒の範疇に入れることは可能であろう。

　触媒活性種をゾル-ゲル過程に共存させた調製法では，いかにして活性種の高分散化をなしえるかに，当初の研究の関心は集まっていた。触媒調製にゾル-ゲル法を採用する利点の第一は，溶液状態の均一な分散状態を維持した構造形成と，異成分間の結合形成を進めることによる構造制御があげられる。当初報告されている担持金属触媒調製においても，こうした構造形成による活性向上が期待され，そのための方法論として，アルキルアミノ基を通しての配位結合[3]，グリコラートを経由することによるSi-O-M結合形成による金属種の高分散化[4]などが検討された。しかし，実際の金属微粒子の分散性は含浸法触媒と比較して必ずしも向上は見られず，高担持量になるほど，分散性が低下する傾向も顕著に見られた。筆者らは，まずこうした挙動を理解するため，ゲル化時の金属イオンとシリカ表面との化学結合の有無や移動度の検討を進めた。

　図1にゾル-ゲル法で作製した乾燥前のNi/SiO_2ゲルのUV/visスペクトルを示す[5]。シリカゲルの内部に溶液置換によってNi^{2+}を導入した場合も，ゾル-ゲル法で作成した場合にも，Ni^{2+}の吸収スペクトルに変化は見られず，いずれの場合も，水に浸漬するとNi^{2+}は拡散によってゲル外に排出される。Ni^{2+}の拡散係数は，ゾル-ゲル法Ni/SiO_2においてもバルクの値とそれほど大きな変化はなく，Si-O-Ni結合による相互作用は起きていない，起きていたとしても拡散過程に影響を与えないほど非常に弱い，と考えるのが妥当である。ナノメートルサイズの空間内でも，溶液中のイオンは一秒当たり1μm程度の距離を拡散によって移動しており，過飽和状態になれば容易に凝集が進行する。これらのゲルを乾燥・焼成した場合，シリカゲルの細孔構造が明瞭に形成される前に，Ni^{2+}は乾燥時に塩として凝集し，焼成段階で更にNiO結晶粒子が成長するため，分散性の向上は難しい。どのようにして，Si-O-Ni結合を形成させるか，もしくは，溶液中でのNi塩の凝集を防ぐかが，高分散化の重要な要素となる。

　湿潤状態のシリカゲルを塩基条件下で熟成すると，溶解再析出による構造変化が進む。このと

き，Ni^{2+} が共存すると，水酸化物として沈殿するよりも，ニッケルシリケート形成が優先的に進行し，結果として Ni^{2+} はシリカゲル内に取り込まれる。図1のUV/visスペクトルよりこの時の Ni^{2+} は6配位であること，溶液中とは配位構造に若干の変化が生じていることがわかる。この Ni^{2+} は，その後ゲルを水に浸漬しても外部に排出されないこと，乾燥焼成後もNiO粒子の成長は見られず，また還元に高温を要すること，よりこの手法（ゲル内均一沈殿法）によってはじめて Ni^{2+} は，シリカ中に取り込まれると考えられる。

ゲル内均一沈殿法では，熟成時間によりシリカのメゾ細孔サイズの制御が可能である。メゾ細孔の大きな触媒は，市販のシリカゲルにNiを含浸担持させた触媒に比べて高い耐熱性・Ni分散性を示し，メタンの二酸化炭素リフォーミング反応において，すぐれた活性を示した[6]。また，Ni/SiO_2 系触媒に ZrO_2 を加えることにより，更な

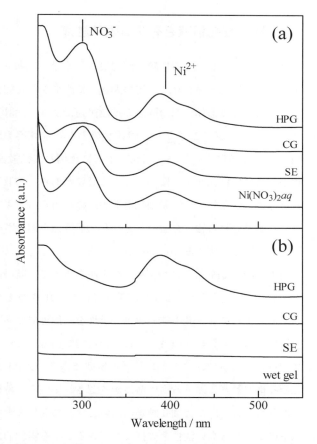

図1 UV/VIS absorption spectra of (a) wet gel samples together with aqueous $Ni(NO_3)_2$ solution and (b) those after immersing in water together with an as-prepared wet gel sample. SE: solution exchange, CG: cogelation, HPG: homogeneous precipitation in wet gel.

る耐熱性の向上が可能であり，高温の水蒸気が共存する条件下でも，シリカ担体の細孔構造変化が抑制され活性を維持することが確認できた[7]。

また，別のNi分散性制御法として，有機添加物と Ni^{2+} の錯形成を利用した乾燥時の金属種凝集抑制法がある[8,9]。例えば，Niをクエン酸錯体として加えた場合，溶液置換によるNi添加においても，通常のゾル-ゲル法においても，高い分散性を得られることが確認されている。有機添加物を利用した方法では，Niと SiO_2 の相互作用が小さく低温で還元できるため，均一沈殿法で作製するよりも高いNi分散性が得られる。

4 階層細孔構造を有する固体触媒

実プロセスにおいて固体触媒が利用される際，粉末や微粒子の固体が利用される大学研究室スケールでの反応と異なり，一定の大きさに成形された固体が反応塔に充填される。こうした系では，しばしば成形体内部の分子の拡散律速により，設計した固体触媒の表面が反応に有効に利用されないことが起こりうる。固体触媒として利用される細孔サイズにおいて，細孔内拡散はKnudsen拡散に支配され，細孔サイズに比例して拡散速度が変化する。一方で活性種の高分散化のためには細孔サイズは小さくする必要がある。拡散速度向上と高分散性の二律相反を両立するための方法として，二元細孔構造触媒の利用が古くより考えられてきた。二元細孔触媒ではマクロ孔が早い物質輸送を担い，メゾ孔に活性種を担持させることで，分散性を損なわずに，拡散律速の問題を解決することが可能である。

我々は相分離を利用したゾル－ゲル法を用いて，階層的に細孔構造の制御された担持金属触媒も調製している[2,10,11]。こうした手法ではゲル化時の条件によってマクロ孔を付与し，ゲル化後の熟成によってメゾ孔構造や金属分散性を制御可能である。また，二元細孔多孔体への金属種の含浸によっても金属を担持することが可能である。こうした階層構造の有効性を定量的に実験室スケールの実験で示すことは比較的困難であるが，Pd/SiO_2触媒[2]やシリカアルミナ触媒[12]で二元細孔構造触媒における高い活性が確認されている。特にシリカアルミナ触媒においては，速度論的解析を行い，二元細孔触媒においてマクロ孔によって拡散律速を抑制でき，高反応速度の触媒系においても高い活性を維持できていることを実験的に確認した[13]。

5 おわりに

固体触媒調製法への典型的なゾル－ゲル法の応用として，ゲル化・乾燥・焼成段階における構造変化の制御が固体触媒の構造や特性に大きな影響を与える研究を中心に紹介した。ゾル－ゲル法で得られる試料は必ず多孔体を経由するため，積極的に細孔構造を制御した試料の固体触媒への応用は，ゾル－ゲル研究の幅を広げる意味においても，魅力的な研究分野である。

文　献

1) 上野晃史，金属アルコキシドを用いる触媒調製，アイピーシー（1993）

第15章　固体触媒

2) S. Sato, R. Takahashi, T. Sodesawa, and M. Kobata, *Appl. Catal.* **A 284**, 247-251, (2005)
3) B. Breitscheidel, J. Zieder, U. Schubert, *Chem. Mater.* **3**, 559-566, (1991)
4) A. Ueno, H. Suzuki, Y. Kotera, *J. Chem. Soc., Faraday Trans.* **79**, 127-136, (1983)
5) R. Takahashi, S. Sato, T. Sodesawa, N. Nakamura, S. Tomiyama, T. Kosugi, S. Yoshida, *J. Nanosci. Nanotechnol.*, **1**, 169-176, (2001)
6) S. Tomiyama, R. Takahashi, S. Sato, T. Sodesawa, S. Yoshida, *Appl. Catal.* **A 241**, 349-361, (2003)
7) R. Takahashi, S. Sato, T. Sodesawa, M. Yoshida, S. Tomiyama, *Appl. Catal.* **A 273**, 211-215, (2004)
8) R. Takahashi, S. Sato, T. Sodesawa, M. Kato, S. Takenaka, S. Yoshida, *J. Catal.* **204**, 259-271, (2001)
9) R. Takahashi, S. Sato, T. Sodesawa, M. Suzuki, N. Ichikuni, *Microporous Mesoporous Mater.* **66**, 197-208, (2003)
10) N. Nakamura, R. Takahashi, S. Sato, T. Sodesawa, S. Yoshida, *Phys. Chem. Chem. Phys.* **2**, 4983-4990, (2000)
11) R. Takahashi, S. Sato, S. Tomiyama, T. Ohashi, N. Nakamura, *Microporous Mesoporous Mater.* **98**, 107-114, (2007)
12) R. Takahashi, S. Sato, T. Sodesawa, M. Yabuki, *J. Catal.* **200**, 197-202, (2001)
13) R. Takahashi, S. Sato, T. Sodesawa, K. Arai, M. Yabuki, *J. Catal.* **229**, 24-29, (2005)

第16章　ガラス微小球レーザー

柴田修一[*]

1　球状光共振器の原理

　屈折率の高いコアとそれを包む屈折率の低いクラッドガラスの2重構造からなる光ファイバーは，1次元の長尺な光共振器として機能し，エルビウム等の希土類イオン添加ファイバーレーザー，あるいはラマンレーザーとして使用されている[1〜3]。汎用のレーザーは2枚のミラーを向かい合わせた構造（ファブリーペロー型）をもち，その間にレーザー活性材料を設置して2次元の光共振器を構成する。ガラスや結晶を材料とした平面光導波路型の微小なレーザーも作製されている[4]。これら多くの光学素子においては，微小な領域に光を閉じ込めることが重要であることがよく認識されている。最も共振器への光の閉じ込め（光閉じ込め効率，Q値）が優れているのは，3次元の光共振器とでも呼ぶべき，マイクロメータサイズの球状光共振器であり，$Q = 10^8 - 10^{10}$ の値が報告されている[5]。図1に，レーザー光により球状光共振器（微小球）を励起した場合のレーザー発振を模式図として示した。周囲の媒質の屈折率 n_2 よりも高い屈折率 n_1 を有する微小球を励起すると，球内部で発生したラマン光や蛍光は，「全反射」の原理にしたがい，球の界面近傍領域を周回する。このとき共振条件を満足する波長の光が閉じ込められて共振光となり，閾値を越えると誘導放出（レーザー発振）を生じる。共振条件は，(1)励起光の波長 λ，(2)球と周囲媒質の間の相対屈折率（$n_r = n_1/n_2$），(3)球の粒径 $2r$ により決定される。微小球の光閉じ込め効率（Q値）

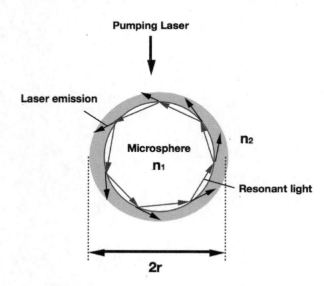

図1　球状光共振器（微小球レーザー）の励起と発振を示す模式図

＊　Shuichi Shibata　東京工業大学　大学院理工学研究科　教授

第16章 ガラス微小球レーザー

は，粒径が大きいほど，また球の屈折率が高いほど大きくなることが知られている。

2 微小球レーザーの研究の歴史

図2に，微小球レーザーの研究の歴史を示す。最初の球状レーザーは，1961年に数mm直径のSm^{2+}添加CaF$_2$球により液体窒素中で発振が確認されている[6]。同年にはNd^{3+}添加ガラスロッド（ファイバー）から波長1.06μmの発振も報告されており[7]，ルビーレーザーの報告[8]が1960年であることを考えると，ほぼ同時に各種形状のレーザーが現れたことになる。ファブリペロー型のレーザーが目覚ましい発展を遂げる一方，球状の光共振器は，作製や制御が難しいこともあり，長い基礎検討の時代を経ることになった。数十μm粒径の液滴（色素を添加したアルコール液滴[9]や，水滴[10]）を対象とした発振実験（光源はパルスNd:YAGレーザーの第2高調波）が現れるのは，1980年代半ばのことである。図2の研究の流れ（A）がこれに相当し，閾値ゼロのレーザーが波長相当の寸法の共振器で実現されることへの期待から，より小さな粒径での発振を目指した。その後，色素を添加したプラスティック球や有機・無機ハイブリッド球の報告が続き，粒径約4μmの色素添加微小球においても発振が可能であることが明らかになった。しかし，小さい粒径の微小球では，閉じ込め効率（Q値）が小さいことは避けられず，現在，これ以上の進展は報告されていない。詳しくは，著者の総説[11]を参照していただきたい。

一方，比較的粒径の大きな水滴（粒径60μm）において誘導ラマン発振が見られた[10]こと，最

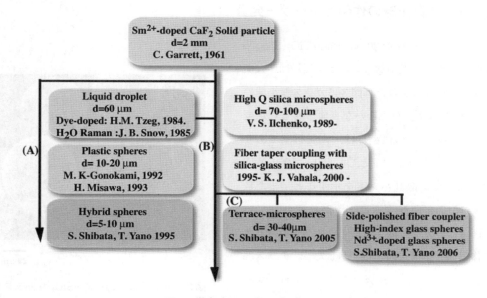

図2　微小球レーザーの研究の歴史

も低い光損失は，シリカガラス（SiO_2）（n_D = 1.458）からなる光ファイバーにより実現されていることから，シリカガラスを材料とするガラス微小球（粒径70-100 μm）を対象とする研究の流れ（B）が生じた[12]。しかし，高いQ値を有することは，逆に言えば，光が入射しづらいことを意味しており，どのようにして効率よく励起光を球に導入し，光共振させるのかが，微小球レーザーの大きな課題になる。通常の光ファイバー（直径125 μm）を直径3-5 μmまで延伸したシリカガラスファイバー（テーパーファイバーと呼ぶ）を介することにより，数十 μmの粒径のシリカガラス微小球を，励起する方法が提案され，高いQ値のもと，研究室レベルでは最も優れた低パワーでのレーザー発振が報告された[13]。これは，同じシリカガラスから成る光ファイバーと球を近接させ，両者に生じているモード間に強い結合を起こさせることを原理としている。このため励起，微小球ともにほぼ等しい屈折率の材料から構成されている必要があり広い組成域をもつ一般的なガラス材料を対象とすることができない。また，この方法は研究室レベルでは優れた特性を示すが，テーパーファイバーの機械的脆弱さのため，実用的観点から課題を残すことになった。

本章では，著者の研究室で実施されている研究（C）について紹介する。①光の導入口を有機・無機ハイブリッド材料でガラス球に設けた「テラス微小球」での励起発振実験[14]と，②シングルモード光ファイバーを樹脂中に固定し，研磨してコア部を露出させた「光ファイバーカプラ」を作製し，ガラス球を励起する方法によりレーザー発振させた実験[15]，に関して記述していく。

3 テラス微小球の作製とレーザー発振

測定に供した粒径約30 μm BaO-TiO_2-SiO_2系の高屈折率ガラス微小球（ユニオン製）は，火炎噴霧法により作製された。図3にガラス微小球のSEM写真を示す。なめらかな表面を有し真球度に優れている。この微小球は，高屈折率であり（n_D = 1.93），ラマンシフトとして600～1000 cm^{-1}に大きなラマン散乱バンドを示すこと，また数ppmのNd^{3+}を含有すること[16]が確認されている。図4に，ガラス微小球にテラス部を設けるための作製過程を模式図として示した[17]。テラス部は，2成分系の有機・無機ハイブリッド材料からなる。出発原料として，テトラメトキシシラン

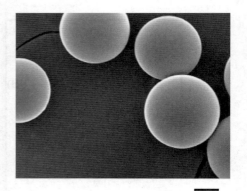

図3 高屈折率 BaO-TiO_2-SiO_2系ガラス微小球のSEM写真

第 16 章　ガラス微小球レーザー

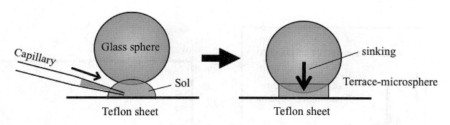

図 4　テラス微小球の作製プロセス

（TMOS）と 3-メタクリロキシプロピルトリメトキシシラン（MOPS）を用い，塩酸を触媒に加水分解，縮重合させゾルを作製する。別に作製したガラスキャピラリーに，このゾルをピコリットルに相当する微小量吸引し，テフロン膜上に設置したガラス球の下部に供給する。ゾルは，数 10 sec の短時間でゲル化するが，その間に，ガラス微小球の自重によって球がゲル部に密着しサブミクロン程度沈降する。図 5 にテラス微小球の SEM 写真を示す。直径約 20 μm の円柱状テラス部（$n_D = 1.45$）のみがハイブリッド材料からなり，他の部分はガラス表面が露出している。

図 5　テラス微小球の SEM 写真

CW Ar$^+$ レーザー（波長 514.5 nm），波長可変 CW チタンサファイア（Ti：Sapphire）レーザー（波長 700-850 nm）を励起光源として光共振の実験を実施した[14]。ガラス球とテラス部の接する部分を照射，励起すると，鋭い共振スペクトルが得られることが判明している[18]。図 6(a)に波長 810 nm 近傍で励起したテラス微小球，テラスを形成するまえの裸のガラス微小球の光共振スペクトルを示す。図の下部に描いたスペクトルは，別に測定したラマン散乱および Nd^{3+} 由来の蛍光スペクトルである。裸のガラス球では，励起効率が比較的高い蛍光由来の共振のみが測定されている。波長域 830-880 nm の光共振はラマンに由来し，波長域 880-930 nm は蛍光に由来することがわかる。図 6(b)には，波長 871 nm（ラマン散乱由来）と波長 901 nm（蛍光由来）の共振ピークの励起光強度依存性を示した。ラマン光は，約 4 mW の励起強度から急激な増加をみせ，レーザー発振に特徴的な閾値（4 mW）をみることができる。一方，蛍光由来のピークでは，逆に急峻な増加を示していた曲線が 4 mW 近傍で傾きが緩やかになることが見て取れる。ほぼ同じ励起光強度で変化が観測されることから，蛍光とラマンの間に相互作用があるものと推定している。

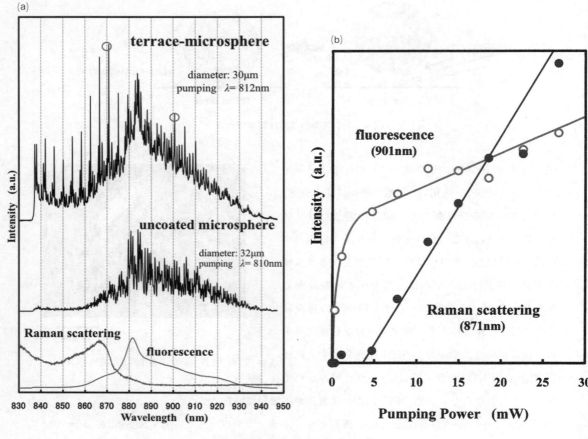

図6 テラス微小球のレーザー発振
(a) テラス微小球およびガラス球からの発振スペクトル。図中下部のスペクトルはそれぞれラマン，蛍光由来のものである。
(b) テラス微小球発振光強度の励起光強度依存性

図7 光ファイバーカプラの作製方法

4 光ファイバーカプラの作製と励起実験

図7に，光ファイバーカプラの作製方法を模式図として示した。被覆を除去したシングルモー

第16章　ガラス微小球レーザー

ド光ファイバー（カットオフ波長：λ_c = 820 nm，コア屈折率：n_D = 1.47，コア径：3.7 μm）を一定の曲率で曲げてエポキシ樹脂に固定し，表面から研磨してコアの一部を露出させた。次に，80 mol%のチタンテトラ-n-ブトキシド，20 mol%のジフェニルジメトキシシランを出発原料として，ゾル－ゲル法（ディッピング法）により，有機・無機ハイブリッド膜（屈折率 n_D = 1.72, 膜厚約 500 nm）を研磨面に被覆した（被覆ファイバーカプラと呼ぶ）[15, 19]。

カプラの上に高屈折率ガラス微小球を設置した後，波長可変のチタンサファイアレーザーを励起光源に用いて光ファイバーカプラに励起光を入射させた。微小球からの発光は，レンズにより集光後，光ファイバーを介して分光器に導き，発光スペクトルを測定した。被覆光ファイバーカプラを介して励起した時の発振スペクトルを図8に示す。薄膜被覆により微小球との光カップリング効率が向上し，蛍光由来の共振光とともにラマン散乱に由来するピークも測定されている。波長 λ = 860.1 nm（ラマン由来），λ = 902.1 nm（蛍光由来）の発光ピークの励起光強度依存性を測定し，閾値がそれぞれ 13 mW，12 mW に見られることからレーザー発振が生じていることが確認された。標準サンプルとして別に準備した

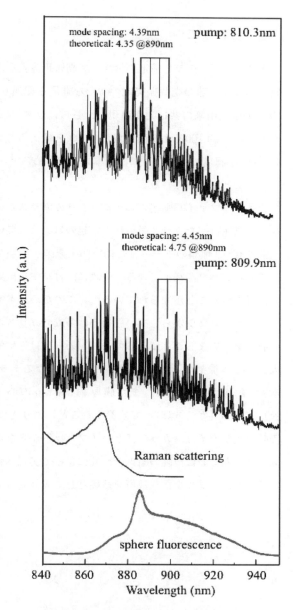

図8　被覆光ファイバーカプラにより励起した BaO-TiO$_2$-SiO$_2$ 系ガラス微小球の発振スペクトル ラマン散乱由来，Nd^{3+} の蛍光に由来する共振光がともに，測定されている。

Nd^{3+} 添加ガラス微小球（ソーダライムシリカガラス）からも，被覆光ファイバーカプラ励起により，7-12 mW の閾値で，波長 1.06 μm に特徴的なレーザー発振が確認されている。

5 おわりに

本章では，①テラス構造の付与，②高屈折薄膜形成の光ファイバーカプラを励起手段とした高屈折率ガラス球の光共振実験の新たな進展を記述した。光結合効率を向上させることにより，Nd^{3+}の蛍光由来の共振光が出現し，さらにラマンに由来する共振光が現れた。両者が共存することにより約100 nmの波長域に，100を越える数の共振ピークが得られる。しかも，閾値は4-10 mW程度である。これは，本方法を進めると，半導体レーザー励起で，多波長光源を実現できることを示している。

テーパーファイバ励起のように，シリカガラスという同じ材料を励起用カプラと微小球に使用せず，高屈折率なガラス微小球を励起の対象としている。これはカプラと微小球の相対屈折率を一致させ，2種類のモード結合効率向上を図ってきた従来の手法とは異なる原理により，光励起していることを意味している。一般に，材料中を伝搬する光は，屈折率の高い部分へ集中しやすい性質を示すことが知られている[20]。このため，本実験では，低い屈折率のテラス部あるいはシリカガラスカプラから，高い屈折率の多成分ガラス球に励起光をカップリングさせている。両者の屈折率が異なることによってモードの一致は逆に難しくなると思われるが，本実験では，光導入部として機能するハイブリッド材料からなるテラス構造（n_D=1.45（テラス）<1.93（ガラス球））を利用すること，また膜厚約500 nmのハイブリッド膜（n_D=1.47（コア）<1.74（薄膜）<1.93（ガラス球））で被覆することにより光カップリング効率の増加を実現している。本実験の光学素子は，ガラス球とハイブリッドからなるサブミクロン，ミクロン寸法の励起用テラス構造，あるいは薄膜の組み合わせによって実現されている。これら微小な構造体の形成は，ピコリットルのゾルを扱う技術を基礎として成り立っていることを強調しておきたい[21]。

文　献

1) R. H. Stolen, E. P. Ippen and A. R. Tynes, *Appl. Phys. Lett.*, **20** (2), 62 (1972)
2) G. Agrawal, "Nonlinear Fiber Optics", Chap 12, "Fiber Lasers", Academic Press, 1995
3) E. M. Dianov and A. M. Prokhorov, *IEEE J. Selected Topics in Q. E.* **6**, 1022 (2000)
4) J. I. Mackenzie, *IEEE J. Selected Topics in Q. E.* **13**, 626 (2007)
5) M. L. Gorodetsky, A. A. Savchenkov, V. S. Iichenko, *Opt. Lett.* **21**, 453 (1996)
6) C. G. Garrett, W. Kaiser and W. L. Bond, *Phys. Rev.*, **124**, 1807 (1961)
7) E. Snitzer, *Phys. Rev. Lett.*, **7** (12), 444 (1961)

第 16 章　ガラス微小球レーザー

8) T. H. Maiman, *Nature*, **187**, 493 (1960)
9) H. M. Tzeng, K. F. Wall, M. B. Long and R. K. Chang, *Opt. Lett.*, **9** 499 (1984)
10) J. B. Snow, Shi-Xiong Qian and R. K. Chang, *Opt. Lett*, **10**, 37 (1985)
11) S. Shibata, T. Yano, H. Segawa, *Acc. Chem. Res.* **40**, 913 (2007)
12) M. L. Gorodetsky, A. A. Savchenkov and V. S. IIchenko, *Opt. Lett.*, **21**, 453 (1966)
13) S. M. Spillane, T. J. Kippenberg, K. J. Vahala, *Nature*, **415**, 621 (2002)
14) H. Uehara, T. Yano and S. Shibata, SPIE Photonics West, Conference 7598-50, San Francisco, California, USA (2010)
15) 大川智, 瀬川浩代, 矢野哲司, 柴田修一, 第 48 回ガラスおよびフォトニクス材料討論会, 2007.（柴田, セラミックスデータブック 2009/10, **37**, (91) 178 (2009)
16) M. Saitou, T. Yano, H. Segawa, S. Shibata, 3rd International Conference on Science and Technology for Advanced Ceramics (STAC3) (2009)
17) H. Uehara, H. Segawa, T.Yano and S. Shibata, The 2nd International Conference on Science and Technology for Advanced Ceramics (STAC2) (2008)
18) S. Shibata, S. Ashida, H. Segawa and T. Yano, *J. Sol-Gel Sci. Techn.*, **40**, 379 (2006)
19) Y. Arai, T. Yano and S. Shibata, *J. Ceram. Soc. Jpn.*, **112**, S248 (2004)
20) 左貝潤一, 導波光学, 共立出版 (2004)
21) S. Shibata, T. Yano and H. Segawa, *IEEE J. Selected Topics in Q. E.*, **14**, 1361 (2008)

〈膜およびコーティング〉

第17章 光反射防止膜

阿部啓介*

1 はじめに

プラスチックやガラス表面の光反射を防止または低減し，基材表面への外来光の映りこみを抑制する機能膜は，一般に多層の薄膜により構成される。所定の光学特性を発現させるためには，薄膜各層の屈折率，膜厚，構造の制御が必須であり，特に大面積塗布に際しては面内膜厚均一性が求められる。また，実用化に際しては，光学特性のほかに透明性，膜強度，耐久性などの基本条件を満たすことも必要である。

ゾル-ゲル法は，金属アルコキシド等有機金属化合物ないし無機金属塩等を利用し，溶液中で加水分解・重縮合反応を行い，ゾルを形成し，ゲルを経たのち，最終的にガラス乃至金属セラミックスを形成する方法である。この方法は，通常の焼結プロセスよりも低温処理が可能であることや，機能性ナノ粒子を併用できるなどの利点を有しており，膜構造を制御し目的とする光学特性をより一層向上させることが可能である。

本章では，ゾル-ゲル法を用いたウェットコーティングとして，ガラス表面への処理方法を例にとり，膜設計，膜構成，膜特性などについて公開特許情報などに基づき現状の技術動向を述べる。

2 膜設計

2.1 透明性

光学機能膜の基本性能である透明性は，一般にヘーズ（曇り度）で示される。ヘーズは膜による拡散透過率の程度を示す指標（JIS K7136）であり，例えば，表示部材用途等では表示品位との兼ね合いがあるが，一般にコーティング膜として0.4％未満に抑制する必要がある。

ヘーズの原因である光拡散は，主にコーティング膜中の空隙やコート液に含まれる粒子によるため，設計に際しては用いる粒子等の大きさを検討する必要がある。可視光波長（380～780 nm）の1/10以下の大きさの粒子による波長変化を伴わない光散乱は，レイリー散乱と呼ば

---

* Keisuke Abe 旭硝子㈱ 中央研究所 主幹研究員

第17章　光反射防止膜

れる。散乱の程度を示す散乱係数は以下のレイリーの式によって与えられる[1]。

$$K_s = \frac{4}{3} \frac{\lambda^2}{\pi} \alpha^6 \left[\frac{m^2 - 1}{m^2 + 2} \right]$$

$$\alpha = \frac{2\pi r}{\lambda}$$

$$m = \frac{n}{n_0}$$

K_s：散乱係数
n　：粒子の屈折率
n_0：媒質（膜成分）の屈折率
λ　：入射光の波長
r　：粒子の半径

　光散乱の強度は粒子半径の6乗に比例するため，膜中の空隙や，粒子サイズを小さくすることが効果的であり，膜の透明性を確保する上で重要となる。これらのことから，透明性を必要とする膜で，微粒子を用いる場合には一般に一次粒子径が50 nm 以下のものが使用される。

2.2　低反射特性

　低反射機能を発現する膜構成としては単層の低屈折率膜によるものから，2層以上の多層構造によるものまで広く知られている[2]。光学設計上は3層以上の膜による構成が好ましいが，ウェットコーティングによる場合，膜厚制御など製造工程・コスト制約の点から2層構成によるものが多い。

　単層の反射防止膜は低屈折率膜により形成する。屈折率と膜厚は以下の条件による。

$$n = \sqrt{n_s}$$

　n：膜屈折率，n_s：基板屈折率

$$nd = \left[\frac{1}{4} + \frac{m}{2} \right] \lambda$$

　d：膜厚，λ：入射光波長，m = 0, 1, 2…

上式から，基板がガラス（n = 1.52）の場合，n = 1.23 の低屈折率膜が必要となる。

　2層構成の場合，基板上に高屈折率膜（第1層）を形成し，その上に低屈折率膜（第2層）を順次形成する。$n_1 d_1 = n_2 d_2 = \lambda/4$ の膜構成の場合，屈折率は以下の条件による。

$$n_2{}^2 n_s = n_1{}^2$$

n_1：第1層屈折率，n_2：第2層屈折率，n_s：基板屈折率

　3層構成の場合，基板側から，基板／第1層（中屈折率）／第2層（高屈折率）／第3層（低屈折率），あるいは，基板／第1層（高屈折率）／第2層（中屈折率）／第3層（低屈折率）で構成する場合が広く知られている。これらの場合の屈折率，膜厚の例としては，以下の例による。

$$n_3 n_1 = n_2 \sqrt{n_0 n_s} \qquad n_1 d_1 = n_2 d_2 = n_3 d_3 = \lambda/4$$
$$n_3{}^2 n_s = n_0 n_1{}^2 \qquad n_1 d_1 = n_2 d_2/2 = n_3 d_3 = \lambda/4$$

n_1：第1層屈折率，n_2：第2層屈折率，n_3：第3層屈折率，n_s：基板屈折率，n_0：媒質屈折率

2.3　光入射角と膜厚設計

　低反射特性は通常垂直入射（入射角0°）近傍で評価されるが，実用に際しては，入射する光が高入射角で入射する場合も多い。

　入射角 θ_0 で入射した光が，屈折率 n_1，物理厚さ d の光学薄膜を通過する際の，光の真空に対する位相変化量を示す位相膜厚[3]は以下の式で表現される。

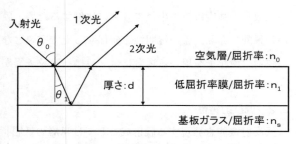

図1　単層膜光反射モデル図

$$位相膜厚 = \frac{2\pi d}{\lambda} n_1 \cos\theta_1 = \frac{2\pi d}{\lambda}(n_1{}^2 - n_0{}^2 \sin^2\theta_0)^{1/2}$$

簡略化のため，単層低反射膜の膜最表面で反射した一次光と薄膜内を横切り基板表面で反射した2次光との位相変化（位相膜厚の2倍）のみを考慮した場合，この位相変化が π の奇数倍である場合に反射率が最少となる。

　入射角 θ_0 で反射率が最少になる条件は，以下の式となる

$$\frac{4\pi d}{\lambda}(n_1{}^2 - n_0{}^2 \sin^2\theta_0)^{1/2} = (2m+1)\pi$$

m：ゼロまたは正の整数，λ：波長

第17章　光反射防止膜

ここで，空気層の屈折率を1とし（$n_0=1$），$m=0$として式を変形すると，

$$d = \frac{\lambda}{4(n_1^2 - \sin^2\theta_0)^{1/2}}$$

式より，最適膜厚は入射角の関数となる。入射角θ_0は0°から90°までの条件であることから，最適膜厚は垂直入射の場合と比較し，高入射角の場合厚くなる。実用化に際しては上記の点を勘案し膜設計を行う必要がある。

3　膜構成

3.1　単層低反射膜

単層で光反射防止を実現するためには，屈折率の低い膜を形成する必要がある。膜の材質の一部ないし全部を低屈折率化合物で構成する手法や，膜の構造を制御し，膜中に微細な空隙を導入し塗膜全体の屈折率を下げる手法が知られている。

可視光域（380～780 nm）で吸収がなく，かつ屈折率が低い物質としては，MgF_2などが広く知られている。また，有機膜中にフッ素元素を導入することや，フッ素化合物膜を用いることでも低屈折率膜が実現できる。このような方法としては，

① 金属塩とフッ素化合物を塗布し，焼成することによりMgF_2膜を形成する方法[4]
② MgF_2微粒子とバインダー成分により低反射膜を形成する方法[5]
③ フルオロアルキルシラン化合物とシリコンアルコキシドからなる低屈折率膜を形成する方法[6]

などが知られている。

一方，膜の構造を制御する方法としては，膜中に微細な凹凸構造を導入する手法や，加熱分解などで発生するガスや抽出などによって形成される空隙などを利用することにより，非常に微小な多孔質構造を形成する手法が知られている。このような手法として，

① 有機物，高分子化合物を含む金属酸化物を加熱処理し，熱分解により多孔質膜を構成する手法[7]
② フェニル基シリカ膜を加熱分解することにより多孔質膜を形成する手法[8]
③ 酸化亜鉛を含む金属酸化物膜を酸処理することにより，酸化亜鉛を溶解抽出し多孔質膜を形成する手法[9]
④ シリカ粒子とバインダー成分により凹凸構造を構成する手法[10]
⑤ 花弁状アルミナ膜を用い構造を制御する手法[11]

⑥ 中空粒子を含む低屈折率膜を形成する方法[12]

などがある。更に上記の機能性微粒子である MgF_2 や中空シリカ粒子などもゾル－ゲル手法により調製することが可能である。

3.2 多層低反射膜

2層以上の多層光反射防止膜に用いられる高屈折率膜を形成する手法としては，Tiアルコキシドや Zr アルコキシド等の金属アルコキシドを用いる方法や，TiO_2，ZrO_2，ITO，ATO，SnO_2 等の高屈折率微粒子をバインダーとともに用いるなどの手法がある。可視域（380〜780 nm）で吸収が殆どなく，材質として比較的安定で安全性が高く，かつ光学特性から，高屈折率材料とし使用可能な金属酸化物としては，Al_2O_3（n＝1.59），CeO_2（n＝2.18），In_2O_3（n＝2.0），Ta_2O_5（n＝2.1），TiO_2（n＝2.35），ZrO_2（n＝1.97）などがある（n は代表屈折率）。

3.3 多層膜間の界面強度

多層構成の場合，各層間での界面の結合強度が不十分となることがある。これは，焼成硬化時の各層の収縮率が異なるために生じる応力や，各層間で材質が異なるため，各層間の M-O-M'（M，M' は，金属元素種，O は酸素元素を示す）結合が不十分なために生じると考えられる。このような界面強度の低下を回避する手法として材料組成を傾斜的に変化させるなどの方法が実用化されている。

一例としてITO微粒子コート液とゾル－ゲルシリカ液を用いた2層膜構成の低反射膜の分光スペクトルを図2に示す[13]。下層をITO微粒子のみにより形成し，上層をシリコンアルコキシドのゾル－ゲル液を塗布することにより，上層から下層のITO微粒子層へ浸透するゾル－ゲルシリカ液が基板ガラスまで到達し，2層一体構造となる。膜強度，密着性はシリコンアルコキシドの単層膜にはやや及ばないものの，耐擦傷性を含め十分な特性を有し，実用化されている。

この構成により作成した膜の深さ方向の ESCA プロファイルを図3に示す。上層に用いたシリカ液（シリコンアルコキシド加水分解・重縮合液）が下層（ITO微粒子膜）方向へ浸透し，基板ガラスまで達している。プロファイルより上層／下層

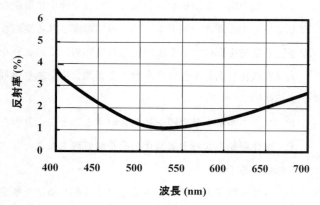

図2　2層膜構成分光反射スペクトル

第17章　光反射防止膜

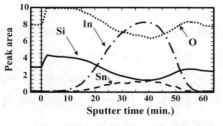
（a）平均分子量2000のシリカ液使用

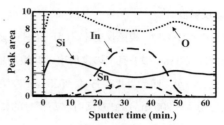
（b）平均分子量1000のシリカ液使用

図3　2層膜（ゾル-ゲル SiO_2/ITO 微粒子）深さ方向 ESCA 分析

の界面で組成の傾斜的変化が確認できる。

また，上層を分子量の異なるシリコンアルコキシドのゾル-ゲル液で形成した場合の下層膜中での Si/In 比率を表1に示す。ゾル-ゲルシリカ液を変更することにより，下層微粒子膜中への浸透量が変化することがわかる。以上の結果より，ゾル-ゲル液の調製条件をコントロールすることにより，比較的簡便に上層／下層の界面組成および下層屈折率を制御でき，塗膜特性の向上を図ることができる。

表1　スパッタ時間35分（下層膜に該当）の In/Si 比率

No	上層 SiO_2 液の平均分子量	下層膜中での In と Si の原子量比率 (Si/In atomic ratio)
図3-a	2000	0.802
図3-b	1000	1.821

4　膜特性

4.1　実用特性

光反射防止膜としては，基板からの光反射を防止あるいは低減することにより，基板への外来光の写りこみを抑制する用途や，反射を抑制することにより光透過性を高める用途などがある。外来光の写りこみを抑制する用途としては，ディスプレイ等に用いられる表示部材用ガラスや自動車用窓ガラスへの適用がある。また光透過性を高める用途としては，太陽電池用ガラスなどへの適用がある。

屋外での使用を想定するものや，屋内での使用を想定するもので，求められる耐久性についても大きく異なる。また，表示部材用途においては特に，ヘーズなどの透明性指標のほかに，目視ないし光学測定機で観測される膜中欠点について極めて高いレベルの特性が要求される。

屋外用途の場合，初期の膜硬度，強度もさることながら，長期耐久性についても重要である。代表的指標としては，耐酸性，耐アルカリ性，耐高温高湿性，膜強度などがある。

4.2 低反射性

視認性の点からは，視感反射率（CIE 標準視感効率を用いて評価した量）での評価が主であり，可視域では 555 nm の波長での反射率の低減が重要となる。可視域全域で反射率を低減させることが好ましいが，膜設計上からは，555 nm の反射率を低減させるため紫外域近傍（～400 nm），赤外域近傍（～700 nm）での反射率が相対的に強く認識される傾向にある。膜表面に微細な凹凸を形成し防眩性を付与し，反射率のフラット化を図る手法なども検討されている。

一例として，図4に下層にATO(Sb-doped SnO_2) 微粒子層，上層にシリコンアルコキシド，フルオロシラン，無機微粒子よりなる2層膜の分光反射特性を示す[12]。

5 おわりに

ゾル－ゲル法はウェットプロセスであることから，塗布液の調製や，塗布条件のコントロールが必要である。しかしながら，機能性微粒子を併用することや，抽出・熱分解などを利用することにより，機能性構造膜を形成することが可能である。また，有機－無機ハイブリッド膜など，ドライプロセスでは成膜に工夫が必要な機能性膜も比較的簡便に形成でき，多くの分野で実用化がなされてきた。更には，膜中に導入する機能性微粒子など，ナノサイズの超微粒子の創製にも大きな役割を果たしており，光反射防止膜分野においては欠くことのできない技術となっている。

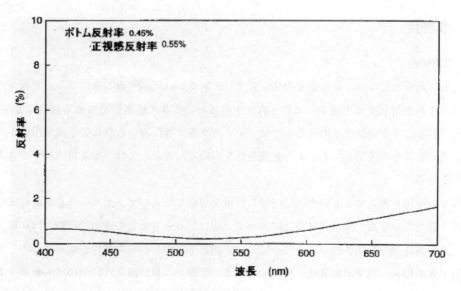

図4　2層膜構成分光反射スペクトル

第 17 章　光反射防止膜

　膜解析技術・シミュレーション技術の進展とともに，今後も材料技術としての深化および実用化が益々進むと考えられる。

文　　献

1) 河根誠, 端野朝康, *J. Jpn. Soc. Colour Mater.*, **31**, 85 (1958)
2) 石黒浩三, 池田英生, 横田英嗣, 光学薄膜（第 2 版）藤原史郎編, p. 98, 共立出版 (1986)
3) 大津元一, 田所利康, 光学入門, p. 130, 朝倉書店 (2008)
4) 特公平 6-88779 号
5) 特開平 5-36365 号
6) 特許 3657869 号
7) 特許 3514065 号
8) 特許 3784234 号
9) 特開 2004-196619 号
10) 特許 3178009 号
11) 特開平 9-202649 号
12) 特許 4031624 号
13) K. Abe, Y. Sanada and T. Morimoto, *J. Sol-Gel Sci. Tech.*, **26**, 709 (2003)

第18章　自動車用赤外線カットガラス

公文創一*

1　はじめに

　赤外線カットガラスは，熱源となる赤外線を遮断することによって夏場の強い日差しによる熱暑感を和らげることができる。これを自動車の窓ガラスに応用すれば，車室内の快適性を向上できると同時に冷房効率（燃費）が改善できると期待される。このため自動車分野では赤外線カットガラスのニーズが高く，既に赤外線カット中間膜を用いた赤外線カット合わせガラスが実用化されている。しかし，このガラスは合わせタイプであり用途がフロントガラスに限定されることから，最近では同様の機能を他の窓ガラスにも付与したいという要求があった。そこで，我々は赤外線カット膜をガラスに塗布するタイプの赤外線カットガラスを開発してフロントドアガラスで実用化した。本章ではその概要を紹介する。

2　赤外線カットガラスの構成

　フロントドアガラスは，運転視界を確保するために可視光線透過率を高くする（70％以上）ことが法規で定められている。このため，赤外線カット膜は可視光を透過することが求められた。この要求を満足する材料としては導電性酸化物があり，特にITOは短波長の赤外線から遮断できる点で他の導電性酸化物よりも優れている。しかし，ITOだけど被膜形成すると被膜の導電性が高くなるため電波反射性が高くなって車内での携帯電話などの受信が悪くなる。このため，ITO微粒子をシリカマトリックスで固定化した膜をゾル−ゲル法で作製することによって，被膜の導電性の増加（電波反射性の上昇）を防いだ。

3　赤外線カット膜

　「シリカ−ITO微粒子」膜を赤外線カット膜としてドアガラスで実用化するためには，様々な技術的課題があった。

　＊　Soichi Kumon　セントラル硝子㈱　硝子研究所　主任研究員

第18章　自動車用赤外線カットガラス

① 厚膜化（クラックの防止）

　高い赤外線カット性能を得るためには，膜厚を大きくしてITO微粒子の含有量を多くすることが有効である。しかし，ゾル－ゲル厚膜は一般的にクラックが生じやすいため，クラックを防止する対策が必要であった。

② 低温熱処理

　高温で熱処理するとITO微粒子が酸化されて赤外線カット性が低下するため，熱処理はできるだけ低温で行う必要があった。

③ 高い膜強度

　ドアガラスは昇降可動し，その際にドアパネルの泥除けモールで磨耗されるため，赤外線カット膜は高い膜強度が必要であった。

　これらの課題を解決するためには，マトリックスとなるシリカ膜を厚膜でもクラックが生じず，低温熱処理で高い膜強度が得られる膜にする必要があった。3官能アルコキシシランから得られるシリカ膜は，シロキサン結合を形成しない官能基が存在するために柔軟性の高いネットワークが形成される。このため，乾燥時の膜応力を緩和でき，クラックのない厚膜が得られる。しかし，緻密なシロキサンネットワークが形成できないため，高い膜強度は得られない。一方，4官能アルコキシシランから得られるシリカ膜は，緻密なネットワークが形成されるため高い膜強度が得られる。そこで，3官能アルコキシシランと4官能アルコキシシランの2成分を出発原料に用いることによって低温硬化厚膜を得ようと検討した。

　表1に，出発原料にメチルトリエトキシシラン（MTES）とテトラエトキシシラン（TEOS）を用い200℃で熱処理して作製したシリカ厚膜（膜厚1.2μm）の外観と鉛筆硬度を示す。鉛筆硬度は，出発原料がMTESのみ（TEOS量0モル％）の場合は5Hと低かったが，TEOS量を増加させると鉛筆硬度は改善して53モル％以上では8Hとなった。しかし，TEOS量をさらに増加するとクラックが生じて均質な膜が得られなかった。さらにアルコキシシランの加水分解・重縮合条件（水の濃度，酸の種類と濃度，反応温度・時間）や成膜条件（温度・湿度）を最適化しても膜強度は改善できなかった。

　次に，膜強度をさらに改善するため，3官能アルコキシシランの有機基に新たな結合基を導入することを検討した。これはネットワークの柔軟性を維持したまま，シロキサン結合以外でネットワーク密度を向上させる方法である。ここでは3官能アルコキシシラ

表1　MTESとTEOSを出発原料とするシリカ厚膜の特性

出発原料の組成（モル％）		外観	鉛筆硬度
MTES	TEOS		
100	0	良好	5H
68	32	良好	7H
47	53	良好	8H
26	74	良好	8H
15	85	クラック	－

表2 3官能アルコキシシランが異なるシリカ厚膜の特性

3官能 アルコキシシラン	クラック	鉛筆硬度
MTES	なし	8H
GPTMS	なし	9H

表3 GPTMSとTEOSから作製したシリカ厚膜の鉛筆硬度

熱処理温度（℃）	鉛筆硬度
50	8H
160	9H
200	9H

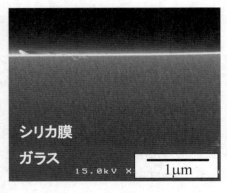

写真1 シリカ膜（断面）のSEM写真

写真2 赤外線カットガラス（断面）のSEM写真

ンのMTESを3-グリシドキシプロピルトリメトキシシラン（GPTMS）に変更することで，不活性なCH$_3$基をエポキシ基に変更して新たな結合可能な部位を導入した。その結果，表2に示すようにクラックを発生させることなく鉛筆硬度を9Hに改善できた。以上のように，3官能アルコキシシランの濃度と有機基の種類を適切に選定することによって，低温熱処理であっても高い膜強度をもつシリカ厚膜を得ることができた。

写真1に得られたシリカ厚膜の断面SEM写真を示す。このシリカ厚膜は，微小な気孔やクラックがない緻密な膜であり，ガラス基板と密着していることが確認できる。表3にシリカ厚膜を種々の温度で熱処理したときの鉛筆硬度を示す。このシリカ厚膜は，160℃という低温の熱処理でも鉛筆硬度9Hと膜強度が高く，50℃でも鉛筆硬度8Hが得られるため，有機材料などの耐熱性が低い機能性材料も導入できるマトリックス膜としても有望と考えられる。

上記で作製したシリカゾルにITO微粒子を混合したものをドアガラスに塗布して赤外線カットガラスを作製した。写真2に得られたサンプルの断面SEM写真を示す。膜中で無数に存在する小さな粒子がITO微粒子であり，膜全体に均質に分布していることが分かる。また，被膜はクラックがなく基板と密着していることも確認できる。図1に赤外線カットガラスと基板ガラスの透過スペクトルを示す。赤外線カットガラスは波長1.2μm以上の赤外域の透過率が基板ガラスよりも大幅に低く，高い赤外線カット性能を示した。また，可視域の透過率は基板ガラスとほぼ同じであり，熱源となる赤外線のみを遮断するものであった。

第18章　自動車用赤外線カットガラス

　この赤外線カットガラスの遮熱特性の一例として，写真3に熱源をガラス越しに人肌に当てたときの肌表面の温度分布を示す。赤外線カットガラス（右）では通常ガラス（左）に比べて肌表面の温度上昇が抑えられていることがわかる。また，この遮熱効果は実車においても車室内の部材表面の温度上昇を抑えるなどの効果が確認できている。

　表4に赤外線カットガラスの初期性能と実用耐久性を示す。赤外線カットガラスは可視光線透過率が72％であり，フロントドアガラスの透過率規制（可視光線透過率70％以上）を満足した。また，赤外線カット膜の膜強度は鉛筆硬度9Hと高く，ドア昇降試験でもキズは発生せず赤外線カット性能（日射透過率）は低下しなかった。さらに，耐薬品性，耐候

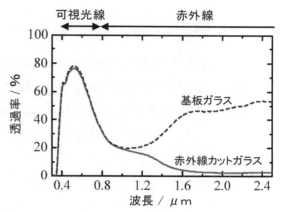

図1　赤外線カットガラスと基板ガラスの透過スペクトル

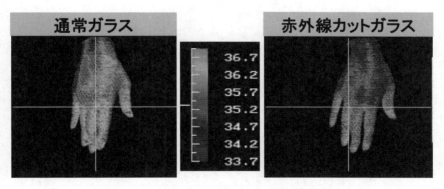

写真3　赤外線カットガラスの効果（肌の表面温度の違い）

表4　赤外線カットガラスの初期性能と耐久性

項目	外観	可視光線透過率（％）	日射透過率（％）	鉛筆硬度
初期性能	良好	72	41	9H
耐酸性（0.1％酸性水溶液×2h）	良好	72	41	9H
耐アルカリ性（0.1％塩基性水溶液×2h）	良好	72	41	9H
耐候性（SWOM，降雨あり×500h）	良好	72	41	9H
耐熱性（80℃×500h）	良好	72	41	9H
耐ドア昇降性（実車ドア昇降×2万回）	良好	72	41	9H

性，耐熱性などの実用的な耐久性試験でも性能劣化せず，自動車窓ガラスとして十分使用できる特性を有していた。この赤外線カットガラスは，2007年にフロントドアガラスとして実用車に搭載されている。

4　おわりに

ゾル－ゲル膜とITO微粒子の複合化によって，高耐久で高性能な赤外線カット膜が開発できた。これは，①低温で酸化物を合成できる，②出発原料を分子レベルで均質化できるというゾル－ゲル法の特徴が活用できた好例と思われる。今後も，ゾル－ゲル法の特徴を積極的に利用し，他のプロセスでは作製できない特徴ある商品を創出していきたい。

第19章　自動車窓ガラス用撥水性膜

神谷和孝*

1 はじめに

　自動車の窓ガラスへの撥水ニーズは古くからあり，1970年代頃にレインXというユーザーが自ら塗布するタイプの撥水剤が発売されている。以来現在まで，様々な商品が売り出され，自動車用品店でも，かなりのスペースを占有している。このような，いわゆる"後塗り"タイプの撥水剤は，様々な改良はなされているものの，ガラスとの結合を十分に確保することが難しく，徐々に撥水性が失われてしまう。撥水性が失われても，塗り直せばまた撥水性能が復活するというのが，後塗りタイプの特徴である。一方，長期間にわたって塗り直しせずに撥水性が維持して欲しいというニーズは当然あり，いわゆる"持続的な"撥水ガラスが，開発，市販されるようになった。ここでは，そのような持続的な自動車用の撥水ガラスについて解説する。

2 持続的な自動車用撥水ガラス

　持続的な撥水ガラスが自動車用途として実用化されたのは，1990年代である[1]。フッ素置換されたアルキル基を有するシリコンアルコキシドを撥水剤として使用し，ゾル－ゲル反応により，ガラスにシロキサン結合を介して撥水剤を固定化したものであったが，現在も自動車用の高耐久撥水ガラスとしては，ゾル－ゲルをベースとする有機無機ハイブリッド材料が主流である。自動車の撥水ガラスに要求される性能を整理すると以下のようにまとめられる（表1）。

① 撥水性であること

　撥水ガラスであるから，撥水性であるのは当然であるが，撥水性であることに起因して，水

表1　自動車用撥水コート材実用化に向けた技術課題

課題	ポイント
撥水性	水滴を球に近い形状とし視界を確保
滑水性	水滴を転がり落ちやすくする
耐久性	耐紫外線性 耐摩耗性：ドア昇降（サイド），ワイパー磨耗（フロント）

---

*　Kazutaka Kamitani　日本板硝子㈱　BP研究開発部　グループリーダー

を寄せ付けにくくなり，たとえ水が付着したとしても，球状に近い液滴となり，雨の日でも比較的良好な視界が確保できる。

② はじかれた水滴が転がり落ちやすいこと（滑水性）

良好な視界の確保のためには，はじかれた水滴が転がり落ちることが重要である。はじかれて，ガラス表面上で丸くなっても，そのままそこに留まっているようではかえって視界の妨げとなる。この，水滴が転がり落ちやすいかどうかという性質は，必ずしも撥水性の高さとは対応していない，つまり，撥水性が高いほど水滴も転がりやすいというわけではないので，注意が必要である。このような水滴の転がり落ちる性質は，滑水性と呼ばれている。

③ 耐久性

自動車用としての実用を考えると最低3年程度，リペアなしで性能を維持することが求められる。特に厳しいのは，耐摩耗性である。フロントガラスではワイパーによる磨耗，サイドのガラスでは窓の上下動の際の磨耗に耐えなければならない。また，耐紫外線性能，あるいは，屋外の暴露に対する耐久性能も重要である。撥水性能は膜最表面の性質であり，現状では有機物がその役割を担っていることを考えると，3年間屋外にさらされても性能を維持するというのは，極めて難易度の高い要求である。

以上のような課題をクリアすることで，自動車用としての持続的な撥水ガラスが実現する。

3 撥水剤および膜構成

自動車用の撥水ガラスに一般的に使用される，撥水剤を図1に示す。

(a), (b)は，フルオロアルキル基（R_f）で変性されたシランであり，R_f基が撥水作用を有し，シランの部分でガラスと結合する。一般的にR_f基は炭素数が8個の直鎖状フルオロアルキル基であることが多い。炭素数が多いほど撥水性は高くなるが，炭素数8程度で接触角的にはほぼ飽和する。工業製品としての入手の容易さもあり，フルオロアルキルシラン（FAS）といえば，炭素数8個のものを指すことが多い。

$$(RO)_3Si\text{-}CH_2CH_2\text{-}Rf \qquad Cl_3Si\text{-}CH_2CH_2\text{-}Rf$$
$$(a) \qquad\qquad (b)$$

$$HO\text{-}\{Si(CH_3)_2O\}_nSi(CH_3)_3 \qquad (RO)_3Si\text{-}CH_2CH_2\text{-}\{Si(CH_3)_2O\}_nSi(CH_3)_3$$
$$(c) \qquad\qquad (d)$$

図1 代表的な撥水剤

第19章　自動車窓ガラス用撥水性膜

　反応性のシランの部分については，(a)のシリコンアルコキシドのタイプが使用されることが多い。アルコキシドの部分の加水分解により生成したシラノールと，ガラス表面のシラノールが脱水縮合によりシロキサン結合を形成する。一方，(b)のようなクロロシランのタイプは，アルコキシシランに比較して，反応の活性が非常に高いために，ガラスにより強固に結合させることを目的として使用されることがある。クロロシランは水と反応してシラノールを，アルコールと反応してアルコキシドを形成するが，その反応は非常に早いため制御が難しいのが難点である。

　(c), (d)は，"レインX"などにも使われているポリジメチルシロキサン系の材料である。ポリジメチルシロキサンの部分で撥水性が発現するが，膜にした場合，接触角的にはフルオロアルキルシラン系が110°前後となるのに対し，ポリジメチルシロキサン系の材料では，100°前後と若干低い。しかし，滑水性に関しては，フルオロアルキルシラン系の材料よりも，一般的に優れるのが特徴である。

　ポリジメチルシロキサンはその名の通り，それ自体シロキサン骨格を有しており，ガラスとの親和性が高い。一旦ガラスに付着すると，乾布などでは，なかなか拭き取りきれないほどに吸着するが，水のある状態で(雨天時)ワイパー磨耗を行うと比較的容易に撥水性が低下してしまう。より強固にガラスと結合させるために，各種の変性ポリジメチルシロキサンが使用される。(c)は末端にシラノールを配したものである。ガラス表面のシラノールとシロキサン結合させることを期待して使用される。(d)は，アルコキシシランで変性されたタイプである。(a)と同様にアルコキシシランの加水分解により生成したシラノールとガラス表面のシラノールとの反応を意図して使用される。(c), (d)いずれも一方の末端のみが変性されたものを例示したが，両方の末端が変性されたもの，側鎖が変性されたものなど，そのバリエーションは極めて多岐にわたる。さらに，ポリジメチルシロキサンの側鎖をフルオロアルキル基で変性したものなども考えられ，様々な目的で使い分けられているのが現状である。

　膜構成に関しては，自動車用の高耐久撥水ガラスの場合，ガラスに直接上述した撥水剤が塗布されることは少なく，テトラアルコキシシラン等の加水分解物を塗布，固化させた，シリカ層を介して撥水層が形成されることが多い。シリカの下地層を設けることにより，撥水剤側のシラノールと結合可能な，基板側のシラノール基の数がより多くなり，撥水剤と基板との結合がより強固になると考えられる。撥水性は最表面の性質であることから，撥水剤は単分子層レベルでも十分な撥水性を持たせることができる。耐久性を確保するには，いかに強固に撥水剤を固定化するかが重要なポイントとなる。膜厚は，下地層を含めても100 nm以下，あるいは，50 nm以下であることが多い。

　ゾル-ゲル法によるコーティングでは，たとえ同じ原料を使用しても，それ以外に様々なプロセス条件が存在し，最終的に得られる膜の性質は大きく異なることとなる。例えば，組成的には，

濃度，触媒種量，水分量，溶媒等，また，塗布方法や加熱方法などをいかに制御するかということがポイントとなる。

4 高耐久撥水コート

ここでは日本板硝子㈱における自動車用の高耐久撥水ガラスに関する取り組みを紹介したい。日本板硝子は，1994年に世界で初めて，いわゆる"持続的な"撥水ガラスの実用化に成功して以来，幾度かの改善を経て現在に至っている。自動車用の高耐久撥水コートとして最初に実用化に成功したのは，FASとTEOSを加水分解させた液をガラスに塗布，硬化させるハイブリッドタイプであった。FASの界面活性剤的な作用を利用し，塗布，乾燥中にFASを最表面に偏析させる技術で，当時としては画期的なものであった。この撥水コートもサイドのガラスには採用されたが，フロントガラスとして使用するには，耐久性，滑水性が不十分なものであった。耐久性の改善に関しては，1996年に第2世代品，1998年には第3世代品の開発に成功し，上市に至っている。しかし，これらはいずれもサイドガラスとしての採用である。滑水性の改善に成功し，フロントガラス用として初めて採用に至ったのは，2001年のことであった[2]。表2にこれらの開発品の初期性能を，図2に耐久性能の比較として屋外暴露性能を示す。

フロントガラス品では滑水性能が向上しており，また，耐候性に関しては，サイドガラス初代品から，第3世代品にかけて，大きく向上していることがわかる。これら全て，原料として，

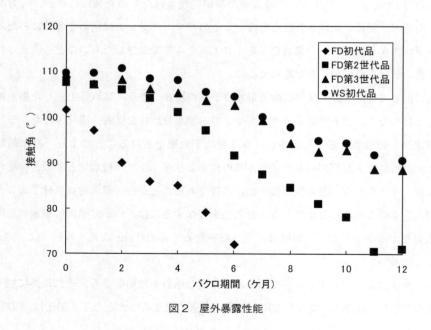

図2　屋外暴露性能

第 19 章　自動車窓ガラス用撥水性膜

表 2　接触角と転落角の比較

タイプ	接触角	転落角
サイドガラス初代品	100～103°	10～15°
サイドガラス第 2 世代品	105～110°	10～15°
サイドガラス第 3 世代品	108～111°	8～10°
フロントガラス品	108～111°	5～ 8°

FAS と TEOS を使用すること，膜構造としては，ガラス基板側のシリカ層と最表面の撥水層の 2 層構造となっていることは同じである。組成，塗布方法を最適化し，撥水層の結合を強固にすることで，耐久性を向上させ，また，表面の平滑性と最表面の FAS の配向性を向上させることで，高度な滑水性を実現した。

他社でも，PDMS と FAS を混合して使用するアプローチ，フッ素化されていないアルキルシランを使用する，あるいは，特殊な PDMS や FAS を使用するなど，高耐久かつ滑水性の優れる撥水コートを得る試みは精力的に行われている[3,4]。

5　PFOA 問題

PFOA とは，ペルフルオロオクタン酸（Perfluorooctanoic acid）の略称で，完全フッ素化された炭素数 8 の直鎖アルキル基を有するカルボン酸である。撥水剤の FAS といえば，炭素数 8 の直鎖フルオロアルキル基を有するシランを指すことが多いと先述したが，PFOA は FAS の原料となる物質である。近年この PFOA の健康や環境に対するリスクが取りざたされるようになってきた。そのリスクについては，まだ完全に明らかになっていないが，PFOA は環境における残留性が高く，アメリカの環境保護庁が製造メーカーに呼びかけ，2015 年までの全廃を目指している[5]。撥水剤としての炭素数 8 個の FAS も 2015 年以降製造されなくなるため，これを使用しているメーカーは代替材料の検討が必要な状況となっている。

6　おわりに

以上，持続的な自動車用の撥水ガラスについて解説してきたが，この分野で実用に至っているもののほとんどは，ゾル－ゲル法を応用した FAS 系材料等の有機無機ハイブリッド膜である。撥水層自体の撥水性能および耐久性の観点で，フルオロアルキル基に勝るものが現状では見出されておらず，これを強固にガラスに固着させるために，末端をシランとしたものが活用されているのである。しかし，撥水性，滑水性や耐久性などの性能改善に対するニーズは依然として高い。先述した PFOA の問題もクリアしながら，性能を改善していく必要があり，非常に難易度の高

い課題であると言えるであろう。

文　献

1) 小林浩明, 工業材料, **44** (8), 38 (1996)
2) K. Kamitani and T. Teranishi, *J. Sol-Gel Sci. Tech.*, **26**, 823 (1997)
3) Y. Akamatsu and S. Kumon, Proc. 5th ICCG, 823 (2004)
4) T. Morimoto, Y. Sanada, H. Tomonaga, *Thin Solid Films*, **392**, 214 (2001)
5) http://www.epa.gov/oppt/pfoa/pubs/stewardship/index.html

第20章　ゾル-ゲルマイクロ・ナノパターニング

松田厚範*

1　はじめに

　近年，ゾル-ゲルプロセスに基づいて，基板上に微細形状制御された酸化物や無機有機ハイブリッドを形成するマイクロ・ナノパターニング技術が，微小光学素子，エレクトロニクス素子，オプトエレクトロニクス素子，集積回路，情報記憶媒体あるいはバイオチップなどを構築し，集積化するための重要技術として注目されている[1,2]。これまでに，エンボス法[3～5]，インプリント法[6]，フォトリソグラフィー法[7～9]，ソフトリソグラフィー法[10,11]，基板表面エネルギーの差[12～15]や光触媒作用[16～18]を利用する方法などがパターニングプロセスとして提案されている。また最近では，電気泳動電着を用いる方法[19,20]，電気流体力学的不安定性を利用する方法[21～23]や，光誘起自己組織化を利用する方法など表面に高次構造を形成する新しい技術[24,25]が報告され注目されている。ここでは，それぞれのパターニングプロセスを解説し，得られるパターンの特徴について述べる。

2　エンボス法・インプリント法

　硬度や塑性の制御された材料に型（スタンパ）を押し当てて，その反転（ネガ）パターンを転写する方法を，エンボス法あるいはインプリント法と呼ぶ。エンボス法・インプリント法によるマイクロ・ナノパターニングプロセスの概略を図1に示す。これらの手法では，熱硬化する無機有機ハイブリッド材料や，光重合性の有機官能基を有する無機有機ハイブリッド膜などが用いられる。エンボス法・インプリント法では高価な露光装置を

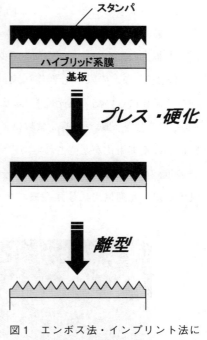

図1　エンボス法・インプリント法によるマイクロ・ナノパターニングプロセス

---

*　Atsunori Matsuda　豊橋技術科学大学　電気・電子情報工学系　教授

necessary とせず,特に大面積の基板に微細パターンを形成・複製できることが,実用上大きな特徴として挙げられる。

ポリエチレングリコール（PEG）を含む SiO_2 系無機有機ハイブリッドゲル膜を用いる場合には,スタンパをゲル膜にプレスし,熱硬化後ゲル膜を離型し,最終的には350℃以上で焼成することにより PEG を完全に燃焼させて SiO_2 膜をガラス化することができる。転写されたパターンは,焼成によって膜厚方向にのみ収縮する。従って,スタンパは,所望の溝深さを達成するため収縮を見込んで設計する必要がある。また,SiO_2 以外の酸化物（B_2O_3-SiO_2, SiO_2-TiO_2, Al_2O_3, ZrO_2, TiO_2）にも自在に適用することができる。

ゾル－ゲル法で作製したオルガノシルセスキオキサン（$RSiO_{3/2}$, R：有機官能基）系ハイブリッドをエンボス法・インプリント法に応用することにより,無機物のみではクラック発生により形成することができない厚膜に,マイクロ・ナノパターンを低収縮率で形成することが可能になる。また,有機官能基の種類と濃度により,光透過率や屈折率などの光学性能を自在に設計することが可能になる。例えば,メチル基とフェニル基を有するシリカ系無機有機ハイブリッド厚膜を用いてガラス基板上にピッチ 30μm,深さ 26μm,頂角 60 度の液晶用プリズムパターンを低収縮で形成することができる（図2(a)）。また,メチル基とフェニル基の割合を変化させることにより,複合体の屈折率を 1.42 から 1.58 の範囲で連続的に制御できる[26]。本プロセスによれば,基板上に微小なレンズがマトリクス状に高精度・高密度に配列した平板マイクロレンズアレイ（図2(b)）などの微小光学素子が作製できる。得られたマイクロレンズの光学性能評価からは,回折の限界に近い高い集光性能と,広い波長領域における高い光透過率が確認されている。また,350℃での耐熱試験や耐薬品試験による性能劣化もないことから,ディスプレイ分野や光通信分野における実用化が期待されている[27]。

最近,ゾル－ゲルハイブリッドを用いて作製した回折格子を実装した高密度波長分割多重（DWDM）光通信用信号強度モニターモジュールが提案されている[28～30]。このモジュールで使

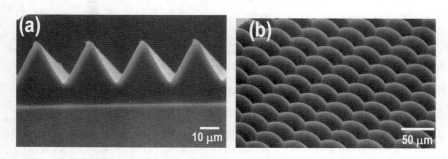

図2　シリカ系無機有機ハイブリッド厚膜を用いてガラス基板上に作製した
　　　(a)液晶用プリズムパターンおよび(b)平板マイクロレンズアレイの電子顕微鏡写真

第20章 ゾル-ゲルマイクロ・ナノパターニング

図3 ゾル-ゲルガラスナノインプリント技術によって
形成されたナノパターンの電子顕微鏡写真
(日本板硝子㈱提供)

用されている回折格子は,テトラエトキシシランとメチルトリエトキシシランを出発原料とする無機有機ハイブリッドゲル膜を低膨張ガラス基板に形成し,これにエンボス微細パターニングを施すことにより作製されている。得られた回折格子は,ピッチ1.1μmの非常に高い寸法精度と,優れた耐熱性・信頼性を有しており,クロストーク,損失および温度変化によるドリフトも小さいことが実証されている。

ナノインプリントは,エンボス技術あるいはインプリント技術を発展させ,その解像性をナノメートルオーダに高めた技術であり,凹凸のパターンを形成したスタンパやモールドを基板上の有機ポリマー等へ押し付け,パターンを転写するものである。ナノインプリント技術が,ゾル-ゲル法によって得られる無機有機ハイブリッド材料に応用されている。

ゾル-ゲルガラスナノインプリント技術によって形成されたナノパターンの一例を図3に示す。ピッチ150 nm深さ40 nmのパターンが正確に転写されていることがわかる。

水素シルセスキオキサン($HSiO_{3/2}$:HSQ)系ハイブリッド材料を用いた室温ナノインプリントプロセスが提案されている[31,32]。熱サイクルを伴うナノインプリントは,熱膨張によるパターン位置精度の劣化,昇温・冷却のプロセスにより生産性が上がらない等の問題点があった。これらの問題点を解決するために,室温で転写を行う。室温インプリントプロセスは,シリコン基板にHSQを塗布し,室温で型を低圧(5 MPa程度)条件でプレスし,離型することによってパターンが基板材料に転写される。ナノインプリントでは,型表面に塗布する離型剤の選択が重要であり,一般にはフッ素系剥離材などが用いられる。既に,ナノインプリント用HSQ系ハイブリッド材料や,装置も市販されている。

無機有機ハイブリッド膜の硬化は,導入した有機官能基の光重合によっても達成することができる。メタクリロキシプロピルトリメトキシシラン,メタクリル酸,ジルコニウムプロポキシドから作製した有機修飾セラミックス膜に紫外光(UV)照射を行えば,膜中のC=C二重結合が

開裂し，有機鎖が発達して硬化する。この膜をエンボス法に適用し，型プレスを行いながら膜をUV硬化することによって，マイクロ・ナノパターンを形成することができる。

3 フォトリソグラフィー法

アセチルアセトン，アセト酢酸エチル，ベンゾイルアセトンなどの分子内に二つのカルボニル基を有するβ-ジケトン類で化学修飾されたゲル膜は，紫外領域にキレート環の$\pi-\pi^*$遷移に起因する吸収バンドを示す。また，モノエタノールアミン，ジエタノールアミン，トリエタノールアミン，N-フェニルジエタノールアミンなどの分子内に水酸基とイミノ基あるいはアミノ基を有するアルカノールアミン類で化学修飾されたゲル膜も紫外領域に吸収を示す。これらのゲル膜にUV照射を行うとキレート結合が開裂し，ゲル膜の溶解度が減少する。最近，分子内にカルボニル基と水酸基を有するアセトールやアセトインが金属アルコキシドの有効な修飾剤として作用して，フォトリソグラフィー法によりマイクロ・ナノパターンが形成できることも示されている[33,34]。光感応性ゲル膜を用いたフォトリソグラフィー法によるマイクロ・ナノパターニングプロセスを図4に示す。光感応性ゲル膜にフォトマスクを介してUV照射を行い，適当な溶媒でエッチングすると光未照射部分はエッチングされて，マスクのネガパターンが得られる。本プロセスによって，TiO_2，ZrO_2，Al_2O_3，SnO_2などの単成分酸化物薄膜や強誘電性$PbTiO_3-PbTiO_3$系複合酸化物薄膜のマイクロパターニングが可能である。さらに，フォトマスクの代わりに，位相マスク法や二光束干渉露光法を用いて高精細パターニングが可能となる。二光束干渉露光法を用いて作製した「蛾の目（Moth eye）」類似構造のZrO_2の原子間力顕微鏡像を図5に示す。サブミクロンオーダーの二次元格子が形成されていることがわかる。また，周期構造を反映した優れた光反射防止効果が確認されている。

ビニル基，アリル基，アクリロイル基，メタクリロイル基，グリシジル基など重合可能な有機官能基を有するアルコキシシランから誘導される無機有機ハイブリッドゲル膜は，UV照射によって有機鎖が重合し，溶媒に対する溶解度が低下するので，フォトリソグラフィー法に

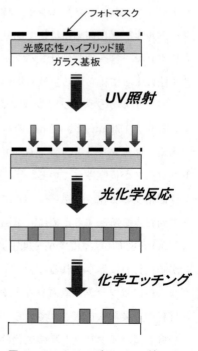

図4 フォトリソグラフィー法によるマイクロ・ナノパターニングプロセス

第20章 ゾル－ゲルマイクロ・ナノパターニング

よってマイクロパターンを形成することができる。アリルトリエトキシシランとメタクリル酸で修飾したジルコニウムプロポキシドから作製したハイブリッドコーティング膜を用いてシリカガラス基板上に形成した光導波路の電子顕微鏡写真を図6(a)に示す。平滑表面を有する線幅約10μmのリッジ型（矩形）導波路が有機成分の効果によってクラックなしに形成できる。また，ビニルトリエトキシシランを出発原料に用いて，最大厚さ40μmのビニルシルセスキオキサン（ViSiO$_{3/2}$）膜を作製することができる。高圧水銀灯を用いた紫外光（UV）照射によっ

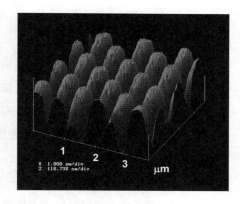

図5 二光束干渉露光法を用いて作製したMoth eye類似構造のZrO$_2$パターンの原子間力顕微鏡像

てビニル基が重合し，膜硬度が増大する。フォトマスクを介してUV照射を行い，未照射部分をエッチングすることにより作製した厚さ約40μmの矩形パターンの電子顕微鏡写真を図6(b)に示す。短い有機鎖で架橋したViSiO$_{3/2}$膜は，導波路として用いられる場合，C-H伸縮による近赤外領域の光学損失が小さいことが期待される[35]。

ポリメチルフェニルシラン（PMPS）とメタクリロキシプロピルトリエトキシシラン（MPTES）の光ラジカル重合によって得られるブロック共重合体（P(MPS-MPTES)）にテトラエトキシシラン（TEOS）を加えた無機有機ハイブリッド材料は，マスク露光，溶剤現像，全面露光・加熱処理によって屈折率差の大きな屈折率パターニングを達成することができる。光導波路用材料としての応用が期待される[36]。

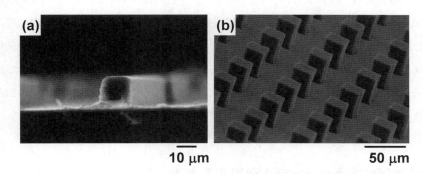

図6 (a)アリルトリエトキシシランとメタクリル酸で修飾したZr(OC$_3$H$_7$)$_4$から作製したハイブリッドコーティング膜を用いて基板上に形成した光導波路の光学顕微鏡写真，(b)ビニルトリエトキシシランから作製した矩形パターンの電子顕微鏡写真

4 ソフトリソグラフィー法

Whitesideらの研究グループは，ソフトリソグラフィー法と呼ばれるゾル－ゲル法に関連した新しいマイクロパターニングプロセスを提案している[10,11]。ソフトリソグラフィーを行うためにポリジメチルシロキサン（PDMS）モールドを作製する。まず，光，電子ビーム露光等で基板上にレジストパターンを形成した後，市販のPDMS液を滴下し70〜120℃でベーキングしてPDMS薄膜を形成する。その後，基板からPDMS薄膜を剥離することによって，PDMS薄膜モールドが作製できる。このPDMSモールドは50 nmの高い解像度が報告されている。

ソフトリソグラフィー法では，PDMS薄膜モールドを用いて，マイクロコンタクトプリンティング（μCP），レプリカモールディング（REM），マイクロトランスファーモールディング（μTM），マイクロモールディングインキャピラリー（MIMIC）によって基板上にパターンを形成する。

μCP法では，柔軟性のあるPDMSスタンパを用いて基板表面にアルキルシラン，脂肪酸，アルカンチオールなどを転写し，自己組織化膜（Self-Assembled Monolayer：SAM）のパターンを形成する。液相においてシリカやチタニアなどのゾル－ゲル前駆体は，SAMパターン以外の表面エネルギーの大きな箇所に選択的に堆積し，金属酸化物のパターンが形成される。

REM法は，鋳型でゾルを固化してマイクロパターンを形成する方法である。PDMS鋳型にゾル－ゲル前駆体をキャストし，これを固化した後離型してレプリカを作製する。PDMS鋳型は柔軟性を有し，表面エネルギーが小さいので機械的変形によって比較的容易に離型を行うことができる。

μTM法では，PDMS鋳型の凹凸にゾル－ゲル前駆体をキャストして，余分な前駆体を除去してから，基板に押合して固化し，基板上にパターンを反転転写する。また，MIMIC法では，基板にPDMS鋳型を押合してできる空隙に溶媒の毛管力を利用してゾルを空隙内に導入し，これを固化した後離型して基板表面にパターンを形成する。簡便な操作で，複雑形状の基体にもマイクロ・ナノパターニングを行うことができる。また，フォトレジストを塗布した基板上にPDMSモールドをコンタクトフォトマスクとして押し付け，露光によってPDMSの凹凸で生じる位相シフトパターンをフォトレジストに形成することも可能である。

5 固体表面のエネルギー差を利用する方法

オルガノシルセスキオキサンの中でフェニルシルセスキオキサン（$PhSiO_{3/2}$, $Ph = C_6H_5$）は加熱によって粘性の低い液体状態となる。この現象と撥水－親水パターンを組み合わせることによ

第20章 ゾル−ゲルマイクロ・ナノパターニング

り基板上に新規な平板マイクロレンズアレイを作製することができる[37]。そのプロセスの概略を図7に示す。まず，フェニルトリエトキシシランのエタノール溶液に，希塩酸を加え撹拌してゾル調製し，これを撥水−親水パターン上にディップコートし，PhSiO$_{3/2}$膜で撥水および親水部の全てを被覆する。乾燥後，200℃で30分間の熱処理を行い，PhSiO$_{3/2}$膜を軟化流動させて，親水部に液体の表面張力を利用してマイクロレンズアレイを形成する。ここで用いる撥水−親水パターンは，ガラス基板にTiO$_2$をコーティングし，500℃の熱処理によってアナターゼの結晶化を促進し，その膜の上に撥水剤としてフルオロアルキルシラン（FAS）を蒸着し，さらにフォトマスクを介して紫外光を照射して作製している。

撥水−親水パターン上にコーティングしたPhSiO$_{3/2}$膜の熱処理前後の光学顕微鏡観察結果を図8に示す。熱処理前は，撥水−親水パターン表面の全てがPhSiO$_{3/2}$膜により被覆され平坦になっているが，200℃で30分間熱処理することによってPhSiO$_{3/2}$が液体状態となり親水部分に流動し，液体の表面張力によって膨らみ形状を有するマイクロレンズアレイが形成されている。その形状は滑らかな略球面であり，断面プロファイルから，直径130μmでレンズ高さが約7μmの均一な形状であることがわかった。得られたレンズが，回折の限界に近い優れた集光性能を有することや，形成するPhSiO$_{3/2}$膜の膜厚を変えることによって形成されるレンズ高さ（焦点距離）を連続的に制御できることが確認されている。通信分野やディスプレイ分野へ

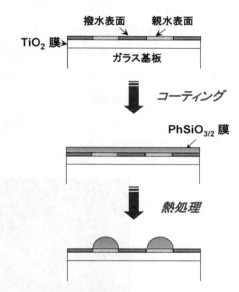

図7 PhSiO$_{3/2}$の熱軟化と現象撥水−親水パターンを組み合わせた平板マイクロレンズアレイの作製プロセス

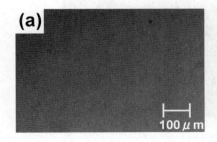 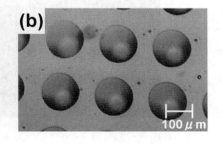

図8 撥水−親水パターン上にコーティングしたPhSiO$_{3/2}$膜の熱処理前後の光学顕微鏡観察結果
(a)熱処理前，(b)熱処理後（200℃，30分間）

応用可能な微小光学素子の新規な作製プロセスとして期待されている。

6 チタニアの光触媒作用を利用する方法

オルガノシルセスキオキサン－チタニア（$RSiO_{3/2}$-TiO_2）系透明ハイブリッド膜に，UV照射することにより，膜内のチタニア成分の光触媒作用によってSi-C結合が開裂して有機官能基が脱離し，Si-OHが生成する[17,18]。この構造変化によって屈折率と硬度が増大し，膜厚および水に対する接触角が減少する。マイクロ・ナノパターニングの一例として，フォトマスクを介してUV光照射を行った $80\,RSiO_{3/2}\cdot 20\,TiO_2$ 膜の原子間力顕微鏡観察結果を図9に示す。(a), (b), (c), (d)は，有機官能基Rがメチル，エチル，フェニル，ベンジル基の場合の結果をそれぞれ示しており，図中の暗く見える部分が光照射部に対応し，エッチングは行っていない。UV光照射部分の膜厚収縮や屈折率の増大は，膜組成の選択によって制御することができる。この現象を利用することにより，屈折率制御型パターニングや撥水－親水パターニングが可能になる。また，適当なエッチャントを選択すれば，光未照射部を選択的に溶解してリッジ型導波路や矩形パターンを作製することもできる。

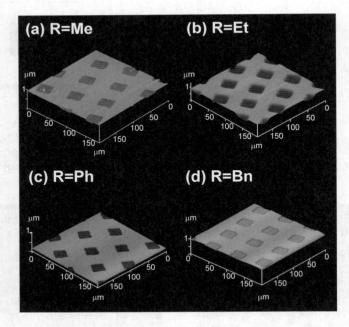

図9 フォトマスクを介してUV光照射を行った $80RSiO_{3/2}\cdot 20TiO_2$ 膜の原子間力顕微鏡観察結果
(a), (b), (c), (d)は，有機官能基Rがメチル，エチル，フェニル，ベンジル基の場合の結果

第20章　ゾル-ゲルマイクロ・ナノパターニング

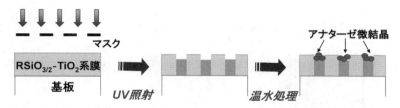

図10　RSiO$_{3/2}$-TiO$_2$系ハイブリッドゲル膜を用いた紫外光照射と温水処理による撥水-親水パターンの作製プロセス

　RSiO$_{3/2}$-TiO$_2$系膜を紫外光照射後，温水に浸漬するとアナターゼナノ微結晶が多量に析出する興味深い現象が見出された。この現象を利用して，RSiO$_{3/2}$-TiO$_2$系膜にフォトマスクを介して紫外光照射を行った後，温水処理を行えば，紫外光照射部分は多量のアナターゼナノ微結晶が析出して親水性を示し，未照射部分は有機官能基の効果によって撥水性を示す新規な撥水-親水パターンを作製することができる[38]。その作製プロセスの概略を図10に示す。有機官能基は目的に応じてメチル基，エチル基，ビニル基などを選択することができる。本プロセスを用いれば，フォトマスクの開口部の形状を選択することにより，高性能なセルフクリーニング膜の設計が可能であり，さらに印刷版としての応用も期待される。

　最近，銀含有オルガノシルセスキオキサン-チタニア（Ag：RSiO$_{3/2}$-TiO$_2$）系透明ハイブリッド膜がホログラム記録用材料として有望であることが示された[39]。有機官能基にビニル基やグリシドキシプロピル基を選ぶことによって，ハイブリッドゲル膜中で銀イオンが有効に還元されることや酸化チタンの含量を制御することによって，銀ナノ粒子の熱による酸化が起きることが明らかとなっている。さらに，ハロゲン化銀（AgX：X＝Br，Cl）を導入することによって実用上重要な青色光に対する感度が増大する。青色レーザ（λ＝402 nm）を用いた二光束干渉露光によって，膜にホログラム形成できることが実証されている。

　チタニアの光触媒作用を利用した新規な光触媒フォトリソグラフィー法が提案されている[16]。本方法では，TiO$_2$薄膜を形成した基板とオルガノシランなどをコートした基板が数ミクロンから数ミリのギャップで膜面を対向させた配置で，TiO$_2$薄膜／基板側からフォトマスクを介してUV照射を行う。UV照射によって生じたラジカルが対向基板のオルガノシランの有機官能基を分解し，撥水-親水パターンが作製できる。センサ，バイオチップなど様々な分野への応用が期待されている。

7　電気泳動堆積と撥水-親水パターンを利用する方法

　ゾル-ゲル法で作製した微粒子を直流電場により泳動させ導電性基板上に堆積させるゾル-ゲ

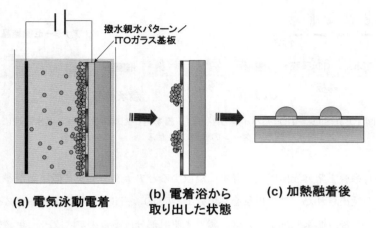

図11 PhSiO$_{3/2}$微粒子と撥水－親水パターンを用いた電気泳動堆積マイクロパターニング

ル電気泳動電着法を用いることで，通常のゾル－ゲルコーティングでは困難な厚膜を作製できる。この方法により作製した粒子の堆積厚膜は，通常，膜中の粒子による光散乱のため不透明である。しかし，フェニルシルセスキオキサン（PhSiO$_{3/2}$）微粒子やベンジルシルセスキオキサン（BnSiO$_{3/2}$）微粒子を用いた場合には，熱処理することで球状粒子の融着が起きるので均一組織へと変化し，最終的に透明な厚膜を得ることができる。最近，ゾル－ゲル電気泳動電着法において，撥水－親水パターンを形成した透明導電性酸化スズ（ITO）膜付基板を電極として用い，親水部のみにPhSiO$_{3/2}$微粒子の堆積厚膜を作製し，その後熱処理することで，親水部のみに膨らみ形状を有する透明なPhSiO$_{3/2}$微細パターンを作製するプロセスが提案されている[19,20]。その，プロセスの概略を図11に示す。フェニルトリエトキシシランを希塩酸で加水分解し，そこにアンモニア水を加えることでPhSiO$_{3/2}$微粒子が分散したサスペンションを調製する。この中に撥水－親水パターンを形成したITO基板を浸漬して，対向電極との間に直流電圧を印加してPhSiO$_{3/2}$微粒子の電気泳動堆積を行う。電気泳動電着を行いサスペンションから引き上げた場合には，撥水部分に堆積した粒子は容易にはがれ落ちて，親水部分のみに粒子が堆積した状態で残る。これを熱処理することでPhSiO$_{3/2}$微粒子は粘性が低下して融着するが，撥水部分には展開されないので親水部のみに膨らみ形状を有するPhSiO$_{3/2}$微細パターンが得られる。新しいマイクロパターン作製プロセスとして展開が期待される。

8 電気流体力学的不安定性を利用したパターニング

電気流体力学（Electrohydrodynamics：EHD）に基づく新しいパターニングプロセスが提案

第20章 ゾル-ゲルマイクロ・ナノパターニング

されている[21〜23]。EHD現象とは，絶縁性流体に電界を印加すると流体に流れが発生する現象である。あるしきい値以上の電場を絶縁性流体に印加すると，特定の波長（電極の間隔）の配向揺らぎが不安定化し，導電異方性によって電荷の周期的な配置が導かれる。この現象を，液晶や有機ポリマーと同様に，ゾル-ゲル前駆体溶液や，無機有機ハイブリッド適用することによって，酸化物や無機有機ハイブリッドのストライプ，ドット，柱状，円錐，中空など様々な形態のマイクロ・ナノパターンを，エッチングなどのプロセスを経ることなく基板上に形成することができる。

9 光誘起自己組織化を利用したパターニング

応力による膜／基板複合体のたわみによって，膜表面に周期的な"しわ"がよることは，広く知られている。この現象に基づいて，光重合によって生じる膜応用を利用し，膜に周期的な凹凸形状を自己組織化的に誘起するパターニングプロセスが提案されている[24,25]。フォトモノマーであるアクリルアミドと粘性制御剤としてのポリビニルピロリドンを，化学修飾したチタンアルコキシドに加えて調製したゾルを用いて無機有機ハイブリッド膜を基板に形成する。制限された領域内で膜の異方性収縮が生じると特徴的なパターンが顕在化する。例えば，溝付き基板上で紫外光による膜硬化を行う場合には溝方向に対して垂直に，ゾルの液滴では放射状に，透過型マスクを用いる場合にはストライプ状の周期構造が形成される（図12）。また，ブラックライト（254 nm）の均一照射と，He-Cdレーザ（325 nm）による二光束干渉露光を同時に行うと，膜の表面硬化とフォトモノマーの拡散によって周期的なセルパターンが形成される（図13）。自己組織化的にホログラムによる23.9μmの正確なピッチと，膜応力とモノマーの拡散に伴う周期10μmの凹凸が自己組織化的に2次元的に形成されていることがわかる。

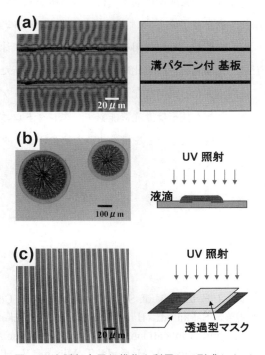

図12 光誘起自己組織化を利用して形成したパターンの光学顕微鏡写真
(a)溝付き基板上で膜硬化を行う場合，
(b)ゾルの液滴を用いる場合，
(c)透過型マスクを用いる場合

10 おわりに

ゾル-ゲル法によって得られる無機有機ハイブリッド材料を用いるマクロ・ナノパターニングプロセスの特長として，①有機官能基の選択，組合せ，あるいは金属酸化物との複合化によって，幅広い組成で均質なパターニング材料が選択できること，②パターンの物理的性質，機械的性質，化学的性質を制御可能なこと，③耐熱性，耐候性の高いパターンが得られること，④生産性や装置コストを考慮して安価な製造プロセスが見込めること，などが挙げられる。

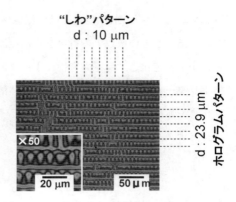

図13 均一照射と二光束干渉露光を同時に行うことによって形成される周期的なセルパターンの光学顕微鏡写真

基板上に平板マイクロレンズアレイおよび表面レリーフ型回折格子などの微小光学素子を構築する技術の完成度は高く，得られる微小光学素子は優れた耐熱性，耐薬品性，耐候性を有しており，表示素子あるいは光通信の分野ですでに実用化の段階にきている。一方，基板表面エネルギーの差や光触媒作用を利用する方法，電気泳動電着を用いる方法，電気流体力学的に基づく方法，光誘起自己組織化を利用する方法など新たなパターニングプロセスも提案されており，さらに高精細化と高精度化が求められる。ゾル-ゲル無機有機ハイブリッドを用いるマクロ・ナノパターニング技術は，光機能素子，エレクトロニクス素子，オプトエレクトロニクス素子，あるいは生体機能素子などを構築するためのナノテクノロジー分野において今後ますます重要になると考えられる。

文　　献

1) J. E. ten Elshof, S. U. Khana, and O. F. Göbel, *J. Euro. Ceram. Soc.*, **30**, 1555 (2010)
2) S. Sakka ed., "Hand Book of Sol-Gel Science and Technology, Processing, Characterization and Applications, Vol.III" p.637, Kulwer Academic Publishers, Boston (2004)
3) N. Tohge, A. Matsuda, T. Minami, Y. Matsuno, S. Katayama, and Y. Ikeda, *J. Non-Cryst. Solids*, **100**, 501 (1988)
4) H. Krug, N. Merl, and H. Schmidt, *J. Non-Cryst. Solids*, **147/148**, 447 (1992)
5) A. Matsuda, Y. Matsuno, M. Tatsumisago, and T. Minami, *J. Am. Ceram. Soc.*, **81**, 2849

第20章 ゾル−ゲルマイクロ・ナノパターニング

(1998)
6) 松井真二,表面, **25**, 628 (2004)
7) N. Tohge, K. Shimmou, and T. Minami, *J. Sol-Gel Sci. Technol.*, **2**, 581 (1994)
8) T. Yogo, T. Takeichi, K. Kikuta, and S. Hirano, *J. Am. Ceram. Soc.*, **78**, 1649 (1995)
9) K. Kintaka, J. Nishii, and N. Tohge., *Appl. Optics*, **39**, 489 (2000)
10) Y. Xia and G. M. Whitesides, *Angew. Chem. Int. Ed.*, **37** 550 (1998)
11) Y. Xia, J. A. Rogers, K. Paul, and G. M. Whitesides, *Chem. Rev.*, **99**, 1823 (1999)
12) N. L. Jeon, P. G. Clem, R. G. Nuzzo, and D. A. Payne, *J. Mater. Res.*, **10**, 2996 (1995)
13) K. Koumoto, S. Seo, T. Sugiyama, W. S. Seo, and W. J. Dressick, *Chem. Mater.*, **11**, 2305 (1999)
14) K. Tadanaga, J. Morinaga, A. Matsuda, and T. Minami, *Chem. Mater.*, **12**, 590 (2000)
15) K. Tadanaga, T. Fujii, A. Matsuda, T. Minami, and M. Tatsumisago, *Ceram. International.*, **30**, 1815 (2004)
16) T. Tatsuma, S. Tachibaba, and A. Fujishima, *J. Phys. Chem. B*, **103**, 8033 (1999)
17) A. Matsuda, T. Sasaki, K. Tadanaga, M. Tatumisago, and T. Minami, *Chem Mater.*, **14**, 2693 (2002)
18) T. Sasaki, A. Matsuda, K. Tadanaga, and M. Tatsumisago, *J. Ceram. Soc. Japan*, **113**, 519 (2005)
19) K. Takahashi, K. Tadanaga, A. Hayashi, A. Matsuda, and M. Tatsumisago, *J. Mater. Res.*, **21**, 1255 (2006)
20) K. Takahashi, K. Tadanaga, A. Hayashi, and M. Tatsumisago, *J. Amer. Ceram. Soc.*, **89**, 3832 (2006)
21) N. E. Voicu, M. S. M. Saifullah, K. R. V. Subramanian, M. E. Welland, and U. Steiner, *Soft Matter*, **3**, 554 (2007)
22) S. Y. Chou and Q. F. Xia, *Nature Nanotechnol.*, **3**, 369 (2008)
23) N. Wu and W. B. Russel, *Nano Today*, **4**, 180 (2009)
24) M. Takahashi, T. Maeda, K. Uemura, J. Yao, Y. Tokuda, T. Yoko, H. Kaji, A. Marcelli, and P. Innocenzi, *Adv. Mater.*, **19**, 4343 (2007)
25) M. Takahashi, K. Uemura, T. Maeda, J. Yao, Y. Tokuda, T. Yoko, S. Costacurta, L. Malfatti, and P. Innocenzi, *J. Sol-Gel Sci. Technol.*, **48**, 182 (2008)
26) A. Matsuda, T. Sasaki, M. Tatsumisago, and T. Minami, *J. Am. Ceram. Soc.*, **83**, 3211 (2000)
27) K. Shinmou, K. Nakama, and T. Koyama, *J. Sol-Gel Sci. Technol.*, **19**, 267 (2000)
28) K. Shimmo, Y. Sekiguchi, F. Kobayashi, N. Komaba, Y. Arima, Y. Satoh, H. Nagata, S. Nagasaka, and K. Nakama, Proc. National Fiber Optic Engineers Conference, **2001**, 1101-07 (2001)
29) H. Yamamoto, M. Hori, K. Nakama and K. Shinmou, Proc. 8th Microoptics Conference '01, **2001**, 308 (2001)
30) M. Taniyama, K. Shimmo, Y.Sasaki, N. Hikichi, Y. Sekiguchi, K. Asada, and K. Nakama, Proc. 9th Microoptics Conference '03, **2003**, 118 (2003)
31) 中松健一郎,松井真二,シルセスキオキサン材料の化学と応用展開,伊藤真樹編集,シー

エムシー出版, 235 (2007)
32) S. Matsui, Y. Igaku, H. Ishigaki, J. Fujita, M. Ishida, Y. Ochiai, H. Namatsu, and M. Komuro, *J. Vac. Sci. Technol.*, **B21**, 688 (2003)
33) Y. Takahashi, A. Ohsugi, T. Arafuka, T. Ohya, T. Ban, and Y. Ohya, *J. Sol-Gel-Sci. Technol.*, **17**, 227 (2000)
34) T. Ohya, M. Kabata, T. Ban, Y. Ohya, and Y. Takahashi, *J. Sol-Gel-Sci. Technol.*, **25**, 43 (2002)
35) K. Tadanaga, T. Minami, T. Fujii, A. Matsuda, and M. Tatsumisago, *J. Sol-Gel-Sci. Technol.*, **23**, 431 (2003)
36) K. Matsukawa, K. Katada, N. Nishioka, Y. Matsuura, and H. Inoue, *J. Photopolym. Sci., Tech.*, **17**, 735 (2004)
37) 国際特許公開番号 WO 02/070413 A
38) 特許公開番号 2004-249266
39) G. Kawamura, S. Sato, T. Kogure, Y. Daiko, H. Muto, M. Sakai, and A. Matsuda, *Phys. Chem. Chem. Phys.*, in press (2010)

第21章　高誘電率ナノ結晶膜

下岡弘和[*1]，桑原　誠[*2]

1　はじめに

積層セラミックコンデンサ（MLCC）の誘電体膜中に存在する結晶粒界は，素子の信頼性を確保するために重要な役割を担っている[1]。そのため，MLCCの小型，高容量化のために誘電体を薄層化していくには，高誘電率ナノ結晶膜を実現することが課題となっている。高容量MLCC用材料として用いられるチタン酸バリウム（$BaTiO_3$）は，その高い誘電率や強誘電性の起源となる構造相転移現象が粒子サイズなどの微構造の影響を強く受けるといわれている。このことは，その強誘電性が結晶中のイオンのごくわずかな変位（0.04 - 0.1Å）によることからも容易に推測できる。実際$BaTiO_3$の粒子，薄膜，バルクセラミックスの色々な形態において，粒子サイズの効果が多数報告されている[2~4]。図1に，これまでに報告されている誘電率の粒径依存性を示す。粉末では，数十nmのナノ結晶粉末で1万を超える巨大な誘電率が見積もられている[5]。しかし，薄膜や加圧焼結によって作製したセラミックスでは，数百nm以下では粒径の減少によって誘電率が減少するという報告が多い。これは，基板の拘束による歪や加圧焼結による残留歪が影響しているためかもしれない。薄膜の場合には，電気的境界条件の影響が支配的となることも考えられる。また，選択した合成法によっては不純物や格子欠陥の種類や量が違うはずであることから，そのような外因的な効果によって本来のサイズ効果が隠されている可能性も考えら

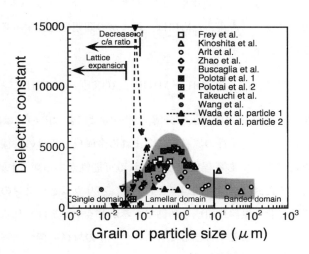

図1　$BaTiO_3$セラミックスと$BaTiO_3$粉体の誘電率の粒径依存性

---

*1　Hirokazu Shimooka　九州工業大学　大学院工学研究院　物質工学研究系　助教
*2　Makoto Kuwabara　東京大学名誉教授

れる。粒子サイズが大体100 nm以下になると粒径の減少で格子体積が膨張すること，約1 μm 以下の領域で粒径の減少と共に正方晶化度が減少すること，さらに，ごく最近の研究で格子が膨張するにつれて，Tiイオンの原子変位が逆に増大することが報告されている[6]。粒径100 nm以下での格子の膨張は，Ti-O結合のイオン性の増加[7]やマーデルングポテンシャルの打ち切りの効果[8]によって，不純物などの影響によらずに起こるという説明がある。Ti位置のずれについても，格子体積が増加すると〈111〉方向の原子変位が安定になるとの計算結果[9]と対応しているように思われる。これらのことから，100 nm以下のサイズ領域では，製造法次第ではイオン分極の増大による誘電率向上などの効果を期待できるのではないかと考えられる。良質な$BaTiO_3$ナノ結晶の合成，および歪のない緻密な$BaTiO_3$ナノ結晶膜の製造法が鍵になると考えられる。

ここでは，まず$BaTiO_3$セラミックスのナノスケールにおける微構造制御を目的として開発した高濃度アルコキシド溶液を用いるゾル-ゲル法の概要を述べる。次に，この方法を応用して液相界面で$BaTiO_3$ナノ結晶自立膜を作製する方法と，得られた自立膜の特徴的な誘電特性について述べる。

2 高濃度アルコキシド溶液を用いるゾル-ゲル法（高濃度ゾル-ゲル法）

液相法の一種であるゾル-ゲル法は，気相法に比べて簡便に$BaTiO_3$を製造することが可能である。しかし，不純物や欠陥を排除して，ナノスケールで微構造が制御された高純度の$BaTiO_3$セラミックスを得るためには，幾つかの問題を克服する必要がある。まず，ゾル-ゲル法の基本反応を以下に示す。

$$M(OR)_n + mXOH \rightarrow M(OR)_{n-m}(OX)_m + mROH \quad (R.1)$$

但し，XがHの時は加水分解，Mの時は縮合，R'の時は配位子置換である。この式から明らかなように，可溶性の原料中に含まれる金属成分以外の有機配位子や水酸基が，析出する固体中に不純物としてある程度取り込まれる可能性がある。これがゾル-ゲル法の一つ目の問題点である。また，二つ目の問題点としては，バリウムとチタンの二種類のアルコキシドを用いるため，正確に化学量論比組成を制御できるかどうかが挙げられる。これらの結晶の質に関わる問題に加えて，さらに三つ目としてナノスケールの粒径を持つ緻密なセラミックスを如何に焼結するかという問題がある。これには，均一な粒径を有する$BaTiO_3$ナノ結晶を析出させることと，その固相粒子を均一分散し，かつ高密度に充填したプレフォームを得ることが必要である。以下では，このような問題点に対する高濃度ゾル-ゲル法の有効性を示す。

まず，水酸基とアルコキシ基の混入の問題について述べる。原料の濃度が高いと，R.1式の平

第21章　高誘電率ナノ結晶膜

衡は右側に傾くため，少ない水で効率的に加水分解・重合反応が進み，残留水酸基，アルコキシ基が低減することが期待できる。水酸基残留の問題は，水酸基とカチオン欠陥が原因となって熱処理中にBaTiO$_3$結晶中にボイド[10]が発生することである。しかし，高濃度溶液から出発して合成したBaTiO$_3$ナノ結晶中にボイドは少なく，残留水酸基が少ないことがわかった。残留アルコキシ基の問題は，炭素源として熱処理過程で中間生成物のオキシ炭酸塩，あるい

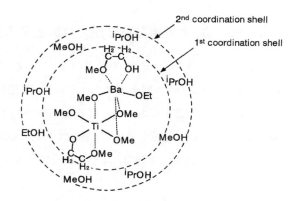

図2　高濃度溶液における前駆体分子BaTi(OMe)$_4$(OEt)(OEtOMe)の構造モデル

は炭酸バリウムとチタニアを生成し，組成分離につながることである。さらにオキシ炭酸塩経由で生成したBaTiO$_3$粒子は，正方晶BaTiO$_3$ナノ結晶のコアと立方晶のシェルからなるコアシェル構造になると報告されている[5]。これに対して，高濃度原料溶液から合成する場合は，数％のアルコキシ基の残留はあるものの，オキシ炭酸塩を経由することなくBaTiO$_3$結晶が生成することが判明し，上記問題点を回避できることがわかった[11]。

次に，第二の問題点について述べる。高濃度アルコキシド溶液中では前駆体分子は，図2に示すようなバリウムとチタンを分子中に1：1で含むダブルアルコキシドの形で溶解していると考えられる[12]。バリウムとチタンが分子レベルで均一な状態は，加水分解途中もほぼ維持され，化学量論比組成からのずれが非常に小さいBaTiO$_3$ゲルが得られることがゲルの局所構造解析からわかった[13]。

三つ目の問題点に対しては，通常均一粒径のナノ粒子の合成と，それらの凝集を抑制しつつ高密度充填する方法が課題となる。しかし，高濃度の原料溶液を用いた場合，生成したゲル中に粒径の揃ったBaTiO$_3$ナノ結晶が生成すること，およびそれらのナノ結晶が均一に分散した微構造を取ることから，ゲルをそのまま焼成しても高い焼結活性を示すことが判明した。このゲル中での粒径の揃ったBaTiO$_3$ナノ結晶の生成メカニズムは，溶解析出によるものではなく，重合反応の進行と直接関係しているらしいことがわかっている[13]。

高濃度の原料溶液を用いる方法では，R.1式で示した反応の速度を著しく速くするため，ハンドリングが非常に難しくなる。しかし，それ以上に結晶性のよいBaTiO$_3$ナノ結晶を得ることや緻密なナノ構造焼結体を得る上で大きなメリットがあるといえる。

3 BaTiO₃ナノ結晶自立膜の作製とその誘電特性

上で述べたように，高濃度ゾル−ゲル法で合成したBaTiO$_3$ナノ結晶含有ゲルは，良好な焼結性を示す．2次元のゲル膜形態にすれば，より低温焼結で緻密なナノ結晶膜を得ることが期待できる．さらに，高濃度ゾル−ゲル法では，BaTiO$_3$ナノ結晶膜内に歪が残らないという条件をも満たすために，固体基板上ではなく面内で自由に収縮できる自立膜として作製することも可能である．以下に液体界面を利用して自立膜を得る方法を紹介する．まず，液体Aの上に原料溶液

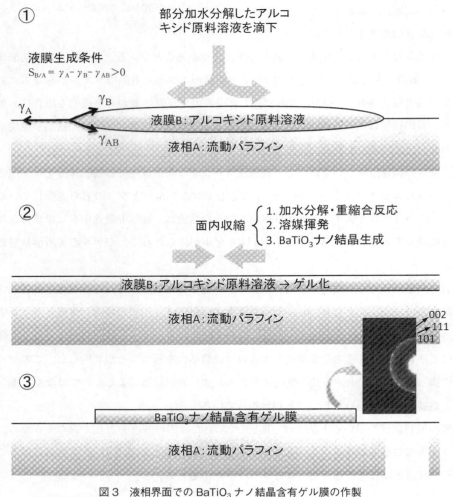

図3 液相界面でのBaTiO$_3$ナノ結晶含有ゲル膜の作製
①滴下直後，②熟成初期，③熟成後期
挿入図：電子線回折図．BaTiO$_3$ナノ結晶のデバイシェラー環が見られる

第21章　高誘電率ナノ結晶膜

Bの液膜を形成する（図3①）。液膜として拡がるためには，AとBが混和せず，表面張力によって表される拡張係数 $S_{B/A}$（$=\gamma_A-\gamma_B-\gamma_{AB}$）が正の値を取らなければならない。ここで，$\gamma_A$ は液体Aの表面張力，γ_B は原料溶液Bの表面張力，γ_{AB} は液体Aと原料溶液Bの界面張力である。液体Aとしては，比較的大きな表面張力を持つ流動パラフィン（$\gamma_A=33.1$ mN/m）を用い，原料溶液Bには，部分加水分解した高濃度アルコキシド溶液（$[H_2O]/[Ba]=2-3$）を用いた。部分加水分解の程度によっては，液膜生成条件を満足せずに流動パラフィン上でレンズ状になったり，滴下直後にゲル化して不均質な膜になる。室温で熟成すると，液膜は図3②から③のように変化し，最終的に自立した $BaTiO_3$ ナノ結晶含有ゲル膜として得ることができた。このゲル膜の焼結性は良好で，二段階焼結法[14]（第一段階 900℃，第二段階 850℃，15 h）で焼成した場合は，平均粒径 57 nm の比較的緻密な $BaTiO_3$ ナノ結晶自立膜を得ることができた（図4）。

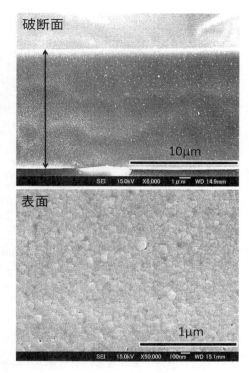

図4　$BaTiO_3$ 自立膜の破断面および表面のFE-SEM像（平均粒径：57 nm）

次に，このようにして作製した $BaTiO_3$ ナノ結晶自立膜の誘電特性について，得られた結果を紹介する。図5に誘電率の温度依存性を示す。比較として，平均粒径 1600 nm の緻密な $BaTiO_3$ 自立膜（焼成温度は1200℃）の特性も示している。十分粒成長した粒径 1600 nm の自立膜では，典型的な大粒径 $BaTiO_3$ セラミックスの誘電特性を示している（図5b）。粒径 57 nm の自立膜でも，115℃付近にキュリー点が見られ，それより高温側ではキュリー・ワイス則に従っていた（図5a）。通常，微小粒径の $BaTiO_3$ 薄膜では，キュリー点が明確でないなど，バルクと著しく異なる特性を示すとされるが，今回の微小粒径自立膜ではバルクの特徴が認められた。但し，バルクとの重要な相違点として，$\tan\delta$ に特徴的な周波数分散が見られた。これは，本質的なサイズ効果の表れと考えられるため，今後その解明にむけた取り組みが必要である。この微小粒径 $BaTiO_3$ 自立膜は，室温で明瞭な P-E ヒステリシスを示した。温度の上昇と共にヒステリシスの形はスリムになるが，キュリー点を超える温度でも自発分極が残っていることを示唆する結果が得られている。今後，これらの特徴的な誘電特性を発現するメカニズムの解明が課題である。

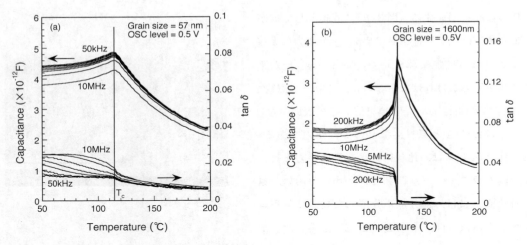

図5　BaTiO$_3$自立膜の電気容量の温度依存性
粒径　(a) 57 nm, (b) 1600 nm

4　おわりに

　以上，高濃度ゾル-ゲル法の概要と，それを用いたBaTiO$_3$ナノ結晶自立膜の製造と誘電特性を述べ，高誘電率ナノ結晶膜の製造に向けた高濃度ゾル-ゲル法の有効性を示した。ここでは，平均粒径57 nmのBaTiO$_3$ナノ結晶からなる自立膜の作製例と，その誘電特性が，電気容量の実部にはほとんど分散がないにも関わらず，虚部には分散がある特徴的なものであること，キュリー点を超える温度でも自発分極が存在する可能性があることを示した。本方法は，より広範囲の粒径領域での自立膜作製をも可能にし，サイズ効果の解明に対しても貢献できるものと期待される。

文　　献

1) G. Y. Yang, E. C. Dickey, C. A. Randall, D. E. Barber, P. Pinceloup, M. A. Henderson, R. A. Hill, J. J. Beeson and D. J. Skamser, *J. Appl. Phys.*, **96**, 7492 (2004)
2) M. H. Frey and D. A. Payne, *Phys. Rev. B*, **54** (5), 3158 (1996)
3) K. Uchino, E. Sadanaga and T. Hirose, *J. Am. Ceram. Soc.*, **72** (8), 1555 (1989)
4) G. Arlt, D. Hennings and G. de With, *J. Appl. Phys.*, **58** (4), 1619 (1985)
5) S. Wada, T. Hoshina, K. Takizawa, M. Ohishi, H. Yasuno, H. Kakemoto, T. Tsurumi, C.

第21章 高誘電率ナノ結晶膜

    Moriyoshi and Y. Kuroiwa, *J. Korean Phys. Soc.*, **51** (2), 878 (2007)
6) M. B. Smith, K. Page, T. Siegrist, P. L. Redmond, E. C. Walter, R. Seshadri, L. E. Brus and M. L. Steigerwald, *J. Am. Chem. Soc.*, **130**, 6955 (2008)
7) S. Tsunekawa, S. Ito, T. Mori, K. Ishikawa, Z.-Q. Li and Y. Kawazoe, *Phys. Rev. B*, **62** (5), 3065 (2000)
8) V. Perebeinosa, S.-W. Chan and F. Zhang, *Solid State Commun.*, **123**, 295 (2002)
9) R. E. Cohen, *Nature*, **358** (9), 136-38 (1992)
10) D. F. K. Hennings, C. Metzmacher and B. S. Schreinemacher, *J. Am. Ceram. Soc.*, **84** (1), 179 (2001)
11) 下岡弘和, 古曳重美, *J. Ceram. Soc. Jpn.*, **106** (7), 703 (1998)
12) 下岡弘和, 古曳重美, 桑原誠, *J. Ceram. Soc. Jpn.*, **109** (1), 60 (2001)
13) 下岡弘和, 桑原誠, *J. Ceram. Soc. Jpn.*, **105** (9), 811 (1997)
14) I.-Wei Chen and X.-H. Wang, *Nature*, **404**, 1680 (2000)

第22章 エレクトロクロミック膜

永井順一*

1 はじめに

エレクトロクロミズム（Electrochromism, ECと略）は電気化学的酸化還元により物質の色が可逆的に変化する現象である。歴史的にはS. K. Deb[1]が1973年にWO₃薄膜においてこの現象が起こることを発表してから、表示素子や調光ガラスへの応用を目指して、今日に至るまで活発な研究開発がなされている。通常、EC膜は、Sputtering、CVD、電子ビーム蒸着など真空を用いたプロセスで成膜され、大面積になるほど成膜装置コストが莫大になり、低コスト化が実用化の大きな課題となっていた。これに対し、ゾル－ゲル法によりEC薄膜を成膜する場合、常圧で印刷成膜が可能となることから、多くの期待が寄せられ、基礎・応用研究がなされてきた[2]。

多くの無機及び有機材料がECを示すが、本章では、EC現象を示す金属酸化物でゾル－ゲル法により成膜できるものについて述べる。

まずEC材料は還元されて発色する還元発色型EC材と酸化されて発色する酸化発色型EC材とに大別される[2]。還元発色型ではWO_3, MoO_3, TiO_2, V_2O_5などのn型半導体があり、消色状態では透明だが、還元されると青色を呈する。この中でWO_3が最も一般的に使われており、

$$xM^+ + WO_3[透明] + xe^- \Leftrightarrow M_xWO_3[青色] (M=H, Li, Na) \tag{1}$$

で示され、M_xWO_3はタングステンブロンズといわれる。また酸化発色型EC材では、NiO, CoO, IrO_2などのp型半導体が主なもので、消色状態では透明なものが酸化されて灰色から黒色を呈する。NiO或いは$Ni(OH)_2$は中でも最もよく調べられていて、水溶液中で酸化還元させると

$$NiO[透明] + OH^- \Leftrightarrow NiOOH[灰黒色] + e^- \tag{2}$$

$$Ni(OH)_2[透明] \Leftrightarrow NiOOH[灰黒色] + H^+ + e^- \tag{3}$$

のようなEC反応を示す。

酸化発色型あるいは還元発色型のいずれにも共通することは、着・消色に伴い、カチオンまた

---

* Junichi Nagai　NSSエンジニアリング㈱　開発部　部長

はアニオンと電子が膜の電気的中性を保つように同時に注入又は抽出される。一般的に電子の易動度はイオンより数桁程度高いため，着・消色速度はイオンの膜中での拡散に律速される。従ってEC酸化物はカチオンあるいはアニオンが通れるイオンチャンネルを持った多孔性の構造であることが必要である。

2 ゾル－ゲル法によるエレクトロクロミック膜の作製

2.1 金属アルコキシドを用いるゾル－ゲル法の一般論

ゾル－ゲル法による成膜で最も一般的に行われる方法は，出発原料として金属アルコキシド $M(OR)_y$（M：金属，R：アルキル基）を用い，これにアルコール，水を加える方法である。これは加水分解を受けやすい金属アルコキシドの性質を利用して金属酸化物ゲルを得ようとするものである。

まず金属アルコキシドが水と反応して加水分解し，水酸基が付加され，中間体 $HO-M-(OR)_{y-1}$ を生ずる。

$$M(OR)_y + H_2O \rightarrow HO-M-(OR)_{y-1} + ROH \tag{4}$$

さらに加水分解が進み

$$M(OR)_y + mH_2O \rightarrow M(OR)_{y-m}(OH)_m + mROH \tag{5}$$

この反応が進行するにつれ，-OH と -OH が重縮合する脱水反応が起こり，これにより金属酸化物或いはその水和物がゾルとして析出し，これが凝集を起こしてゲルとなる。通常のゾル－ゲル法ではこのようにして出来た湿潤ゲルを乾燥，焼成して目的物である酸化物を得る。この反応は概念的には次のように書かれる：

$$M(OH)_y \rightarrow MO_{y/2} + (y/2)H_2O \tag{6}$$

ただし，中間段階として，2つの中間体がリンクするとき，

$$(RO)_{y-1}-M-OH + HO-M-(OR)_{y-1} \rightarrow (RO)_{y-1}-M-O-M-(OR)_{y-1} + H-O-H \tag{7}$$

または

$$(RO)_{y-1}-M-OR + HO-M-(OR)_{y-1} \rightarrow (RO)_{y-1}-M-O-M-(OR)_{y-1} + R-OH \tag{8}$$

の反応を起こし，[M-O-M]の結合を生ずる。実際には，このようにして，H-O-H または

R-OH を生じながら，1，2，3次元のネットワークを形成し縮重合（Poly-condensation）すると考えられる[3]。

以下においては酸化物 EC 膜をゾル-ゲル法で成膜する場合の条件や膜の性質についてこれまでによく調べられている WO_3 を中心に紹介する。

2.2 タングステンアルコキシドを用いるゾル-ゲル法による WO_3 膜

タングステンアルコキシドを含む溶液を用いて EC 酸化物を作った例としては Shirokshina[4] が WCl_6 の EtOH 溶液を塗布して WO_3 膜を得たという報告がある。これは EC を目指してなされたものではなく高屈折率の光学薄膜として利用することを考えているが，EC 酸化物ということでは最初であろう。

但し Klejnot[5] が解析したように WCl_6 と EtOH の反応は下記に示されるように複雑で両者の混合状態から Cl や HCl を除くのが難しく ITO のような酸に弱い膜の上に形成することは困難であった。

$$WCl_6 + 2EtOH \rightarrow WCl_3(OEt)_2(青色) + 2HCl + 1/2Cl_2 \tag{9}$$

同様な研究が，Nishio らによっても発表されている[6]。

Unuma らは，$W(OEt)_6$ をブタノールとアセチルアセトンの混合溶液に溶解して得られた茶色の溶液をコート液とした[7]。アセチルアセトンは溶液を安定化させるために入れられた。ディップコートにより塗布された基板は，熱分解と酸素ガスによるプラズマ処理の2つの異なる方法で処理され，後者の方がより低温で残存有機物が分解されやすいことが示された。こうして作製された膜は真空蒸着で成膜された WO_3 膜と同様な電極特性が得られた。

$W(OEt)_6$ は非常に合成が難しく，高価であるため，より容易な方法でタングステンアルコキシド類似化合物を用いて EC 特性の発現を目論んだものとしては，Habib[8] により行われた研究があげられる。これは WCl_6 を 2-プロパノールに溶解して得られる濃青色の液をスピンコートするもので，この濃青色の液に Ag_2CO_3 を入れ Cl を AgCl として除去した液も試してみたが得られた WO_3 膜は差はなかった。$LiClO_4$ を含むプロピレンカーボネート中での膜中のリチウムイオンの拡散定数は 3×10^{-11} cm^2/s であった。

また，Kings らは[9]

$$WCl_4 + xROH \Leftrightarrow WOCl_{4-x}(OR)_x + xHCl \tag{10}$$

で得られるタングステン化合物（x=2）を 2-プロパノールに溶解させた液をスピンコートし，80℃から500℃で焼成し，0.2 μm の膜厚の WO_3 膜が得られた。

第22章 エレクトロクロミック膜

2.3 タングステンアルコキシドの合成法

ゾル−ゲルによるシリカの薄膜あるいはバルクの作製では，純度の良いシリコンのアルコキシドがあるため，その溶液からゾル−ゲルの反応が非常に厳密に調べられている。それに対し，WO_3 膜の場合，今までに述べた方法では溶液中の生成物も複雑で，さらに溶液から HCl を除去できないため，加水分解での縮重合を任意に制御できず，従って膜質（多孔性，膜厚等）を自由に変えることが困難であった。以下においては，必ずしも WO_3 の EC 膜を作製するためのタングステンアルコシキドの合成を目指していたわけではないが，その厳密な合成の仕方が報告されているので紹介する。

2.3.1 $W(OR)_6$ の合成

Bradley ら[10,11]，$W(NMe_2)_6$ と ROH を反応させ

$$W(NMe_2)_6 + 6 ROH \rightarrow W(OR)_6 + 6 HNMe_2, \quad (R = Me, Et, n\text{-}Pr, i\text{-}Pr, Allyl) \tag{11}$$

R = t-BuOH とはうまく反応せず微量の水分により下記反応が生じたと報告している。

$$W(NMe_2)_6 + H_2O \rightarrow W(NMe_2)_4 \rightarrow WO(O\text{-}t\text{-}Bu)_4 \tag{12}$$

得られたアルコシキドの外観物性は表1に示される。昇華は右欄の真空中で起こる。

Handy ら[12]，まず，$WX_6 (X = Cl$ or $F)$ から $W(OR)_nX_{6-n} (n = 1\text{-}4)$ の合成法を開発した。

$$WX_6 + nMe_3Si\text{-}OR \rightarrow W(OR)_nX_{6-n} + nMe_3Si\text{-}X \tag{13}$$

であり，次に，$W(OMe)_6$ を下記の反応で作製した。

$$W(OMe)_4Cl_2 + 2Na_2OMe \rightarrow W(OMe)_6 + 2NaCl \tag{14}$$

$W(OMe)_6$ は、白色結晶性固体で，90℃，10^{-4} Torr で昇華するとされ，表1の結果とよく一致する。

表1 $W(OR)_6$ の外観物性

Alkoxide	外観	昇華温度（真空度）
$W(OMe)_6$	白色結晶性固体	50〜60℃ (10^{-3} Torr)
$W(OEt)_6$	透明液体（室温付近で凝固）	45〜70℃ (10^{-2} Torr)
$W(O\text{-}n\text{-}Pr)_6$	揮発性液体	72〜85℃ (10^{-3} Torr)
$W(O\text{-}i\text{-}PrR)_6$	薄黄緑色固体	40〜55℃ (10^{-3} Torr)
$W(O\text{-}Allyl)_6$	無色液体	60〜90℃ (10^{-3} Torr)
$W(O\text{-}t\text{-}Bu)_4$	薄黄色ワックス状固体	45〜50℃ (10^{-3} Torr)

2.3.2 WO(OR)₄の合成

Funk ら[13]、WOCl₄ を出発原料として WO(OR)₄ (R=Me, Et, Pr, Bu, Benzyl) を次式で合成した。

$$WOCl_4 + 4ROH + 4NH_3 \rightarrow WO(OR)_4 + 4NH_4Cl \tag{15}$$

得られたアルコキシドの外観物性を表2に示す。

ただし、これまでに述べた『純品』のタングステンアルコキシドを用いたゾルーゲルでのWO₃膜の作製は例をみないので、しっかりとした原料を用いての検討が望まれる。

表2 WO(OR)₄の外観物性

Alkoxide	色	形状
(WOCl₄)	(オレンジ色)	オレンジ色結晶
WO(OMe)₄	無色	プリズム状結晶
WO(OEt)₄	無色	針状結晶
WO(O-n-Pr)₄	無色	針状結晶
WO(O-i-Pr)₄	無色	フェルト状結晶
WO(O-n-Bu)₄	無色	針状結晶
WO(O-CH₂C₆H₅)₄	無色	絹状光沢結晶

2.4 アルコキシド以外を出発原料とするゾルーゲル法によるWO₃膜

Livage ら[14,15]、Na₂WO₄ の水溶液を H⁺型のイオン交換樹脂のカラムを通して得られる α-タングステート ($W_6O_{19}^{2-}$)₄ が室温で10分から1時間くらいでゲル化し、WO₃・H₂O が出来ることを報告した。100℃程度の焼成で緻密なWO₃膜が出来る。図1は、Livage らの研究をもとに各種タングステートの水溶液でのケミストリを描いたものである。

ポリタングステン酸を出発原料とする方法は Yamanaka らにより報告されている[16]。ポリタ

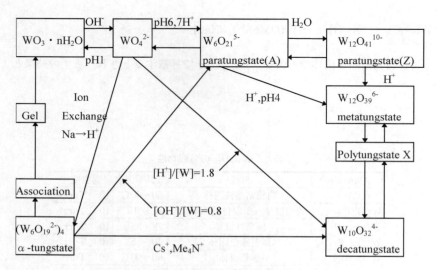

図1 タングステートの水溶液中でのケミストリ

第22章　エレクトロクロミック膜

ングステン酸は構造的には WO_6 八面体が稜や頂点を共有して出来ているものでモリブデン，バナジウム，ニオブにも同様なポリ酸が知られる[17]。金属タングステンの粉末に過酸化水素水を加えると激しく溶解して強い酸性を示す溶液が得られる。過剰の H_2O_2 を白金触媒で分解後乾燥すると淡黄色の固体が生成し，これが過酸化ポリタングステン酸（$2WO_3・H_2O_2・nH_2O$）であり，ポリアニオン（酸基）の一部が過酸化物基（O-O）で置換されているのが特徴である。この過酸化ポリタングステン酸の水溶液をITOガラス上に回転塗布すると厚さ $0.4\mu m$ のピンホールやクラックの無い薄膜が形成される。膜厚は回転数や濃度を変えることにより容易に制御できる。この膜を所望の温度（100-150℃）で熱処理した後 $LiClO_4$/プロピレンカーボネート系有機電解液中で繰り返し安定性の良い着・消色を示した。

2.5　WO_3 以外のゾル-ゲル法によるEC薄膜

Ozer らは[18]，WO_3 だけでなく TiO_2，Nb_2O_5，V_2O_5，$Ni(OH)_2$，MnO_x，$Co(OH)_2$，CuO_x といった各種 EC 酸化物をゾル-ゲル法で作製し，それらの EC 特性を $1MLiClO_4$/プロピレンカーボネート中で測定した結果を表3のようにまとめている。勿論出発原料やコーティング・焼成条件が異なれば特性も異なることになるが，一連のEC材料についてシステマティックに研究を行った例として注目に値する。

表3　ゾル-ゲル法による各種EC薄膜の特徴

EC膜	消色時	着色時	耐久性（回）	原料
WO_3	無色	青色	10,000	$W(OEt)_3Cl_2$
TiO_2	無色	灰色・青色	1,000	$Ti(O-iPr)_4$
Nb_2O_5	無色	茶色・灰色	10,000	$Nb(OR)_5$
V_2O_5	淡黄色	茶色・緑色	1,000	$VO(OMe)_3$
$Ni(OH)_2$	淡緑色	茶色	1,000	$Ni(OMe)(OEt)$
$Co(OH)_2$	淡茶色	濃茶色	1,000	$Co(OMe)(OEt)$
CuO_x	無色	茶色・紫色	100	$Cu(OEt)_4$

3　おわりに

EC膜は大型ディスプレイ，調光ガラス，調光ミラーといった分野で多く使われるようになってきており，その低コスト化を実現する有望な方法としてゾル-ゲル法は再び注目されている。

筆者の経験では，前述2.2のようなアルコキシドを用いる場合は，アルコールベースの液を基板に塗布するため，基板ガラスとの濡れ性がよいので成膜性は良好であった。しかし，2.3で述べたような水溶液ベースの液組成では基板ガラスとの濡れ性が良くないので成膜性に問題があった。

ゾル-ゲル法でのEC薄膜の形成は，安定したEC特性の確保のために $0.5\mu m$ 程度の比較的厚膜が必要なこと，メーターサイズの基板に塗布することを念頭に置かねばならない。

従って，工業的にはフレキソ印刷やインクジェット印刷で行うことになるので，これらの印刷

方法に適したレオロジカルな性質を持ち，基板との濡れ性や印刷後の塗膜のレベリング性が良好な，いわゆる印刷性の良い『インク』の開発が不可欠である。

　また，近年のFPD業界では，メーターサイズの基板を処理するタクトタイムが30秒を切る状況にあるので，ゾル−ゲル法においても塗膜の乾燥時間の短縮は必須である。産業界の変化は激しいので，ゾル−ゲル法技術もさらに進化していくことを期待している。

文　　献

1) S. K. Deb, *Phylos. Mag.*, **27**, 801 (1973)
2) C. G. Granqvist, Handbook of Inorganic Electrochromic Materials, Elsevier Science (1995)
3) 例えば，http://en.wikipedia.org/wiki/Sol-gel
4) Z. V. Shirokshina, *Zhur. Priklad. Khim.*, **33**, 1001 (1960)
5) O. J. Klejnot, *Inorg. Chem.*, **4**, 1668 (1965)
6) K. Nishio and T.Tsuchiya, 'Sol-gel processing of thin films with metal salts', Vol.I (Sol-gel processing), Sumio Sakka 編, Handbook of sol-gel science and technology: processing characterization andapplications, Kluwer academic publishers (2005)
7) H. Unuma, K. Tonooka, Y. Furusaki, K. Kodaira and T. Matsushita, *J. Mater. Sci. Lett.* **5**, 1248 (1986)
8) A. Habib, *Proc. SPIE*, **1149-06** (1990)
9) L. H. M. Krings and W. Talen, *Sol. Energy Mater.*, **54**, 27 (1994)
10) D. C. Bradley, M. H. Chisholm and M. W. Extine: *Inorg. Chem.*, **16**, 1791 (1977)
11) D. C. Bradley, M. H. Chisholm, M. W. Extine and M. E. Stager: *Inorg. Chem.*, **16**, 1794 (1977)
12) L. B. Handy, K. G. Sharp and F. E. Brinckman: *Inorg. Chem.*, **11**, 523 (1972)
13) V. H. Funk, W. Weiss and G. Mohaupt: *Z. Anorg. u. Allgem. Chem.*, **304**, 238 (1960)
14) A. Chemiseddine, R. Morineau and J. Livage. *Solid State Ionics*, **9 &10**, 357 (1983)
15) A. Chemiseddine, M. Henry and J. Livage, *Rev. Chim. Miner.*, **21**, 487 (1984)
16) K. Yamanaka, H. Okamoto, H. Kidou and T. Kudo, *Jpn. J. Appl. Phys.*, **25**, 1420 (1986)
17) W. P. Griffith and T. D. Wickens, *J. Chem. Soc.*, **(A)**, 397 (1968)
18) N. Ozer and C. M. Lampert, *Solar Energy Mater.*, **54**, 147 (1998)

第23章 スピンオングラス（SOG）

大崎 壽[*1], 吉田知也[*2], 長尾昌善[*3]

1 はじめに

微小電子線源などのナノ構造体や半導体素子の作成においては，スパッタ法やCVD（Chemical Vapor Deposition）法，熱酸化物成膜などの，いわゆる，ドライ成膜法が多く採用されているが，厚膜を被覆性と平坦性良く形成する手段として，SOG（Spin on Glass）が用いられている。元来，SOGは，スピンコートにより非晶質無機物薄膜を形成することを意味するが，スピンコート法以外の塗布方法も含め，さらに，ポリメチルメタクリレート前駆体溶液などの有機物質を主成分とするものを含めた成膜のための塗布液までをも含む広い概念となってきている。本章では，本書の趣旨に従い，無機成分を主成分とするSOGについて述べる。

本章の著者らは，機能性薄膜，ナノ構造体，半導体素子を主たる研究分野としており，市販のSOGを用いて様々な素子の形成に用いている。このようなSOGは，通常において，その製造方法，および，組成の詳細が製造業者からは開示されておらず，また，科学論文においても十分に開示されているわけではない。このため，使用者としての立場から，SOG技術の現状を入手可能な技術情報と我々の実験結果と共にまとめる。

2 SOGの用途と組成

SOGの用途は現在も広がってきており，新規な応用例も生まれつつあるが，これまでに定着してきている主な機能としては，ドーパントの拡散源，平坦化層，低誘電体層，エッチング・マスク，インプリント・転写によるパターン形成などがある。前3者については，それぞれ，3～5節に詳述し，一方，後2者については本書の他章に記述があることから，本章では触れない。

望まれる機能に応じて，SOGの主成分となるシリコン化合物が選択され，主に，図1に与えるシリケイト（Silicate），水素シロキサン（Hydrogensiloxane），水素シルセキオキサン

[*1] Hisashi Ohsaki ㈱産業技術総合研究所　エレクトロニクス研究部門　招聘研究員
[*2] Tomoya Yoshida ㈱産業技術総合研究所　エレクトロニクス研究部門　研究員
[*3] Masayoshi Nagao ㈱産業技術総合研究所　エレクトロニクス研究部門　主任研究員

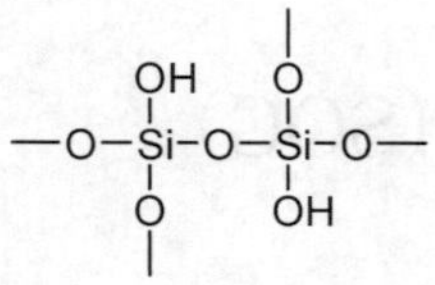

(1) Silicate 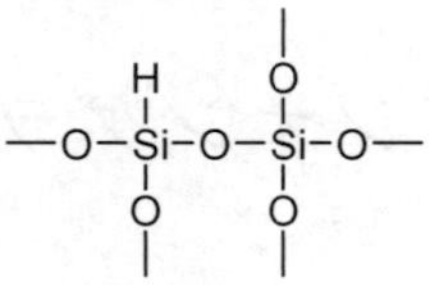　　(2) Hydrogen-siloxane 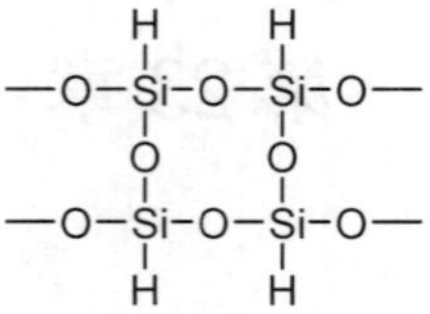　　(3) Hydrogensilsesquioxane (HSQ)

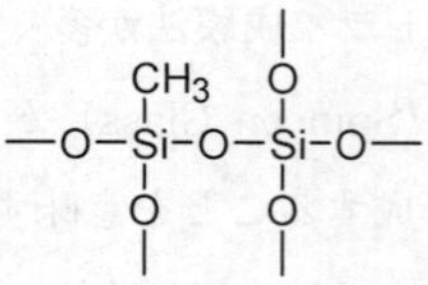

(4) Methylsiloxane

図1　SOGの主成分として用いられる主なシリコン化合物の構造

(Hydrogensilsesquioxane：HSQ)，メチルシロキサン（Methylsiloxane）などがあり，また，メチル基に換えてメトキシ基を結合したメトキシシラン（Methoxysilane）なども用いられる。はしご型の立体構造を持っている水素シルセキオキサンは，重合による体積減少が小さく，SOGによる埋め込み平坦化に好適である。一方，有機基の導入により，重合後の水酸基形成が抑制されることから，水の吸着による誘電率の増加を減少させることができる。さらに，SOG膜はサブミクロン以上の厚膜形成に用いられることが多いことから，内部応力による膜クラックの発生を避けることが重要となる。これに対応するために，はしご構造や有機基のシリカ骨格への導入による応力緩和が図られている。

3　拡散源としてのSOG

拡散源として用いられるSOGは，リン，アンチモン，ヒ素などのドーパント不純物元素を含んだシリケイト・ゾルであり，これを用いてシリコン上に100〜数百nmの膜厚で膜形成し，不活性気体雰囲気中において，1000〜1250℃で加熱することにより，シリコンにn型，もしくは，p型の不純物拡散をおこなうものである。これにより，ドーパントとなるイオンをシリコンに打ち込むための高価なイオン注入装置を用いることなく，また，除害設備の必要となるCVDガス

第23章　スピンオングラス（SOG）

を用いることなしに，簡易に不純物拡散をおこなうことが可能となる。特に，p-n極浅接合を形成するためには，イオン注入装置を用いる場合においては，注入するイオンを低い加速電圧で打ち込む必要があるが，低い加速電圧ではイオン流量が小さくなり，また，注入されずに失われるイオンが多くなるために，処理時間が長くなる，さらに，イオンビームが擾乱を受けやすくなるという問題がある。さらに，イオン注入によりシリコンが非晶質化することから，活性化と呼ばれる再結晶化のための加熱処理が必要である。一方，SOGを拡散源として用いる場合は，シリコン基板のカウンター・ドーパント（n型に対してp型，あるいは，その逆）を含むSOG薄膜を成膜し，これに1000℃以上で1分間以下のRapid thermal annealingを施すことにより，極浅接合を形成できる[1]。

SOGに含まれるドーパントの種類によりその熱拡散係数は異なるが，Rapid thermal annealingにおける拡散係数は，平衡状態における固相拡散係数よりも大きい[1~3]。また，SOG中のドーパント含有量が多いほど，また，SOG膜の膜厚が大きいほど，シリコン基板への拡散は深くまで達し，また，ドープ濃度も高くなる[1,2]。さらに，加熱温度が高いほど，また，加熱時間が長いほど，ドーピング量の多少に対応する表面抵抗値が低くなる[1,2]。SOGによるドーパントの拡散は，深さ方向のみならず，沿面方向にも進むこともあり，半導体素子の微細化の要求に応えられるドープ領域の制御が困難であるために，実際の製造工程においては用いられなくなってきているが，高濃度のドーピングを短時間で可能とする優位性があることから研究が継続されている。

4　平坦化SOG

半導体チップの高集積化に伴い，機能素子の多層形成が進んでいることから，層間絶縁膜も立体的になり，また，アスペクト比の高いビアホールの埋め込みも必要となっている。CVD法によるシリカ，窒化シリコン，酸窒化シリコンの成膜が従来よりなされているが，充填，段差被覆，および，表面平滑な膜形成に優位性を持つSOGの採用が増えてきている。

SOGは液体材料であることから，充填，段差被覆，平滑表面の形成に優れているが，クラックの発生や膜剥離を生じさせないためには，溶媒を蒸散させ，重合を進めて固相薄膜とする際の体積減少を抑制する必要がある。メトキシ基などの有機基を増すことにより体積減少は抑制されるが[4,5]，焼成温度を500℃まであげると有機成分は分解し始め，600-700℃で完全に失われてシリカになる[5,6]。このことから，SOGの焼成は，450℃程度でなされることがほとんどである。ここで，図2に，高さ1.0μmのアルミシリケイト電極列を，膜厚120 nmのシリケイト系SOGと膜厚250 nmのメチルシロキサン系SOGで被覆し，大気中で80，150，200℃の1分ずつの仮焼

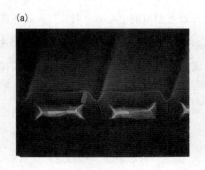 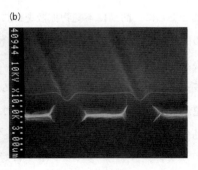

図2 高さ1.0μmのアルミシリケイト電極列を，膜厚120 nmのシリケイト系SOG(a)と膜厚250 nmのメチルシロキサン系SOG(b)で被覆し，400℃で30分間の窒素中での焼成をおこなった際のSEM像[7]

表1 主なSOG膜を400℃で30分間の窒素中での焼成をおこなった際の薄膜の物性[7]

SOG	シリケイト系	水素シロキサン系	メチルシロキサン系	メチルシロキサン系	水素シルセスキオキサン系
メチル基分率	0 %	0 %	11.8%	20.5%	0 %
体積収縮率	15%	8 %	5-7%	3-5%	2 %
膜応力	170 MPa	140 MPa	100 MPa	80 MPa	80 MPa
クラック発生臨界膜厚	0.5 μm	1.2 μm	>1.5 μm	>1.5 μm	>1.5 μm
屈折率	1.44	1.39	1.40	1.38	1.40
比誘電率（1 MHz）	>5	4.5	3.8-4.5	3.2-3.4	3.0-3.1

メチル基分率は，シリコンへのメチル基の配位数分率。体積収縮率は，200℃の仮焼成後からの体積収縮率。屈折率は，波長632.8 nmにおける値。

成後に，400℃で30分間の窒素中での焼成をおこなった際のSEM像を与える[7]。図2から，有機基の導入によりクラックの発生が抑制されていることが見て取れる。

表1に，主なSOG膜を400℃で30分間の窒素中での焼成をおこなった際の体積収縮率を与える[7]。表からは，シリケイトを水素化するだけでも体積収縮率が小さくなり，また，はしご型骨格とすることにより，体積収縮率がより小さくなることがわかる。さらに，シリカ骨格をかご型まで立体化した水素シルセスキオキサンも開発されている[8]。

5 低誘電率SOG

半導体素子の高速化の要請に伴い，配線の低抵抗化と低配線間容量化が進められており，低抵抗化についてはアルミニウム配線から銅配線への回帰が検討されており，一方，配線間容量の低減のためには，層間絶縁膜の誘電率を低下させることで対応する必要がある。従来，層間絶縁膜としては，周波数1 MHzにおける比誘電率が4.2であるシリカが広く用いられてきた。これを

第23章　スピンオングラス（SOG）

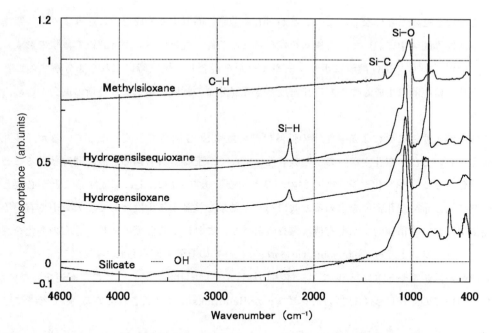

図3　400℃で30分間の窒素雰囲気中での焼成をおこなった主なSOG薄膜の赤外吸収スペクトル[7]

さらに低減するために，数原子％のフッ素を添加したシリカ（比誘電率：3.5～3.7）をプラズマ励起CVD（PECVD）で形成することが主流になっている。しかしながら，フッ素添加シリカの形成後の積層工程において，フッ素が遊離し，電気特性に悪影響を与えることがあることから，フッ素添加シリカは，シリカに挟まれた形で用いられるのが通常である。

　一方，SOG膜はゾル－ゲル膜共通の特性として，高温焼成をおこなわなければ，嵩密度が低く，それ故に，誘電率も低い。ただし，SOG膜を低誘電体層として採用する際に問題となるのは，多数存在するダングリングボンドに結合し，さらにこれに重ねて吸着される水が誘電率を大きくすることである[9]。これを抑制するには，水素化や有機基の導入が効果的である。図3に，400℃で30分間の窒素雰囲気中での焼成をおこなった主なSOG薄膜の赤外吸収スペクトルを与える[7]。3000から3800 cm^{-1}のブロードな吸収ピークは-OHの吸収によるものである。ここで，孤立-OHは3700 cm^{-1}に主波長があり，また，隣接した-OHと水素結合を形成したシラノールは3445 cm^{-1}に主波長を持つとされており[10]，このような結合環境の多様性によりブロードな吸収ピークを示すものと説明できる。

　メチル基などの有機基を増すことにより，焼成後のSOG薄膜への水の吸着量は減少する[4]が，SOG溶液に有機基を導入したとしても，導入した有機基が分解してしまう温度まで焼成温度を上げてしまうと，シリカにまで重合してしまわないとダングリングボンドが多数生成して，吸着

水量を増加させることになる。このことからも，酸素雰囲気中で焼成をおこなうよりも，窒素などの不活性雰囲気中において，有機基を残存させる条件で焼成する方が低誘電率薄膜の形成には好ましい[10]。一方，SOG 溶液にポリマーやミセルを混合し，焼成時にこれらを分解することにより空孔を積極的に生成しつつ，空孔密度と空孔径分布の制御をおこなう技術の開発が進められている[11,12]。

空孔を導入することによる誘電率の低減は低誘電率 SOG 開発の主流となっているが，多孔質絶縁体においては，空孔内壁への水の吸着だけでなく，配線材料の銅の拡散が問題となることから，窒化シリコンや窒化タンタルなどのバリヤ層を低誘電率 SOG 上に形成することが必要となる。空孔径分布や空孔密度を求めると共にバリヤ効果を検証する手段として，大気中や有機溶媒雰囲気中において積極的に水や有機溶媒を吸着させ，これによる薄膜の屈折率分布の変化を調べる分光エリプソメトリー（ellipsometric porosimetry）の有効性が示されている[13~15]。

有機系の低誘電率 SOG については，本書の趣旨からはずれるために，ここに記述をしないが，これについての記述に多くを割いたレビューが Hendricks により著されている[8]ので参考にされたい。

6　プラズマ処理による SOG 膜形成

SOG 薄膜の焼成は，シリカ骨格に導入された有機基などの機能基の分解を抑えるために低温であることが望ましいが，重合反応を速やかに進めるためには高温であることが必要とされる。これらの相反する要請の結果から，SOG の焼成は，通常において，400-450℃の温度でおこなわれている。しかしながら，素子の構成によっては，この温度帯域においてさえも，金属配線の酸化などの化学反応や物質間の原子相互拡散などの問題が生じることがある。

このことから，加熱することなく薄膜を結晶化させることを可能にするプラズマ結晶化技術[16]を SOG 薄膜の重合に応用した[17]。ペルヒドロポリシラザン（$(SiH_2NH)_n$）とキシレン（C_8H_{10}）の混合物をスピンコートし，これに 120℃ で 2 分間の仮焼成を施してペルヒドロポリシラザン SOG 薄膜を作成した。図4に，これを酸素プラズマで処理した SOG 薄膜，および，400℃ で 30 分間の湿潤酸素雰囲気中での焼成処理を施した SOG 薄膜の赤外線領域の消衰係数スペクトルを与える。ここで，仮焼成 SOG 膜においてはシリカ骨格に由来する吸収は全く見られないが，焼成処理により，Si-O-Si に由来する 1100 cm^{-1}（anti-symmetric stretching），1200 cm^{-1}（symmetric stretching），460 cm^{-1}（bending）の吸収が生じ，一方，840-900 cm^{-1}と 2000-2100 cm^{-1} に見られる Si-H の吸収が消失している。また，波長 632.8 nm での屈折率は，焼成処理により，1.50 から 1.46 に減少しており，シリカが得られているものと考えられる。

第23章 スピンオングラス (SOG)

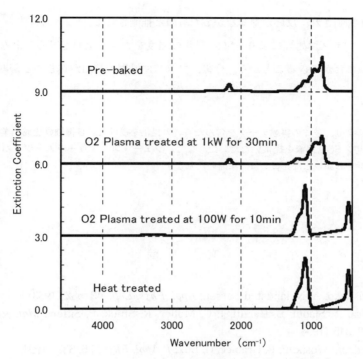

図4 ペルヒドロシラザンSOG薄膜を酸素プラズマ処理した際の赤外吸収スペクトルの変化
400℃で30分間の湿潤酸素雰囲気中での焼成処理を施したSOG薄膜の赤外吸収スペクトルを併せて与える。

　低電力の酸素プラズマ処理を施したSOG膜の赤外消衰係数スペクトルは，焼成処理を施したSOG膜のそれとほぼ同一であり，また，屈折率も1.45に減少している。このことから，10分の短時間で，温度上昇もほとんどなく（図5），焼成処理と同様の効果が得られることがわかる。一方，大電力の酸素プラズマ処理を施した場合は，シリカ骨格の形成が見られない。また，屈折率は1.54に増加しており，プラズマ処理は被処理薄膜を高密度化することから[16]，大電力のプラズマ処理によりSOG膜が急速に高密度化したために，プラズマからの酸素ラジカルの膜

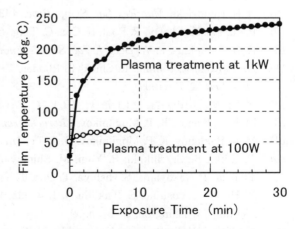

図5 ペルヒドロシラザンSOG薄膜を酸素プラズマ処理した際の薄膜の温度の変化

ゾル−ゲル法技術の最新動向

内部への拡散が抑制され，反応が進まなかったものと推測される。

このように，プラズマ処理により，SOG薄膜の温度を大きく上昇させることなく，重合反応を十分に進めることができることから，今後，プラズマ処理の利用が進むことが期待される。

謝辞

東京応化工業㈱より，多くの実験データを含んだ資料の提供を受けた。日揮触媒化成工業㈱からは，ペルヒドロポリシラザン SOG 溶液を提供いただいた。また，ジェー・エー・ウーラム・ジャパン㈱に分光エリプソメトリー解析をお願いした。ここに，深謝いたします。

文　　献

1) V. E. Borisenko, A. Nylandsted Larsen, *Appl. Phys. Lett.*, **43**, 582 (1983)
2) L. Ventura, A. Slaoui, B. Hartiti, J. C. Muller, R. Stuck, P. Siffert, *Mat. Res. Soc. Symp. Proc.*, **342**, 345 (1994)
3) W. Zagozdzon-Wosik, P. B. Grabiec, G. Lux, *J. Appl. Phys.*, **75**, 337 (1994)
4) T. Nakano, K. Tokunaga, T. Ohta, *J. Electrochem. Soc.*, **142**, 1303 (1995)
5) S. Ito, Y. Homma, E. Sasaki, S. Uchimura, H. Morishima, *J. Electrochem. Soc.*, **137**, 1212 (1990)
6) M. P. Woo, J. L. Cain, C. -O. Lee, *J. Electrochem. Soc.*, **137**, 196 (1990)
7) 東京応化工業㈱提供資料
8) N. H. Hendricks, *Mat. Res. Soc. Symp. Proc.*, **443**, 3 (1997)
9) P. -L. Pai, A. Chetty, R. Roat, N. Cox, C. Ting, *J. Electrochem. Soc.*, **134**, 2829 (1987)
10) H. G. Tompkins, P. W. Deal, *J. Vac. Sci. Technol.* B, **11**, 727 (1993)
11) A. T. Kohl, R. Mimna, R. Shick, L. Rhodes, Z. L. Wang, P. A. Kohl, *Electrochem. Solid-State Lett.*, **2**, 77 (1999)
12) 平川正明，中山高博，村上裕彦，*ULVAC TECHNICAL JOURNAL*, No.66, 8 (2007)
13) M. R. Baklanov, K. P. Mogilnikov, *Microelectronic Engineering*, **64**, 335 (2002)
14) M. R. Baklanov, K. P. Mogilnikov, Q. T. Le, *Microelectronic Engineering*, **83**, 2287 (2006)
15) T. Kikkawa, S. Chikaki, R. Yagi, M. Shimoyama, Y. Shishida, N. Fujii, K. Kohmura, H. Tanaka, T. Nakayama, S. Hishiya, T. Ono, T. Yamanishi, A. Ishikawa, H. Matsuo, Y. Seino, N. Hata, T. Yoshino, S. Takada, J. Kawada, K. Kinoshita, Proc. Int. Electron Devices Meeting (Washington, 2005), p. 99
16) H. Ohsaki, Y. Shibayama, N. Yoshida, T. Watanabe, S. Kanemaru, *Thin Solid Films*, **517**, 3092 (2009)
17) 吉田知也，長尾昌善，大崎壽，金丸正剛，日本ゾルーゲル学会　第7回討論会講演予稿集（京都，2009），p. 76

第24章　光触媒膜の窓ガラスへの適用

皆合哲男*

1　はじめに

　建築物における窓ガラスは，単なる採光材料から安全性（割れ難い，割れても怪我をしない），防犯性（泥棒に侵入されない），快適性（遮熱，断熱，結露防止，UVカット），防火性（延焼の防止），防音性（騒音の遮断）などのさまざまな機能を持つようになると共に，より大きく，透明な開口部を求められるようになってきている。一般に板ガラスは汚れにくいとされているが一旦汚れが付着するとその透明性は損なわれ美観を著しく損ねることになる。それに加えて今日のビルの高層化，デザインの斬新性や複雑化はガラスの掃除を著しく困難にするため建築デザイナーや建物のオーナーにとって悩ましい問題になりつつある。

　光触媒は，有機物分解性と超親水性により太陽光と雨という自然の力を借りた自浄作用，いわゆる光触媒クリーニング（セルフクリーニング）効果を発現させる。光触媒の建築物への適用は数年前から，まず壁材や大型テントから始まり各地で効果を上げており，透明体を損なわないようなコーティング方法の難しさと，その効果の見極めの難しさにより同じ建築材料である窓ガラスへの適用はやや遅れてではあるが拡がりをみせている。

　本章では光触媒膜の窓ガラスへの適用として，製品化されているゾル－ゲル技術を用いた光触媒クリーニングガラス（セルフクリーニングガラス）の特徴とコーティング方法について記述した。

2　光触媒の特徴

2.1　ガラスの汚れ

　大気中には様々な物質が浮遊しており建築物の汚れはこれらが付着することによって発生する。汚れの付着の仕方は乾燥した浮遊物が直接付着する場合と雨滴に含まれた状態で付着する場合がある。雨（雲）は大気中の水蒸気が凝結することによって発生するが，その過程で大気中の塵埃が核として取り込まれるため雨滴には相当量の塵埃が混入している。他の建築材料に比べ汚

＊　Tetsuo Minaai　日本板硝子㈱　BP研究開発部　グループリーダー

れにくいとされている板ガラスであっても，これは乾燥した塵埃に対してのことであり雨滴に含まれた塵埃はその雨滴が流れ落ちない限り，ガラス表面で水分が乾燥することで容易に付着硬化し汚れとなる。

汚れはその発生源の違いから有機物を多く含むもの（都市型汚れ）と，泥など無機物を主成分とするもの（農村型汚れ）に大別できる。汚れが無機物だけならば通常のフロート板ガラスならば雨水によって簡単に洗い流されるが，有機成分があるとそれが周囲の無機物を取り込んでガラス面に付着してしまい，自然の力だけでは容易に除去することは出来なくなる[1]。

それらのことからガラスの美観を保つためには，①付着した水滴をいかに速やかに除去するか，②それを阻害する有機成分をどのように除去するか，という2点が必要であると考えられている。

2.2 光触媒クリーニングガラス（セルフクリーニングガラス）の特性

特定の結晶構造を持った酸化チタンは光触媒作用を持っている。光触媒作用を持つ物質は，比較的波長の長い紫外線で容易に光励起し，その結果ヒドロキシラジカルとスーパーオキサイドアニオンをその表面に発生させる。それらは夫々非常に強い酸化力，還元力を持っているため表面層の有機成分を水と二酸化炭素に分解することができる（図1）。

また，紫外線により分解とは別なメカニズムで表面が改質され，その結果生成するOH基により表面に超親水化現象が発現する（図2）。これらの現象が起こることを光触媒が活性化するという。

図3は光触媒クリーニングガラスの分解性を示す実験である。薄く塗布したサラダ油が紫外線照射24時間で分解していることが確認できる。図4は太陽光で親水化していく様子を示したも

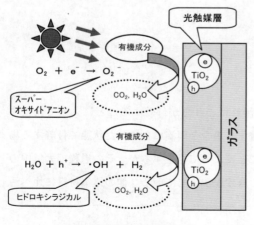

図1　光触媒効果（模式図）

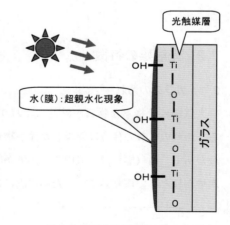

図2　超親水化現象（模式図）

第24章　光触媒膜の窓ガラスへの適用

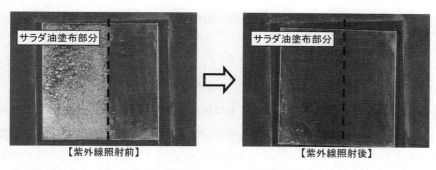

① クリアテクト（TiO₂光触媒）上の左半面にサラダ油を塗布する。
② 表面に水をスプレーする。
③ 左半面がサラダ油により撥水状態になる。

④ 左半面撥水状態になったクリアテクト（TiO₂光触媒）に紫外線ランプ（3mW/cm²）24時間照射する。
⑤ 再び表面に水をスプレーする。
⑥ 左半面のサラダ油が分解されて，全面が超親水状態になる。

図3　光触媒セルフクリーニングガラス上でのサラダ油の分解性

のである。約10日間で超親水状態である水滴接触角10°以下に到達する。一旦親水化した光触媒クリーニングガラスは夜間でもその状態を維持する。

これら光触媒クリーニングのメカニズムは次のように考えられる。屋外に施工された光触媒クリーニングガラスは，太陽からの紫外線により表面の酸化チタンが活性化し分解作用と超親水化状態が発現する。表面に付着した汚れは，付着部分の有

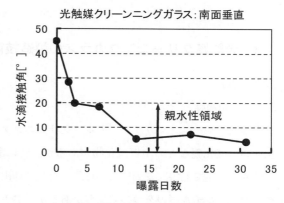

図4　屋外曝露（太陽光）による超親水化現象の発現

機成分が分解されることにより付着力が弱まる。そこに雨が降ると超親水化の影響で雨水がガラス全面に広がり，付着力の弱まった汚れをきれいに流し落とすことになる（図5）。このように

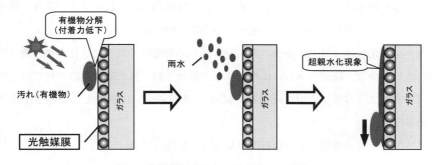

図5　光触媒によるセルフクリーン効果

太陽光，降雨，重力の自然現象を利用した光触媒材料の上で起こるセルフクリーニング現象を"光触媒クリーニング効果"という。

2.3 その他の特性（空気浄化，抗菌・抗ウィルス性など）

　紫外線の吸収により発現する光励起による有機物分解性は，板ガラス表面に付着した汚れの分解作用（光触媒クリーニング効果）のみならず，シックハウス症候群や化学物質過敏症で知られているホルムアルデヒドやアセトアルデヒドなどのVOCガスに対しても同じ有機物質であることから同様の分解活性も示し，空気浄化（脱臭）の効果が確認されている。また，有機物分解特性は，大腸菌や黄色ブドウ球菌などの雑菌，あるいはインフルエンザウィルスなどの表面を覆うタンパク質（有機物）の分解にも同様の効果があることが確認されており，抗菌性・抗ウィルス性も有している。このように，光触媒の持つ有機物質の分解活性を活かした様々な機能が確認されている。

3　光触媒クリーニングガラスの製造技術

3.1　溶液

3.1.1　光触媒

　光触媒クリーニングガラス（セルフクリーニング）に使用可能な光触媒には，酸化チタン，酸化亜鉛，酸化錫などの金属酸化物があるが，特に酸化チタン（TiO_2）が，光触媒性能が高い，化学的に安定で無害，安価に入手可能，などの理由で最も広く用いられる。酸化チタンにはアナターゼ型とルチル型の2つの結晶型があるが，アナターゼ型の方が，非常に微細な粒子を分散させたゾルを容易に入手でき，また光触媒活性も高い（光触媒活性の発現が早く，かつ長期間発現する）ため好ましい。

　ガラスの表面に（結晶性）酸化チタンを含むコーティング膜を形成させる方法は，大きく分けて以下の二通りの方法があるが，後述するように，建築用の大寸法ガラスの場合，焼成温度を高温にするのは非常に困難であるため，通常②の方法を用いる。

① 有機チタン化合物（例：テトラエトキシシラン）または無機チタン化合物（例：四塩化チタン水溶液）を塗布，乾燥（あるいは焼成）して加水分解＋脱水縮合反応させて無定形酸化チタンの層をガラス上に形成させ，その後，高温（400℃以上）で焼成して結晶性酸化チタニウムに変換させる。

② 結晶性酸化チタンの微粒子を含む溶液を塗布，乾燥させる。

第24章 光触媒膜の窓ガラスへの適用

3.1.2 シリコーンレジン

　酸化チタンの微粒子を含むコーティング膜を形成する手段として，シリコーンレジンを主成分とする無機塗料中に酸化チタンの微粒子を含ませた溶液を塗布する方法が知られている。シリコーンレジンの一般式は，

$$Si(OR)_{4-n}$$
　　n：0～3の整数

などで表されるアルコキシシランを酸性触媒（硝酸等）の下で部分加水分解したものである。式中のRは入手の容易性，コーティング膜の硬度等の点から，炭素数1～8のアルキル基（例：メチル基，エチル基）が適している。シリコーンレジンを使用する大きな理由は，加水分解→脱水縮合による硬化反応が常温または比較的低温で進行するためである。また，硬化後のコーティング膜はシロキサン結合を有するので，光触媒による光酸化作用に対し，十分な耐久性があり，シリコーン分子のケイ素原子に結合している有機基が水酸基に置換されて表面が親水化されるという効果もある。

3.1.3 フィラー

　焼成温度が低くてもコーティング膜が十分な強度（硬度）を得るために，フィラーを加えるのが一般的である。また，表面の凹凸状態（親水性に大きく影響する）を制御する，コーティング膜の耐クラック性を高める，等の目的で加えられる場合もある。

　ガラスへのコーティングの場合，透明性，耐溶剤性，コーティング膜の耐磨耗性などが求められるので，シリカ（SiO_2）を用いるのが一般的であり，水分散性あるいは有機溶剤分散性のコロイダルシリカが用いられる場合が多い。

3.1.4 その他固形分

　上記の他にも，コーティング膜形成時の縮合反応の促進による架橋密度の向上，ガラスとの密着性向上，コーティング膜硬度向上などの効果により Zr 元素を含む化合物（例：ジルコニウムアルコキシド）や，光触媒活性増加のために白金族元素（例：Pt，Pd）などが加えられる場合がある。

3.1.5 溶媒

　光触媒溶液の分散溶媒としては，水単独の他，親水性有機溶媒（例：メタノール，エタノール），あるいは水と親水性有機溶媒との混合溶媒が用いられる。中でも，水－メタノール混合溶媒は，酸化チタンの分散安定性に優れている。なお，溶媒の種類，混合比率はコーティング条件に応じた最適化が必要で，比較的沸点の高い親水性有機溶媒（例：イソプロピルアルコール）が添加される場合もある。

3.1.6 溶液に関する留意点

①混合比

　TiO_2とSiO_2（シリコーンレジン分＋フィラー分）との混合比によりコーティング膜の性能は変化する。TiO_2が多いほど，光触媒活性は高くなるが，膜の機械的強度は低下し，SiO_2が多いほど逆の傾向を示す。

　また，シリコーンレジンとフィラー（シリカ）との混合比により，コーティング膜の機械的特性が変化し，フィラーが多いほど，膜強度は高くなるが，同時に脆くなりクラックが生じやすくなる。

②溶液濃度

　ガラスの場合，コーティング膜厚が厚く（おおよそ200〜300 nm以上）なると，光の干渉によりコーティング膜が発色し，透明性が損なわれる。一方，コーティング膜厚が薄いほど，透明性，耐摩耗性が向上するが，膜中の光触媒量の減少で光触媒活性が低下するため，必要な特性に応じた溶液濃度（溶液全体に対する固形成分の割合）の最適化が必要となる。

③可使時間

　上記各成分を含んだ溶液の調合により，シリコーンレジンの部分加水分解→縮合反応が進み，分子量が変化するため耐摩耗性や貯蔵安定性に影響するので，調合後の可使時間には注意が必要である。

3.2　コーティング

3.2.1　コーティング方法の検討

　ゾル－ゲル法を利用して光触媒溶液をガラス上にコーティングする方法にはいくつもの種類があるが，建築用ガラスへの適用の検討結果を表1に示す。表1に示したように，建築用（大寸法）

表1　建築用ガラスへのコーティング方法検討

コーティング方法	概要	建築用ガラス（大寸法）への適用	
スピンコート法	高速で回転させた基板表面に溶液を滴下して遠心力により均一に拡げる	×	大寸法のガラスを高速で回転させるのは，設備的，安全上困難
ロールコート法	基板を搬送しながら溶液を含浸させたロールを表面に接触させる	×	ガラスが大きいとロール幅が長くなりたわみ等により膜が不均一になる
フローコート法	基板を搬送しながら溶液を幅方向均一に滴下する	×	溶液の粘度が低いとムラが生じるため，溶液が高粘度でなければ不可
ディッピング法	基板を溶液内に浸漬させた後に引き上げる	×	引上げ時の制御が難しくムラ生じやすい。また，片面のみへのコーティングが困難
スプレー法	基板を搬送しながら溶液を表面に均一に噴霧する	○	ガラス寸法や塗布材料特性の制約が少なく，コーティングに適している

第24章 光触媒膜の窓ガラスへの適用

ガラスへのコーティング方法としてはスプレー法が最も適していると考えられるが,濃度の低い溶液を使い,ミクロンオーダー以下の膜厚のコーティングを行うという特殊性がある。そこで,スプレー法を適用する場合の留意点について以下に述べる。

3.2.2 スプレー法での留意点

(1) スプレー条件の調整

スプレーは溶液を霧状の細かい液滴にし(霧化),それを基板上に高圧空気等で吹き付けるものであり,一般には霧化状態が高い(個々の液滴がより小さい)方がムラは小さくなる。しかし,板ガラスの場合は,塗料の塗装に比べ膜厚を薄くする必要があるので,ムラ(膜厚のバラツキによる),白化(酸化チタニウムの濃度差による)などを防止するためにも,吐出量を少なく,霧化状態があまり高くならない条件でスプレーする方が望ましい。また,霧化状態はスプレー先端のノズル径などの設備条件,気温や湿度等の雰囲気条件の影響を受けやすく,塗布速度等の塗布条件はムラ発生の要因ともなるので,スプレー設備や溶液に応じた均一なコーティング膜を確保できるスプレー条件の最適化が必要である。

(2) ガラス表面条件の調整

①表面洗浄状態

コーティング前のガラス表面に撥水性物質(例:有機汚れ)があると,スプレー時に溶液(溶媒)がガラス表面で均一に拡がらず,ムラや局所的な欠点の原因となるため,酸化セリウム(CeO_2)の微粉末を混合した水を用いたブラシ洗浄によりガラス表面を十分に清浄化させる必要がある。

②表面温度

ガラス表面温度が高いと溶媒の蒸発速度が速くなるため,ムラが生じやすい。また,表面温度が低いと,コーティング膜のガラスへの密着性が低下する(密着するためのエネルギーが不十分なため)ため,スプレー時のガラス表面温度は一定の範囲に制御する必要がある。

3.3 焼成

3.3.1 焼成

光触媒溶液をスプレーにてコーティングした後,常温にて乾燥,加水分解→脱水,脱アルコール縮合反応を進行させる場合もあるが,反応を早くかつ十分に進行させ膜強度を得るためには,コーティング直後に何らかの方法で加熱焼成することが望ましい。

一般に,焼成温度が高い方が,また焼成時間が長い方が,反応が十分に進行するため,コーティング膜の機械的強度やガラスとの密着性が高くなるので望ましい。反面,焼成コストが高くなり(焼成設備が大型化する,生産性が低下する),建築用(大寸法)ガラスでは,後述する冷却時の

割れが生じる可能性が高くなるため，焼成温度は出来るだけ低温であることが望ましい。

3.3.2 冷却時の割れ

　ガラスは熱伝導度が低いため，加熱したガラスを冷却する場合，ガラスのエッジ部と中心部との間で温度差が生じやすく（一般的な冷却では，エッジ部の方が中心部より冷えやすい），その温度差による熱応力（エッジ部で引張応力）でエッジ部から破損する場合がある。特に，建築用ガラスは寸法が大きいため，温度差（ガラス破損）は生じやすい。

　フロートガラスの場合，ガラスのエッジ部と中央部との間で約30～50℃の温度差が生じると，熱応力によるガラス破損（割れ）を起こす可能性が高い。そのため，①冷却速度を遅くし，ガラス全体を出来るだけ均一な温度となるように冷却する，②焼成温度を下げて冷却時に大きな温度差が生じないようにする，などの対策が必要となるが，①では設備が非常に大掛かりでコスト高となるため，②を行うのが望ましい。

4　おわりに

　光触媒クリーニングガラスは，ゾル－ゲル技術以外にCVD技術やスパッタ技術を利用した製法も加えると国内外で数社から上市されており，光触媒クリーニングガラスの普及が進んでいる。製法にとらわれることなく，ガラスに光触媒が普及することにより建物全体の光触媒コーティングが可能になり，それを前提とした建築設計が行われるようになれば，建物全体として最適なセルフクリーニング効果の期待できる建物も出現すると思われる。また，建物での使用以外にも道路防音壁や温室などへのニーズも高まっており，光触媒セルフクリーニングガラスの用途は更に拡がるものと期待される。

　さらには，セルフクリーニング効果のみならず，光触媒の持つ有機物質の分解活性により，空気浄化（脱臭）性，汚水浄化性，抗菌・抗ウィルス性を活用した様々な用途（一般住宅，工場，医療施設など）への拡がりにも見られており，今後の発展に期待される。

　一方，近年では室内での利用を目指し，可視光でも応答する光触媒の研究開発が大学，研究機関などで盛んに行われており，酸化タングステンなどの可視光吸収が見られる酸化物や，それら酸化物への鉄，銅，白金などの金属担持により可視光でも光触媒活性が確認された報告が多々されており，今後は室内外問わない光触媒の利用が大いに期待される。また，それに伴いコーティング技術としてのゾル－ゲル技術の利用は益々高まるものと考えられる。

第 24 章　光触媒膜の窓ガラスへの適用

文　　献

1)　田中博一, 田中啓介, 尾花茂樹, 辻本光, 田丸博, 高濱孝一, 光触媒クリーニングガラス「クリアテクト」の防汚性能とその評価技術, 第 9 回光触媒シンポジウム要旨集 (2002)

第25章　強誘電体薄膜

加藤一実*

1　はじめに

　結晶の中のイオンの微小変位は結晶構造の対称性と関連し，材料の電気・電子的な性質を決定する。その代表的な性質が誘電性，強誘電性である。この性質は結晶構造，構成イオン種に依存するため，このような性質を調節して材料をデバイス応用する際には，イオンの配列の仕方，組み合わせ，組成比を精密に制御する必要がある。溶液反応を出発とするゾル－ゲル法は，複酸化物の化学組成の精密制御，結晶構造の低温形成に関して優位性が高く，そのため，誘電体や強誘電体の新材料探索とその薄膜化に関する研究が盛んに進められている[1,2]。

　情報処理量の多種多様化，高速化に伴い，電子デバイスの超小型化が求められる中で，高容量キャパシタの開発は益々緊要であり，高誘電率材料を用いた薄膜キャパシタは究極のデバイスの一つとして，鋭意技術開発が進められている。また，欧州が先導して進めてきた電子・電気機器における有害元素の使用規制は，全世界にわたって非鉛系強誘電体薄膜の開発に拍車をかけたと言っても過言ではなく，その結果，最近ではPb系強誘電体薄膜の特性を上回る材料が報告されている。さらに，ここ数年の志向として，マルチフェロイック材料に関する研究が挙げられる。一つの材料で，強誘電性，強磁性，強弾性などの複数の性質を協調することが可能なマルチフェロイック材料は，新たなメカニズムを利用したメモリデバイスなどへの応用が期待され，薄膜化と特性評価が盛んに検討されている。

　本章では，これらの代表的な強誘電体薄膜の研究例を紹介し，ゾル－ゲル法の意義を確かにしたい。

2　最近の研究例

2.1　高誘電率誘電体薄膜：チタン酸バリウム（$BaTiO_3$）

　チタン酸バリウムは典型的な誘電体酸化物として，積層コンデンサや薄膜キャパシタへの応用

---

*　Kazumi Kato　㈱産業技術総合研究所　先進製造プロセス研究部門　テーラードリキッド集積研究グループ　研究グループ長

第 25 章　強誘電体薄膜

が進められている[3]。そのため微細なチタン酸バリウム結晶粒の合成については，数多くの研究例がある[4~10]。金属アルコキシドの加水分解法によるチタン酸バリウム粉末の合成は，バルクセラミックスを焼結するための微細な原料粉末の合成法として，1969 年に初めて報告された[6]。その後，アルコキシド原料の選択やダブルアルコキシドの形成など，様々な改良が施され，薄膜合成にも適用されるようになった[11, 12]。

　バリウム金属，チタンイソプロポキシドを 2-メトキシエタノールに溶解し，反応することにより調製したダブルアルコキシド溶液を用い，白金下部電極付シリコン基板上にスピンコーティングして結晶化すると，結晶方位のランダムなチタン酸バリウム薄膜が形成する。白金下部電極の直上に，脱水酢酸ランタンと脱水硝酸ニッケルの 2-メトキシエタノール混合溶液を用いて予め形成した (100) 配向のニッケル酸ランタン薄膜が，その上に積層化されたチタン酸バリウム薄膜の結晶方位と結晶性に影響を与えることが分かっている。その様にして集積したチタン酸バリウム薄膜は (100) 配向を示す。希薄なダブルアルコキシド溶液を用いると結晶性と配向性の高いチタン酸バリウム薄膜が形成するが，比較的高濃度のダブルアルコキシド溶液を用いると，同じ温度で結晶化しても，結晶性が低下することが明らかになった。高い結晶性と (100) 配向

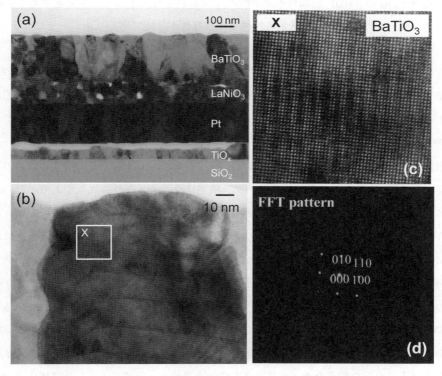

図 1　LaNiO$_3$ 初期核形成層上に集積した BaTiO$_3$ 膜の透過電子顕微鏡写真 (a), (b)，高分解能写真 (c)，FFT パターン (d)[12]

性を得るためには，低濃度溶液を用い，スピンコーティング毎に薄膜を結晶化する必要があった。膜厚約200 nm程度の(100)配向チタン酸バリウム薄膜の断面透過電子顕微鏡写真（図1）からは，薄膜は緻密で気孔を含まず，柱状構造をそなえていることが明らかになった。この薄膜の誘電率の温度特性を調べた結果，100℃付近と0℃付近に極点があり（図2），それぞれ立方晶（誘電体相）→正方晶（強誘電体相），正方晶→斜方晶の相転移点であると考えられた。薄膜の結晶性と配向性が高いため，このように特徴的な誘電特性を示し

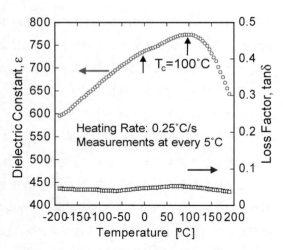

図2 LaNiO$_3$初期核形成層上に集積したBaTiO$_3$膜の誘電率と誘電損失の温度依存性[12]

たと考えられる。濃度を調節した溶液を用いて，スピンコーティングと結晶化を繰り返すことにより，膜厚1μmの(100)配向性チタン酸バリウム膜を形成することが可能である。結晶性の高いチタン酸バリウム薄膜は，誘電特性の電圧依存性が急峻である（チューナビリティが高い）ため，その応用が期待されている。

　一般に，原料溶液をスピンコーティングして薄膜を合成する場合には，膜厚を増加するために，コーティング回数を重ねる必要がある。原料溶液にポリビニルピロリドン（PVP）を添加することにより，原料溶液の粘性を調節し，チタン酸バリウム薄膜の膜厚を増加することができることが報告されている[13]。

　高濃度アルコキシド法は微細で結晶性の高いチタン酸バリウム粒子を合成するための手法として重要である[7]。合成された微細粒子はチタン酸バリウムナノクリスタルである。このナノクリスタルを含む分散液に電界を印加して薄膜化する試みも検討されてきた[8]。最近では，高濃度アルコキシド法で合成された粒径約5 nmのチタン酸バリウムナノクリスタルの基板上における固相エピタキシャル成長が報告された。白金付シリコン基板上に800℃で結晶化したチタン酸バリウム薄膜は緻密に成長した多結晶柱状粒子から構成されるが，ニオブドープしたチタン酸ストロンチウム単結晶基板上ではチタン酸バリウム薄膜のエピタキシャル成長が確認されている[9]。結晶性の高いナノクリスタルは自形を示すため，形状を整えたナノクリスタルを用いて，配列を制御することができれば，2次元～3次元構造へスケールアップすることが可能になると期待される。このように自形を備えたナノクリスタルの形成過程や，集積による高次階層構造の形成挙動は，基礎科学的にもデバイス応用の観点からも非常に興味深いものである[14]。

2.2 非鉛系圧電体薄膜：ビスマス系層状強誘電体（$CaBi_4Ti_4O_{15}$）

ビスマス系層状強誘電体は，酸素 – ビスマス層とペロブスカイト層が交互に堆積した特異な結晶構造を有するため，優れた強誘電体特性を示す。酸素 – ビスマス層の間に挟まれた擬ペロブスカイト副格子が1層の $SrBi_2Ta_2O_9$ は強誘電体メモリの実現に大きな役割を果たした代表的な材料である。ビスマス系層状強誘電体は，擬ペロブスカイト副格子の積層数や，AおよびBサイトのイオン種を選択することにより，特性をデザインすることが可能な材料である。擬ペロブスカイト副格子が3層の $CaBi_4Ti_4O_{15}$ はキュリー点が高く，誘電特性の温度依存性が小さいため，センサやレゾネータとしての開発が進められている。

$CaBi_4Ti_4O_{15}$ 薄膜の原料溶液は，金属アルコキシドの複合化反応を制御して合成される[15]。反応過程における原料溶液の赤外吸収分光分析（FT-IR）と核磁気共鳴分光分析（NMR）の結果，ビスマスアルコキシドとチタンアルコキシドが反応し，最初に Bi-O-Ti 結合を含むビスマス – チタンダブルアルコキシドが形成され，その後，カルシウム金属から合成したカルシウムアルコキシドのカルシウムがビスマス – チタンダブルアルコキシドに対して酸素を介して結合していることが分かり，これが層状構造を誘導するための最小の構造ユニットになっていると考察されている。また，部分加水分解後の原料溶液は6ヶ月以上安定に存在し，その期間内においては，いつでも再現性の高い薄膜を合成することができると明らかになった[15]。

前駆体溶液を用いたディップコーティング法により，a軸に優先配向した白金箔の両表面に $CaBi_4Ti_4O_{15}$ 強誘電体膜を形成し，700℃で結晶化した場合[16〜18]，$CaBi_4Ti_4O_{15}$ 膜は膜厚が約500 nm で，緻密でよく発達した柱状粒子から構成されていることが分かり，結晶構造解析結果（図3）において (200)/(020) 回折線の強度が著しく高く，分極軸配向していることが明らかになった。この結晶学的な特徴は，白金電極付シリコン基板上に結晶化した $CaBi_4Ti_4O_{15}$ 薄膜のランダムな結晶性と比べると一層明確になる[19〜23]。これまでに，結晶異方性の大きなビスマス系層状化合物を分極軸配向させるためには，単結晶基板の適用や酸化物電極層の挿入が必要とされていた。複合アルコキシドを用いたゾル – ゲル法によれば，異方性の大きな $CaBi_4Ti_4O_{15}$ についても，白金上に直接分極軸配向結晶化させることが可能である。

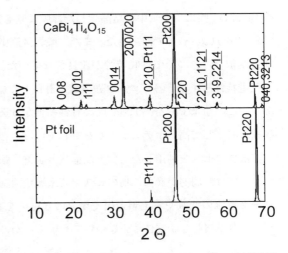

図3 白金箔上に集積した $CaBi_4Ti_4O_{15}$ 膜のX線回折線図[16]

$CaBi_4Ti_4O_{15}$ 結晶が白金箔上で分極軸配向したのは，白金a面上の(110)方向の原子配列と，$CaBi_4Ti_4O_{15}$ 結晶のc軸結晶格子のマッチングが良いことに起因しており，白金a面の面内結晶性が高いことと，前駆体薄膜において金属－酸素ネットワーク構造が誘導されていることが決定的な要因と考えられている。

電子線蒸着法により白金上部電極を形成した後，電気的特性を評価した結果，白金箔上に結晶化した $CaBi_4Ti_4O_{15}$ 膜については，十分に飽和した分極－電圧(P-V)ヒステレシス特性が得られることが分かった。残留分極(Pr)と抗

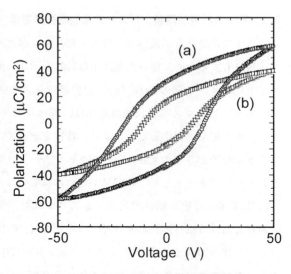

図4 分極軸配向 $CaBi_4Ti_4O_{15}$ 膜の強誘電体(P-V)特性[24]
(a) 酸素気流中で結晶化，(b) 大気中で結晶化

電界(Ec)はそれぞれ約 $25\,\mu C/cm^2$, 306 kV/cm であり，白金電極付シリコン基板上に結晶化したランダムな結晶性の $CaBi_4Ti_4O_{15}$ 薄膜と比較して，約2倍以上の大きな値を示すことが分かった。通常，分極反転に必要な電圧は，強誘電体の酸素欠陥と密接な関係があると考えられている。酸素欠陥がドメイン反転のピニングセンターとして働くため，完全に分極反転を行うためには必要以上の電圧を印加しなければならないからである。$CaBi_4Ti_4O_{15}$ 膜の酸素ストイキオメトリーを調節するためには結晶化雰囲気の調節が必要である[24]。酸素気流中で結晶化した $CaBi_4Ti_4O_{15}$ 膜は，空気中で結晶化した薄膜よりも良好な強誘電体特性を示す(図4)。残留分極は約 $33.6\,\mu C/cm^2$ まで向上した。また，酸素気流中で結晶化した膜では，残留分極と抗電界の印加電圧依存性について飽和特性が改良されていた。この膜厚 $1\,\mu m$ の分極軸配向 $CaBi_4Ti_4O_{15}$ 膜の圧電特性を圧電応答プローブ顕微鏡で評価した結果，圧電定数 d_{33} は 260 pm/V であった(図5)[25]。この値は $Pb(Zr, Ti)O_3$ 膜の特性に匹敵するものであり，$CaBi_4Ti_4O_{15}$ が非鉛系圧電体の候補材料として高いポテンシャルを有していることを裏づけている。

溶液プロセスを利用した層状結晶構造と誘電，強誘電特性の相関関係に基づく材料のデザインについては，周期が異なる他のビスマス系層状強誘電体，周期構造が変調した超格子や，薄膜のリーク電流の低減や希土類金属イオンのd電子を利用するための異種金属イオンをドープしたビスマス系層状強誘電体薄膜についてもいくつかの報告がある[26〜30]。

第 25 章　強誘電体薄膜

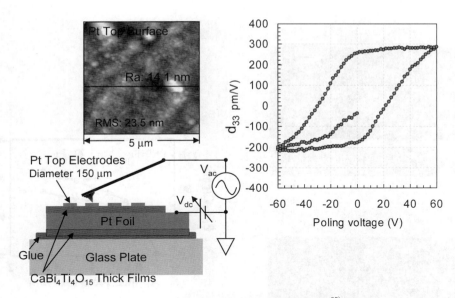

図 5　分極軸配向 $CaBi_4Ti_4O_{15}$ 膜の圧電特性[25]

2.3　マルチフェロイック薄膜：ビスマスフェライト（$BiFeO_3$）

　結晶の非対称性とスピンの秩序を関係づけ，強誘電性と強磁性に相関性を導くことができれば，電気分極を磁場で制御したり，磁化を電場で制御することが可能になると考えられる。このような性質をそなえる材料として，$YMnO_3$ や $BiFeO_3$ などが注目されている。$YMnO_3$ はネール点が低く，実用性には問題があるが，磁気秩序と強誘電性の関係を解明するための基礎科学的な研究は重要である。一方，$BiFeO_3$ はキュリー温度が約 850℃，ネール点が 370℃であり，室温付近で強誘電性と強磁性を併せもつため，応用の可能性が高い。$BiFeO_3$ 薄膜の研究は物理的手法が先導した。2003 年にパルスレーザー成膜法（PLD 法）により $SrRuO_3$ 単結晶基板上に形成された $BiFeO_3$ 薄膜が強誘電性と強磁性を示すことが報告された[31]。しかしながら，Bi イオンと Fe イオンの原子価制御が困難なため，$BiFeO_3$ 薄膜内部に多くの欠陥が生成し，大きなリーク電流を示すことが明らかになった。その解決法の一つが，ゾル－ゲル法に基づく遷移金属イオンのドープである。Mn イオンを 5 mol% 添加した前駆体溶液を用いて白金下部電極付シリコン基板上に形成した薄膜[32]が，結晶粒が成長した緻密な微細構造を有し（図 6），室温においてもリーク電流密度を低減し，大きな強誘電性（残留分極 $Pr=100\,\mu C/cm^2$）を示すことが明らかにされている（図 7）。この成果を機に，Nb，Co，Nd，Sc イオンなどをドープすることにより，さらに強誘電性と強磁性の特性の改良が試みられるようになった[33~40]。現在では薄膜材料研究からデバイス応用研究へ加速的に展開している。

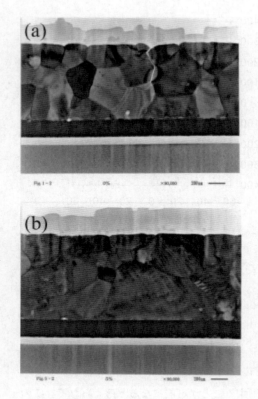
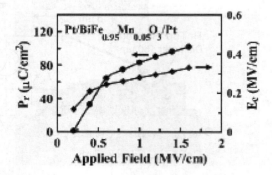

図7 白金下部電極付シリコン基板上に集積された Mn イオンを 5 mol% 添加した BiFeO$_3$ 薄膜の強誘電体特性の電界依存性[32]

図6 白金下部電極付シリコン基板上に集積された BiFeO$_3$ 薄膜の断面構造
(a) BiFeO$_3$ 薄膜，(b) Mn イオンを 5 mol% 添加した BiFeO$_3$ 薄膜[32]

3 おわりに

構造を制御した前駆体溶液の適用により，基板上において結晶性の高い強誘電体を配向結晶化した具体例を紹介した。強誘電体は結晶の対称性，構成イオン種，結晶方位に大きく依存するため興味深い材料であり，ゾル-ゲル化学に基づく溶液プロセスを吟味し，薄膜における結晶構造の形成過程を最適化することにより，強誘電体特性の向上や新規な特性の付与が可能になることが分かる。ゾル-ゲル法は，強誘電体材料に基づいた環境調和型の新たなデバイス開発を支える持続的で基盤的な技術であることを強調したい。

第 25 章　強誘電体薄膜

文　献

1) Special Issue "Sol-Gel and Solution-Derived Ferroelectric Materials", *J. Sol-Gel Sci. Tech.*, **42** (3) (2007)
2) "Multifunctional Polycrystalline Ferroelectric Materials", Canopus Academic Publishing, in print.
3) T. Suzuki, *Extended Abstract of The 14th US-Japan Seminar on Dielectric and Piezoelectric Materials*, pp.144-149 (2009)
4) S. Wada, H. Yasuno T. Hoshina, S. M. Nam, H. Kakemoto, T. Tsurumi, *Jpn. J. Appl. Phys.*, **42**, 6188 (2003)
5) Y. Yamashita, H. Yamamoto, Y. Sakabe, *Jpn. J. Appl. Phys.*, **43**, 6521 (2004)
6) K. S. Mazdiyasni, R. T. Dolloff, J. S. Smith II, *J. Am. Ceram. Soc.*, **52** (10), 523 (1969)
7) H. Shimooka, M. Kuwabara, *J. Ceram. Soc. Jpn.*, **105**, 811 (1997)
8) Y. J. Wu, J. Li, H. Tanaka, M. Kuwabara, *J. Eur. Ceram. Soc.*, **25**, 2041 (2005)
9) F. Nakasone, K. Kobayashi, T. Ssuzuki, Y. Mizuno, H. Chazono, H. Imai, *Jpn. J. Appl. Phys.*, **47** (11), 8518 (2008)
10) S. Wada, A. Nozawa, M. Ohno, T. Tsurumi, Y. Kuroiwa, *Key Engineering Materials*, **388**, 111 (2009)
11) Y. Guo, K. Suzuki, K. Nishizawa, T. Miki, K. Kato, *Acta Materialia*, **54**, 3893 (2006)
12) K. Kato, K. Tanaka, K. Suzuki, S. Kayukawa, *APPLIED PHYSICS LETTERS*, **91**, 172907 (2007)
13) H. Kozuka and A. Higuchi, *J. Mater. Res.* **16**, 3116 (2001)
14) 加藤一実, セラミックス, **45**, 68 (2010)
15) K. Kato, K. Suzuki, D. Fu, K. Nishizawa, T. Miki: *Jpn. J. Appl. Phys.*, **41**, 6829 (2002)
16) K. Kato, D. Fu, K. Suzuki, K. Tanaka, K. Nishizawa, T. Miki: *APPLIED PHYSICS LETTERS*, **84**, 3771 (2004)
17) D. Fu, K. Suzuki, K. Kato: *APPLIED PHYSICS LETTERS*, **85**, 3519 (2004)
18) F. Arai, K. Motoo, T. Fukuda, K. Kato: *APPLIED PHYSICS LETTERS*, **85**, 4217 (2004)
19) K. Kato, K. Suzuki, D. Fu, K. Nishizawa, T. Miki: *APPLIED PHYSICS LETTERS*, **81**, 3227 (2002)
20) K. Kato, K. Suzuki, K. Nishizawa, T. Miki: *APPLIED PHYSICS LETTERS*, **78**, 1119 (2001)
21) D. Fu, K. Suzuki, K. Kato: *Jpn. J. Appl. Phys.*, **41**, L1103 (2002)
22) D. Fu, K. Suzuki, K. Kato: *Ferroelectrics*, **291**, 41 (2003)
23) D. Fu, K. Suzuki, K. Kato: *Jpn. J. Appl. Phys.*, **42**, 5994 (2003)
24) K. Kato, K. Tanaka, K. Suzuki, T. Kimura, K. Nishizawa, T. Miki: *APPLIED PHYSICS LETTERS*, **86**, 112901 (2005)
25) K. Kato, K. Tanaka, S. Kayukawa, K. Suzuki, Y. Masuda, T. Kimura, K. Nishizawa, T. Miki: *Appl. Phys.* A, **87**, 637-640 (2007)
26) D. Guo, M. Li, J. Wang, J. Liu, and B. Yu: *APPLIED PHYSICS LETTERS*, **91**, 232905

(2007)
27) D.-H. Kuo, and Y.-W. Kao: *APPLIED PHYSICS LETTERS*, **92**, 202907 (2008)
28) D. Wu, H. Wu, Z. Fu, C. Zhao, and A. Li: *APPLIED PHYSICS LETTERS*, **93**, 062904 (2008)
29) D. Guo, C. Wang, Q. Shen, L. Zhang, M. Li, and J. Liu: *APPLIED PHYSICS LETTERS*, **93**, 262907 (2008)
30) K.-H. Xue, J. Celinska, and C. A. Paz de Araujo: *APPLIED PHYSICS LETTERS*, **95**, 052908 (2009)
31) J. Wang, J. B. Neaton, H. Zheng, V. Nagarajan, S. B. Ogale, B. Liu, D. Vieland, V. Vaithyanathan, D. G. Schlom, U. V. Wagmore, N. A. Spaldin, K. M. Rabe, M. Wuttig, and R. Ramesh: *Science*, **299**, 1719 (2003)
32) S. K. Singh, H. Ishiwara, K. Maruyama: *APPLIED PHYSICS LETTERS*, **88**, 262908 (2006)
33) F. Huang, X. Lu, W. Lin, X. Wu, Yi Kan, and J. Zhu: *APPLIED PHYSICS LETTERS*, **89**, 242914 (2006)
34) S. R. Shannigrahi, A. Huang, N. Chandrasekhar, D. Tripathy and A. O. Adeyeye: *APPLIED PHYSICS LETTERS*, **90**, 022901 (2007)
35) A. H. M. Gonzalez, A. Z. Simões, L. S. Cavalcante, E. Longo, J. A. Varela: *APPLIED PHYSICS LETTERS*, **90**, 052906 (2007)
36) S. K. Singh, N. Menou, H. Funakubo, K. Maruyama, and H. Ishiwara: *APPLIED PHYSICS LETTERS*, **90**, 242914 (2007)
37) S. Yasui, H. Uchida, H. Nakaki, K. Nishida, H. Funakubo, S. Koda: *APPLIED PHYSICS LETTERS*, **91**, 022906 (2007)
38) H. Naganuma, J. Miura, and S. Okamura: *APPLIED PHYSICS LETTERS*, **93**, 052901 (2008)
39) A. Z. Simões, A. H. M. Gonzalez, C. Aguiar, S. Riccardi, E. Longo, and J. A. Varela: *APPLIED PHYSICS LETTERS*, **93**, 142902 (2008)
40) A. Lahmar, S. Habouti, M. Dietze, C.-H. Solterbeck, and M. Es-Sounia: *APPLIED PHYSICS LETTERS*, **94**, 012903 (2009)

第26章　ゾル-ゲル法での分散・凝集のコントロールによる色素増感型太陽電池用ナノ結晶多孔質 TiO_2 膜の作製

伊藤省吾*

1　はじめに

　我々は生活をするためのエネルギーを主に化石燃料や原子力に頼っており，その代替物となる新エネルギーの開発は急務である。現在その候補として，色素増感型太陽電池が注目されている。色素増感型太陽電池とは，酸化チタンのようなバンドギャップが大きく可視光に対して透明な半導体表面に，色素を吸着させて可視域にまで感光波長を拡大させた光電変換デバイスである。それは非シリコン材料を用いた TiO_2 膜による電気化学的太陽電池（SnO_2/TiO_2 多孔質膜/色素/電解質/Pt）であるため製造コストを抑えられることから，その実用性が強調された[1]。高効率の色素増感型太陽電池を作製するためには，まず色素の選択が重要である。これまでに，擬似太陽光入射に対して10%以上の高い変換効率（η）を示す色素に関しては，N3（$\eta=10.3\%$）[2]，N719（$\eta=11.2\%$）[3]，ブラックダイ（N749）（$\eta=11.1\%$）[4]，CYC-B1（$\eta=11.4\%$）[5]，およびC-101（$\eta=11.5\%$）[6] が報告されている。

　次に，高い変換効率のセルを作製する指針のひとつは，ゾル-ゲル法による多孔質半導体（酸化チタン）電極の最適化を行うことである。TiO_2 ペーストを印刷法により塗布作製された TiO_2 膜は直径10～20 nm の微細な酸化チタンコロイド粒子が450℃の焼結によって互いに接触し，投影面積に対する表面積（ラフネスファクター：r.f.）が1000にも達する透明電極となる。その多孔質膜の表面に色素を吸着させることで，単分子膜という超薄膜ながら吸光度が十分に高い色素膜となり，それを光電極に利用することで高い変換効率を得る。最近になり，ナノ粒子から形成された TiO_2 膜を使用して，10%前後の変換効率の色素増感型太陽電池がいくつかのグループで再現されるようになった[7]。光電変換効率を向上させる要因としては，透明 TiO_2 層と光散乱 TiO_2 層による光の閉じ込め効果，およびペースト中 TiO_2 微粒子の分散・凝集のコントロールが鍵となる。これらの要因を考慮において，これまで多孔質 TiO_2 電極の多孔質構造の制御を行い，色素増感型太陽電池の光電変換効率の向上が試みられてきた。本章では，その試みについて解説

---

*　Seigo Ito　兵庫県立大学　大学院工学研究科　准教授

する。

2 光散乱粒子による変換効率の向上

12～20 nm 程度の粒径を持つ粒子を均一に塗布できれば,透明な TiO_2 多孔質電極となる（図1a）[8]。これに光散乱材となる粒径の大きな TiO_2 粒子（200～400 nm）を添加すると,TiO_2 多孔質膜内に入射した光が内部で乱反射するため光路長が増し,色素が吸収できる光子数が増え,光電流が向上する（図2）[4,9]。しかし,光入射面付近に存在する光散乱粒子は,入射した直後の光も散乱し,入射面からそのまま「反射」として系外に光を逃がしてしまうため,光散乱粒子の過剰な添加は光電変換効率の減少につながる。より光電変換効率を向上させるためには,透明な TiO_2 多孔質膜の上に散乱粒子を層状に焼き付け二層構造にし,いったん透過した光を元に戻す方法が効果的である（図1b）[8]。さらに,粒子の大きさを3段階に変化させ,3層構造の多孔質 TiO_2 膜を使用することで,膜の光散乱度を徐々に増加させ効率向上に最適化を行った例もある（図3）[10]。

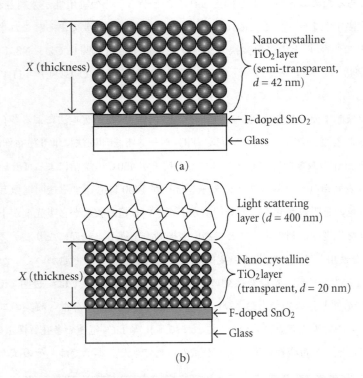

図1 単層(a)と2層(b)の色素増感型太陽電池のナノ結晶 TiO_2 多孔質電極の構造[8]

第 26 章 ゾル−ゲル法での分散・凝集のコントロールによる色素増感型太陽電池用ナノ結晶多孔質 TiO₂ 膜の作製

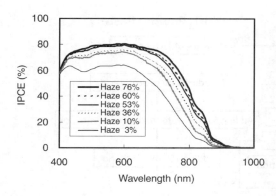

図2 TiO₂ 電極のヘイズ率（くもり度と）外部量子収率関係[9]
図中のくもり（Haze）の値は 800 nm の波長で測定されたもの

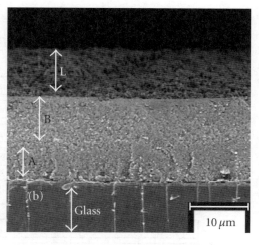

図3 最適化された多孔質膜の走査型電子顕微鏡による断面画像[10]
A は 16 nm の粒子径の TiO₂ 粒子による 5μm の厚さの光吸収層。B は 25 nm の粒子径の TiO₂ 粒子による 8μm の厚さの中間層。L は 25 nm の粒子径の TiO₂ 粒子による 5μm の厚さの光散乱層。

3 TiO₂ ゾルの乾燥粉末によるナノ粒子凝集とその色素増感太陽電池光電特性変化に関する研究

本節では，同じ TiO₂ ナノ粒子材料からなる粉末とゾルを使用して TiO₂ スクリーン印刷用ペーストを調製し，それらの分散性と粉末乾燥時における TiO₂ ナノ粒子凝集の構成が，多孔質 TiO₂ 電極の光電特性，光物性，および電気物性（インピーダンス測定）にどのような影響を及ぼすか，比較検討を行った。

3.1 TiO₂ 粉末からの TiO₂ ペーストの準備

図4に TiO₂ ペーストの作製スキームを示す。まず，アルミナ乳鉢内に TiO₂ 粉末（日産化学工業㈱製，図4内の TiO₂ colloidal solution（TiO₂ ゾル）を日産化学工業㈱によって乾燥粉末化させたもの，結晶構造：アナターゼ，レーザー解析法粒子径：24 nm，BET 径：21 nm，比表面積：73 m² g⁻¹）6 g，酢酸（東京化成工業㈱）1 ml，水 5 ml とエタノール（関東化学㈱）15 ml を加えて混練した。エタノール 100 ml を加えて，トールビーカーに移し，マグネットスターラーで 1 分間攪拌し（300 rpm），続いて Ti ヘッド超音波ホモジナイザーを使用して攪拌を行った（Vibra cell 72408, Bioblock scientific）。2 種類のエチルセルロースパウダー（#46070, 5〜

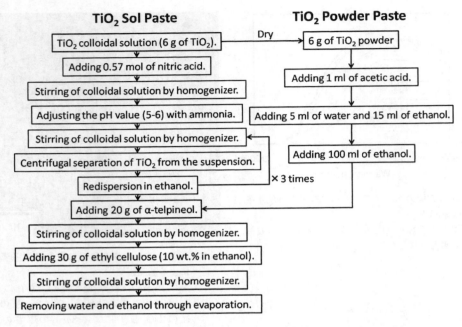

図4 TiO₂ペーストの作製方法

15 mPas, 東京化成工業㈱と #46080, 30〜50 mPas, 東京化成工業㈱) を等重量ずつエタノールに溶かして 10 wt.％ の混合溶液を調製し, α-terpineol（無水, #86480, 東京化成工業㈱）20 g と上記のエチルセルロースの混合溶液 30 g を加え, 続いて超音波ホモジナイザーで攪拌を行った. 分散している混合液をエバポレーターで濃縮した. このとき, 水とエタノールを除去するために, 条件は 40℃, 125 mbar とした.

3.2 TiO₂ ゾルからの TiO₂ ペーストの準備

図4に TiO₂ ペーストの作製スキームを示す. まず水溶媒である TiO₂ 6 g 分の TiO₂ ゾル（日産化学工業㈱製, TiO₂ 粒子物性は上記と同じ）に硝酸（和光純薬工業㈱）を 0.57 mol 加えた. 次に, アンモニア水（和光純薬工業㈱）を TiO₂ コロイドの等電位点である pH 5.7 になるように加えた. その後, 遠心分離にて上澄み液を除去した（3000 rpm, 50 min）. 次にエタノールを 150 ml 加え, 超音波ホモジナイザーで攪拌を行った. 上記の「エタノール混合－マグネットスターラー攪拌－超音波ホモジナイザー攪拌」での作業を 3 回行った. この後, α-terpineol 20 g とエチルセルロースの混合エタノール溶液 30 g を加え, 超音波ホモジナイザーで攪拌を行った. 得られた TiO₂ 分散液を上節 3.1 と同様に濃縮した.

第26章 ゾル-ゲル法での分散・凝集のコントロールによる色素増感型太陽電池用ナノ結晶多孔質 TiO₂ 膜の作製

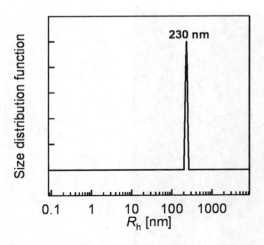
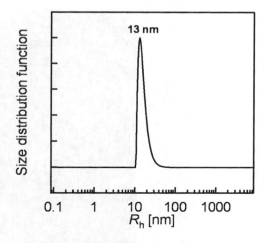

図5 TiO₂ 粉体から作製されたペーストをエタノールで分散させたものの DLS 測定

図6 TiO₂ ゾルから得られたペーストをエタノールで分散させたものの DLS 測定

3.3 調製したペーストの状態

粉末とゾルの溶液の DLS 測定によって得られた流体力学的半径 (R_h) を図5, および図6 にそれぞれ示す。粉末ペーストでは 230 nm をピークに粒子が分散しているのに比べて (図5), ゾルペーストでは 13 nm をピークに粒子が分散していることが判明した (図6)。また, 調製した粉末ペーストとゾルペーストでは, ゾルペーストの粘度が非常に高いものとなった。微粒子の粒子径が小さくなると微粒子間に強い毛細管力が働き, ペーストの粘度が上昇することが報告されており[11], これらのことから, 粉末ペーストの 230 nm のピークは, ゾルペーストで観測された 13 nm のナノ粒子が凝集したものであり, 粉末ペーストでは凝集した大きな粒子があるために粘性が低くなることが考えられた。

3.4 スクリーン印刷した TiO₂ 透明層の表面

粉末とゾルから調製したペーストによる多孔質 TiO₂ 電極の表面を走査型電子顕微鏡 (JSM-6510, JEOL) で観察した。図7(a)では, 大きな凝集やひび割れが確認できた。しかし, 図7(b)では大きな粒子やひび割れが確認されず, 均一に粒子が分散していることが確認できた。これは前節 DLS の結果と同様に, ゾルを乾燥させて粉末にする工程からペーストになるまでの工程の間に, 粒子が凝集し大きな二次粒子を形成していることを示している。

この粉末からペーストを調製する手法により, 気相合成による TiO₂ ナノ粒子をペースト化し, 均一な多孔質 TiO₂ 電極を作製することが出来る。しかし本研究においては分散を向上させるように同様に酸・ポリマーを添加し, 超音波ホモジナイザー処理を行っているにもかかわらず凝集

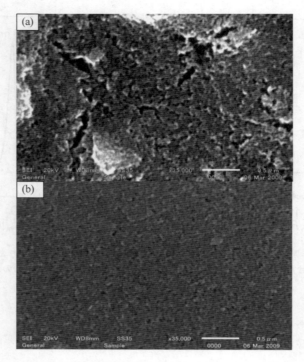

図7 TiO$_2$粉末から得られたペースト(a)と，TiO$_2$ゾルから得られたペースト(b)によるナノ結晶TiO$_2$膜の走査型電子顕微鏡画像

が残り，二次粒子を形成していることが確認された。乾燥過程により単分散した一次粒子が凝集して二次粒子が発生する過程としては，TiO$_2$粒子表面に存在する水酸基が粒子間で脱水縮合することで強固な結合が生じ，そのためにTiO$_2$粒子同士が解離不可な状態となり，凝集し二次粒子となることが考えられる[12,13]。

3.5 ペーストから作製した色素増感太陽電池の光電特性

粉末及びゾルペーストから作製した各セルの I-V カーブを図8に，各光電特性を表1に示す。ただし，電極の構造は図1bのような2層構造のものであり，本節で得られたTiO$_2$ナノ粒子を基板側の光吸収層に，触媒化成性のTiO$_2$粒子「PST 400-C」を光散乱層とした。ゾルペーストで作製したセルは粉末ペーストで作製したセルと比べると，光開放起電力（V_{OC}）が僅かに0.02 Vだけ低い結果となったが，短絡光電流密度（J_{SC}）は3 mA cm^{-2}，Fill Factor（FF）では0.05だけ向上した。そのため，変換効率（η）は，ゾルペーストのほうがより高くなった。それぞれの光電特性の差が生じた原因について調べるために，各セルの反射吸光度測定，IPCE測定，および電気インピーダンス測定を行った。ゾルペーストから得られたTiO$_2$電極の方が吸光度は高く，

第26章　ゾル-ゲル法での分散・凝集のコントロールによる色素増感型太陽電池用ナノ結晶多孔質TiO₂膜の作製

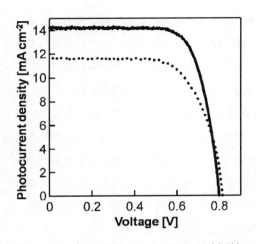

図8　TiO₂ゾルから得られたペースト（実線）とTiO₂粉末から得られたペースト（点線）によるナノ結晶多孔質TiO₂電極を使用した色素増感型太陽電池の光 I-V 特性 [$100\ \mathrm{mA\ cm^{-2}}$(AM1.5)]

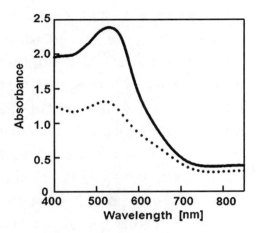

図9　TiO₂ゾルから得られたペースト（実線）とTiO₂粉末から得られたペースト（点線）によるナノ結晶多孔質TiO₂電極に色素（N719）を吸着させたものの光吸収スペクトル

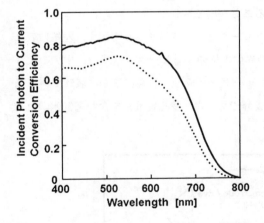

図10　TiO₂ゾルから得られたペースト（実線）とTiO₂粉末から得られたペースト（点線）によるナノ結晶多孔質TiO₂電極による色素増感型太陽電池の外部量子収率（Incident photon-to-current conversion efficiency（IPCE））スペクトル

表1　粉末から作製されたペーストとTiO₂ゾルから作られたペーストによる色素増感型太陽電池の光電特性

	TiO₂粉末からのペースト	TiO₂ゾルからのペースト
$J_{\mathrm{SC}}[\mathrm{mA\ cm^{-2}}]$	11.5	14.2
$V_{\mathrm{OC}}[\mathrm{V}]$	0.821	0.798
FF	0.682	0.731
$\eta\ [\%]$	6.43	8.27

光をより多く吸収していることがわかる（図9）。またゾルペーストから作製したTiO₂電極のIPCEは，粉末ペーストから作製したTiO₂電極より高くなった（図10）。よって，ゾルペーストのIPCEが粉末ペーストの値よりも高い原因として，2つの電極間の吸光度の差が原因であると考えられる。

上記のようにゾルペーストによるTiO$_2$電極の吸光度が粉末ペーストよりも高い理由として，ゾルペースト中のTiO$_2$ナノ粒子の分散性が良いためにTiO$_2$電極の分子あたりの表面積は大きくなり，その結果ゾルペーストのTiO$_2$電極上に色素が多く吸着することが考えられる。そしてその結果，ゾルペーストのTiO$_2$電極が入射光をより多く吸収することが予測された。しかし，反射光吸収スペクトル（図9）は光散乱や光透過の要素も含まれるために，IPCEの直接の比較は困難であると考えられる。よって，色素の吸着量の差を確認するために，色素を吸着させた粉末ペーストとゾルペーストによるTiO$_2$電極をそれぞれアルカリ性の溶液に浸し，電極表面から色素を剥離させ，そのアルカリ性溶液の吸光度測定を行った。吸光度は波長500 nmでそれぞれ0.0458，および0.106となった。その吸光度は$A = \alpha LC$（A＝吸光度，L＝セル長，C＝濃度，α＝吸光係数（13900 M^{-1} cm^{-1}））によって与えられ，TiO$_2$電極の形状（膜厚：17 μm，セル面積：0.25 cm^2）から粉末ペーストとゾルペーストの色素吸着量はそれぞれ，6.5×10^{-8} mol cm^{-2}，及び1.5×10^{-7} mol cm^{-2}となり，同じ膜厚にもかかわらずゾルペーストから作製した電極の方が粉末ペーストのそれよりも色素が2倍程度多く吸着していることが判明した。以上から，粉末ペーストに比べてゾルペーストの電流値が高くなる原因としては，ゾルペーストのTiO$_2$電極の方に多量に色素が吸着していることに起因していることが確認された。

図11に，それぞれの電極を使用したDSCのインピーダンス・スペクトルを示す。左端に表れている高周波数側の小さい弧がPt電極／電解液の界面抵抗のインピーダンス成分，中央の大きな弧がTiO$_2$電極／色素／電解液の界面抵抗のインピーダンス成分，右端に僅かに表れている弧がヨウ素（電解液）の拡散抵抗のインピーダンス成分である[14]。多孔質電極を含む電気化学セル

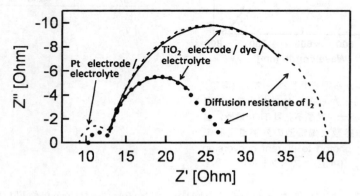

図11 TiO$_2$ゾルから得られたペースト（太い点線）とTiO$_2$粉末から得られたペースト（細い点線）によるナノ結晶多孔質TiO$_2$電極を使用した色素増感型太陽電池の電気化学インピーダンス・スペクトル（100 mW cm^{-2}，AM1.5照射時）
　　　それぞれの点線は，表2の値のフィッティングデータ

第26章 ゾル-ゲル法での分散・凝集のコントロールによる色素増感型太陽電池用ナノ結晶多孔質TiO₂膜の作製

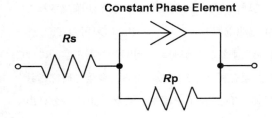

図12 色素増感型太陽電池の多孔質TiO₂電極を解析するためのモデル的等価回路

表2 図9から解析されたデータの電気化学インピーダンスのパラメーター

	R_s [Ω]	CPE [F]	R_p [Ω]
TiO₂粉末からのペースト	12.60	1.205×10^{-3}	26.12
TiO₂ゾルからのペースト	12.79	1.435×10^{-3}	12.77

の一般的な等価回路を図12に示す[15]。ここで，R_sはFTO基板とPt電極の合成抵抗の値，R_pはTiO₂/電解液界面の電子移動抵抗，およびConstant Phase Element（CPE）はTiO₂電極のキャパシタンス成分にあたる。図12の等価回路を用い，図11の中央半円弧（TiO₂電極/色素/電解液のインピーダンス）に関してインピーダンス解析ソフト（Z-View2）によりデータ解析を行った（表2）。実線部は各データへのフィッティングによるインピーダンス・スペクトルを示す。表2より，粉末ペーストとゾルペーストのインピーダンスを比較するとR_sはほぼ一致するが，CPEでは2割程度，R_pでは2倍もの差が確認された。R_sが一致するのは，TiO₂層の構造に関わらず両セルに同じFTO基板からなるPt電極を用いている為である。ゾルペーストで作製した電極の方が粉末ペーストのCPEがより大きくなったことから，ゾルペースト中の分散性の高いTiO₂ナノ粒子により多孔質TiO₂電極の分子あたりの表面積が大きくなり，TiO₂/色素/電解液の接触表面積が増加したことが考えられる。このことは，上記の色素吸着量の結果と一致する。また，粉末ペーストから作製したTiO₂電極のR_pがゾルペーストのものよりも2倍程度大きく，これによりTiO₂内部の電子寿命τ（$=R_p \times$CPE）がより大きくなることから，粉末ペーストの方が電子寿命は長いということになる。0.02 Vだけ粉末ペーストを用いた電極の方が光開放起電力は高いということは，この電子寿命が長いということに起因していることが考えられる。

色素増感太陽電池の半導体電極材料として用いられるTiO₂を，液相合成後にそのままスクリーン印刷用ペーストに調製した場合（ゾルペースト）と，乾燥粉末化過程を経てスクリーン印刷用ペーストを調製した場合（粉末ペースト）では，ゾルペーストの方が光電流は高く，変換効率も高くなることが確認された。その理由として，乾燥過程からペースト作製過程を経ることで，ナノTiO₂粒子が凝集することによりTiO₂電極の表面が減少し，その結果，色素の吸着量が減少し短絡光電流密度が低下することによることが考えられる。よって，より効率の良い多孔質半導体膜の作製には，乾燥過程を経ずに，液相合成後にそのままスクリーン印刷用ペーストに調製したものを使用するべきであることが判明した。また，その乾燥過程によって生じた凝集体は

酸・ポリマーの添加，及び超音波ホモジナイザー処理によっても解離しないことが確認された。

今回の研究により，TiO_2 粒子から色素増感太陽電池電極のスクリーン印刷作製用の TiO_2 ペーストの調製時に凝集が起こり，大きな二次粒子が発生することが初めて判明した。工業的には乾燥粉末の作製が，材料の軽量化・安定化において大変有利なことであるから，今後の研究指針としては「TiO_2 分散液から TiO_2 粉末作製時における，TiO_2 粒子を凝集させない条件」を見出す事が重要な検討事項であると考えられる。

4 二次粒子から作製するメソ・マクロポーラス TiO_2 薄膜による色素増感型湿式太陽電池

伊藤らは，ナノ粒子が凝集したコロイド状 TiO_2 二次粒子を調製し[12]，それを電極基板にコーティングして二次粒子内にあるメソポアと二次粒子間に形成されるマクロポアを併せ持つ多孔質 TiO_2 薄膜を作製した（図13）[16]。得られたメソ・マクロポーラス TiO_2 薄膜にルテニウム色素を吸着させ，擬似太陽光に対する色素増感光電特性を測定した[17]。表3に各測定結果を示した。メソ・マクロポーラス膜は特に大きな r.f. を持つ膜となった。J_{SC} に関しては，上記で述べたようにマクロポアによる光散乱効果により光閉じ込め効果が向上したことと，大きな r.f. によって多くの色素が吸着したため，メソ・マクロポーラス TiO_2 薄膜の方がより大きな J_{SC} が発生したと考えられた。またメソ・マクロポーラス TiO_2 薄膜の方が V_{OC} が小さいことに関しては，基板付近にもマクロポアがあって SnO_2 電極がむき出しになり，そこから電解液への逆電子移動（$2e^- + I_3^- \rightarrow 3I^-$）が起こっていると考えられた（図14a）。Solaronix 社の Ti Nanoxide-T で作製したメソポーラス TiO_2 膜の中には SnO_2 面上に広く開いたスペースが無いので，逆電子移動が起きず，そのためメソポーラス膜は大きな V_{OC} を出力する（図14b）。もし SnO_2 基板のマクロポアの底の部分が逆電子移動を押さえるために TiO_2 で塞がれたなら（図14c），この V_{OC} と η はさらに大きくなると思われた。マクロポアの突き当たりにあるむき出しの SnO_2 表面を塞ぐために，緻密な TiO_2 薄膜をメソ・マクロポーラスフィルムと SnO_2 の間にゾル-ゲル法により作製した結果，より大きな V_{OC} を出力する事が出来，メソポーラス膜とほぼ等しくなった。以上のことから，メソ・マクロポーラスによる大きな r.f. に

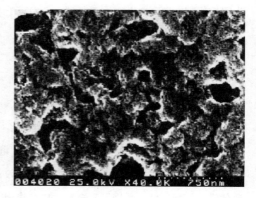

図13 メソ・マクロ TiO_2 多孔質膜の走査型電子顕微鏡画像[17]

第26章 ゾル−ゲル法での分散・凝集のコントロールによる色素増感型太陽電池用ナノ結晶多孔質 TiO_2 膜の作製

表3 5種 TiO_2 多孔質電極から得られた色素増感型太陽電池の光電特性と各電極の物理パラメーター[17]

Film	$OC_{450℃}$	$OC_{550℃}$	ME	IC	OCT
Temperature/℃	450	550	450	550	550
Time/h	0.5	3	0.5	3	3
Surface area/m^2g^{-1}	84.4	52.2	105	57.2	70.5
Roughness factor	2300	1400	723	1600	1900
Amount of adsorbed Dyes/10^{-7}mol cm^{-2}	2.5 ± 0.2	2.1 ± 0.2	0.68 ± 0.02	1.9 ± 0.1	2.0 ± 0.1
V_{OC}/mV	550 ± 30	554 ± 6	611 ± 1	568 ± 5	606 ± 10
J_{SC}/mA	8.9 ± 1.2	10.0 ± 0.1	9.2 ± 0.8	7.7 ± 0.2	11.1 ± 0.4
η /%	2.9 ± 0.2	3.1 ± 0.2	3.4 ± 0.1	2.7 ± 0.2	3.8 ± 0.1

$OC_{450℃}$：凝集 TiO_2 粒子ペーストを繰り返し塗り重ねて最後に450℃で焼結した電極，$OC_{550℃}$：凝集 TiO_2 粒子ペーストを繰り返し塗り重ねて最後に550℃で焼結した電極，ME：SOLARONIX SA（スイス）の Ti Nanoxide-T ペーストによるメソ多孔質膜，IC：凝集 TiO_2 粒子ペーストの塗りと焼成を繰り返し行った電極，OCT：TiO_2 下地層を形成した上に凝集 TiO_2 粒子を繰り返し塗り重ねて最後に550℃で焼結した電極

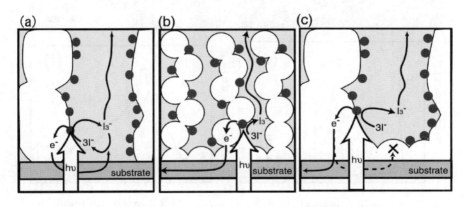

図14 TiO_2/ 基板界面付近での3種の電極の電子と電解質（ヨウ素）の挙動
(a) メソ・マクロ多孔質膜，(b) SOLARONIX SA.（スイス）製 TiO_2 ペースト（Ti Nanoxide-T）によるメソ多孔質膜，(c) 下地 TiO_2 層を持つメソ・マクロ多孔質膜[17]

よって，色素を多く吸着させることで通常のメソポーラス膜よりも高い J_{SC} を得ることが出来た。しかしマクロポアを作製すると，それによる SnO_2 基板表面上での電子と I_3^- との電荷再結合が起こるため，それを防ぐためには緻密な下地 TiO_2 層が効果的であった。また，下地の緻密 TiO_2 層はスプレー法によっても作製する事が出来，色素増感型太陽電池の光電特性向上に寄与することが出来る[18]。

さらに，光散乱効果を向上させることが可能なナノ TiO_2 粒子凝集体として，中空状の球形凝集体の研究が行われている（図15）[19]。韓国の Park 教授のグループは，光吸収部位として単分

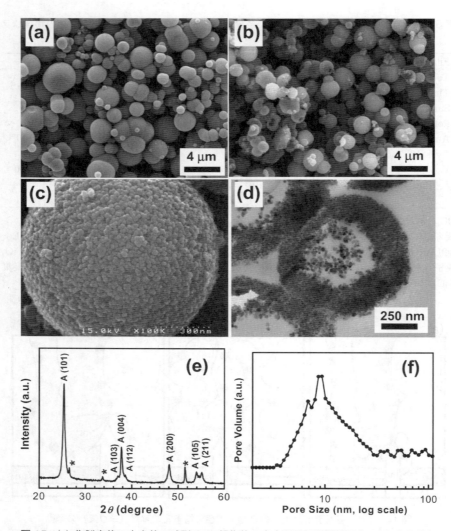

図15 (a) 作製直後の中空状の球形 TiO_2 凝集体の走査型電子顕微鏡画像。(b) 中空の球形 TiO_2 凝集体を 450℃で2時間加熱したものの走査型電子顕微鏡増画像。(c) 中空状の球形 TiO_2 凝集体を 450℃で2時間加熱したものの高倍率走査型電子顕微鏡増画像。(d) 球形 TiO_2 凝集体の透過型電子顕微鏡画像。(e) 球形 TiO_2 凝集体のエックス線散乱パターン。図中「A」と「*」はそれぞれ，アナターゼと基板のフッ素ドープ酸化錫を示す。(f) 窒素吸着法による球形 TiO_2 凝集体の細孔径分布[19]

散 TiO_2 ナノ粒子を使用したメソ多孔質 TiO_2 電極層を，光散乱部位として中空状球形凝集体 TiO_2 電極層を作製し，これらを図16(a)のように2層構造にすることで10%を超える色素増感型太陽電池の作製に成功した（図16(d)）[19]。

第26章　ゾル－ゲル法での分散・凝集のコントロールによる色素増感型太陽電池用ナノ結晶多孔質 TiO_2 膜の作製

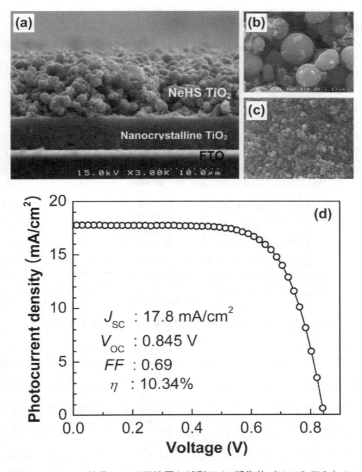

図16　(a) ナノ結晶による下地層と球形 TiO_2 凝集体（NeHS TiO_2）による上部層との2層構造を示す走査型電子顕微鏡による断面画像。(b), (c) それぞれの層の拡大画像。(d) 上記 TiO_2 電極による色素増感型太陽電池の光電流密度－電圧曲線（AM 1.5, 1 太陽光強度照射下測定）[19]

5　単分散 P-25 ペースト重ね塗りによるメソ・マクロポーラス膜の構造制御

伊藤らは，粉末状の酸化チタンナノ粒子（P-25）を化学的手法により分散させ，色素増感太陽電池用の多孔質膜を作製した[20]。作製スキームを図17に示す。TiO_2 多孔質膜の作製は，Degussa 社の P-25 を使用し，水と硝酸を加え，80度で8時間加熱し，いったん乾燥させ，得られた粉体状の TiO_2（TiO_2/NO_3^- と表示）を水に再分散させ，ポリエチレングリコールと㈱松本油脂のセルロース系増粘剤「マーポローズ」を加えた。コーティング方法を変化させることによ

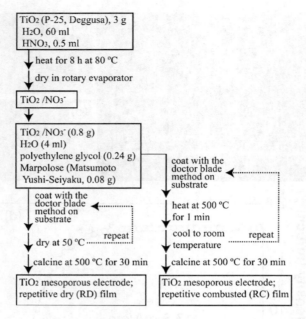

図17 メソ TiO_2 多孔質膜の作製スキーム（RD法とRC法）[20]

り二種類の膜を作製した。一つ目は，得られたペーストを導電性 SnO_2 ガラス基盤にコートし，50℃で乾燥させ，その上に重ね塗りをすることで膜厚を増やすことが出来た。このとき内部にはポリマーが含まれたままの状態にあり，これをまとめて500℃で30分間燃焼させることにより除去できる。これを繰り返し乾燥（Repeat Dry：RD）膜と呼ぶ。二つ目は，重ね塗りをする前にポリマーを燃焼させて膜を焼結させる方法で，繰り返し燃焼（Repeat Combustion：RC）膜と呼ぶ。

　得られたRD膜の形状を，一層ごとにSEM観察した（図18）。1層目と2層目までは，表面は均一であった。膜厚は1層目で $4.5\mu m$，2層目でその倍程度の厚さの多孔質膜が得られた。またこのときには1層目と2層目が分離していることが解る。3層目からこのように膜の表面に亀裂が現れ始め，4層目になるとその亀裂の数が増加した。それぞれの断面図により，3層目・4層目までそれぞれの層の分離が観察された。5層目になるとさらに亀裂の数が増し，それぞれの亀裂には円形状のくぼみが存在した。断面図から，このくぼみはクレーターのようになっており，これは重ね塗りの時に上からのペーストがしみこむときに出来るものと考えた。ペーストがしみこんで層の界面がとけ込んだためか，クレーターの横側の2層から5層までの層の分離が観察されなかった。また，これはクレーターの無いところでもこのように層が消えていることが判明した。

　これらの多孔質膜の重量を測定してみると，層数に従って重くなることが判明したが，4層目

第26章 ゾル-ゲル法での分散・凝集のコントロールによる色素増感型太陽電池用ナノ結晶多孔質TiO$_2$膜の作製

と層界面が溶解したと見られる5層目の膜厚がほとんど変化しないことが判明した（図19）。この結果から，重ね塗りに対して，4層目まではある程度層が分離した状態で膜が出来ているものと思われ，4層目で乾燥時の収縮により膜の亀裂が多く入ると同時に5層目でその亀裂からペーストが浸透し膜の界面がなくなると考えられた。

これに対し，RC膜（5層塗り）の構造をSEM観察すると，全く各層の分離や亀裂が観察されなかった（図20）。これは，RDとは異なり，各層のコーティングの時には下地となる層は既に焼結済みであり，十分に堅く接着しているために，再溶解もせず，平滑な膜が得られるものと考えられる。

1層目から5層目までのそれぞれの膜の光電変換特性を測定したところ，3層目までは変換効率が向上し続け，4層目で若干下がるように見え，5層目で再び向上した（図21）。5層目で再び向上した結果は，先ほどの層間の接合が良くなったことに起因するものと考えられた。結局，重ね塗りによって膜内に出来た大きなクレーター状の孔があることで光電特性が向上したが，この大きな孔は

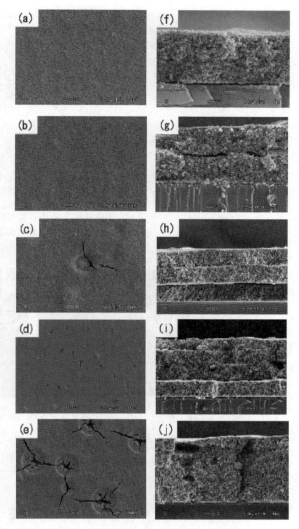

図18 RD法による多孔質TiO$_2$膜の走査型電子顕微鏡画像[20]
(a-e) 表面画像，(f-j) 断面画像，(a, f) 1回塗り，(b, g) 2回塗り，(c, h) 3回塗り，(d, i) 4回塗り，(e, j) 5回塗り[20]

これまで色素の拡散を助けるとともに，上記で述べた色素増感型太陽電池内部での光の散乱を助けるものである。

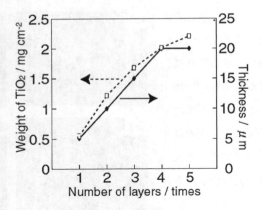

図19 RD法による多孔質 TiO_2 膜のコート回数における膜厚と重さの関係[20]

図20 RC法による多孔質 TiO_2 膜の走査型電子顕微鏡画像[20]
(a) 表面画像，(b) 断面画像

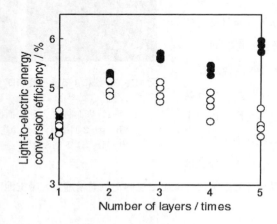

図21 RD法による多孔質 TiO_2 膜（●）とRC法による多孔質 TiO_2 膜（○）を使用した色素増感型太陽電池の光電変換効率と繰り返しコーティング回数との関係[20]

6 おわりに

本章では，色素増感型太陽電池用のナノ粒子 TiO_2 電極において，構造変化による光閉じ込め効果，およびペースト粒子の分散・凝集における影響を挙げた．時には分散が，時には凝集が色素増感型太陽電池の効率を向上させることが分かる．ここで述べられたこれまでの研究開発の結果が，今後の色素増感太陽電池の発展と，その工業生産に寄与することを願う次第である．

本章3節「TiO_2 ゾルの乾燥粉末によるナノ粒子凝集とその色素増感太陽電池光電特性変化に関する研究」は，兵庫県立大学大学院工学研究科高橋薫君の成果であり，ここに謝辞を述べる．

文　献

1) G. Smestad, C. Bignozzi, R. Argazzi, *Solar Energy Mater. Solar Cells*, **32** (1994) 259-272
2) M. K. Nazzerruddin, A. Kay, I. Podicio, R. Humphy-Baker, E. Müller, P. Liska, N. Vlachopoulos, and M. Grätzel, *J. Am. Chem. Soc.*, **115** (1993) 6382-6390
3) M. K. Nazeeruddin, F. De Angelis, S. Fantacci, A. Selloni, G. Viscardi, P. Liska, S. Ito, B. Takeru, M. Grätzel, *J. Am. Chem. Soc*, **127** (2005) 16835-16847
4) Y. Chiba, A. Islam, Y. Watanabe, R. Koyama, N. Koide, L. Han, *Jpn. J. Appl. Phys.*, **45** (2006) L638-L640
5) C.-Y. Chen, M. Wang, J.-Y. Li, N. Pootrakulchote, L. Alibabaei, C.-H. Ngoc-le, J.-D. Decoppet, J.-H. Tsai, C. Grätzel, C.-G. Wu, S. M. Zakeeruddin, M. Grätzel, *ACS Nano*, **3** (2009) 3103-3109
6) F. Gao, Y. Wang, D. Shi, J. Zhang, M. Wang, X. Jing, R. Humphry-Baker, P. Wang, S. M. Zakeeruddin, M. Grätzel, *J. Am. Chem. Soc.*, **130** (2008) 10720-10728
7) 荒川裕則，太陽エネルギー，**35** (2009) 3-7
8) S. Ito, M. K. Nazeeruddin, S. M. Zakeeruddin, P. Péchy, P. Comte, M. Grätzel, T. Mizuno, A. Tanaka, T. Koyanagi, *Int. J. Photoenergy*, **2009**, Article ID 517609
9) G. Rothenberger, P. Comte, M. Grätzel, *Solar Energy Mater. Solar Cells*, **58** (1999) 321-336
10) F.-T. Kong, S.-Y. Dai, K.-J. Wang, *Adv. OptoElectronics*, **2007**, Article ID 75384
11) P. V. Liddell, D. V. Boger, *Ind. Eng. Chem. Res..*, **33** (1994) 2437-2442
12) S. Ito, S. Yoshida, T. Watanabe, *Chem. Lett.*, **29** (2000) 70-71
13) S. Ito, P. Chen, P. Comte, M. K. Nazeeruddin, P.Liska, P. Péchy, M. Grätzel, *Prog. Photovolt.* **15** (2007) 603-612
14) L. Han, N. Koide, Y. Chiba, T. Mitate; *Appl. Phys. Lett.* **84** (2004) 2433-2435
15) J. Ross Macdacdonald, Impedance Spectroscopy, WILEY-INTERSCIENCE, pp. 284-308

(2005)
16) S. Ito, S. Yoshida, T. Watanabe, *Bull. Chem. Soc. Jpn.* **73** (2000) 1933-1938
17) S. Ito, K. Ishikawa, C.-J. Wen, S. Yoshida, T. Watanabe, *Bull. Chem. Soc. Jpn.* **73** (2000) 2609-2614
18) S. Ito, P. Liska, P. Comte, R. Charvet, P. Péchy, U. Bach, L. Schmidt-Mende, S. M. Zakeeruddin, A. Kay, M. K. Nazeeruddin, M. Grätzel, *Chem. Commun.*, 2005, 4351-4353
19) H.-J. Koo, Y. J. Kim, Y. H. Lee, W. I. Lee, K. Kim, N.-G. Park, *Adv. Mater.* **20** (2008) 195-199
20) S. Ito, T. Kitamura, Y. Wada, S. Yanagida, *Sol. Energy. Mater. Sol. Cells*, **76** (2003) 3-13

第27章　燃料電池へのゾル－ゲル法の応用

野上正行*

1　はじめに

　省エネルギー及び環境保全の観点から，化石燃料から太陽光電池や燃料電池へのエネルギー創出転換技術の開発が喫緊の課題となっている。そのうち燃料電池に関しては，分散型エネルギー源としての需要が高く，その低価格が進めば，家庭用電源も含め，様々な分野での利用が見込まれている。燃料電池としては，現在，ジルコニア系酸素イオン伝導体を電解質に用いた固体酸化物形燃料電池と，ポリマー系水素イオン（プロトン）伝導体を使った固体高分子形燃料電池が注目されている。前者は800℃の高温で発電させるもので，出力が高く，大型発電機として開発が進んでいるのに対し，後者の固体高分子形燃料電池は室温付近で発電することから，小型で家庭用，可搬型電源としての利用が考えられている。

　固体高分子形燃料電池の基本的な技術が開発され，その試験運転が完了したとして，2008年から，家庭用据え置きタイプの電源として，購入金の一部補助の形をとって販売されている。本格的な実用化・普及を図るためには，コストの大幅低減が必要であり，そのための高性能化，高耐久化技術の開発が不可欠であるとされている。とりわけ，燃料電池の心臓部である電解質膜の革新的な技術開発が必要であるとされている。

　電解質膜には現在，ナフィオン膜に代表されるフッ素樹脂系のイオン交換膜が用いられている。これは室温付近で高いプロトン電導度を示し，成形性にも優れていることから，市販されている燃料電池の基本素材となっている。しかし，約80℃より高温になると，電導度に低下がみられ，耐久性にも問題があると指摘されている。車両用燃料電池も含め，100℃から150℃の温度域で，しかも特別な加湿操作を必要とせずに，安定して運転できる燃料電池の開発が急務であり，そのための要素技術の開発に多くの力が注がれている。

　このような電解質を実現させる方向として，有機系ポリマーから無機系電解質への転換が図られ，例えば，リン酸塩系化合物の高いプロトン伝導性を活かした電解質の研究があるし，有機－無機の複合化あるいはハイブリッド化の研究も精力的に進められている。

　ゾル－ゲル法は，その製法上の特徴から，無機物を作製する過程で，加水分解を経ることから，

---

*　Masayuki Nogami　名古屋工業大学　大学院工学研究科　未来材料創成工学専攻　教授

水とプロトンを含み，プロトン伝導性を付与できる可能性があり，無機物は電解質になる可能性がある。さらに，無機物の熱的・化学的安定性を考慮すれば，ナフィオン系電解質に替わる新しい電解質の実用化が期待できる。ここでは，ゾル－ゲル法を用いたプロトン伝導性電解質の合成法について説明する。

2 電解質を作製するためのゾル－ゲル法のポイント

金属アルコキシドなどを原料にして，その加水分解－ゲル化－脱水縮合化過程を経て無機物を得るゾル－ゲル法の特徴は，低温合成を可能にするとともに，多孔質で水が残留し易いということである。このことは緻密で耐久性に優れたセラミックスを得ることを目的にした場合には好ましくないが，高プロトン伝導体を作成する立場からは，必ずしも当たらない。

P_2O_5-SiO_2系高プロトン伝導体について説明する。SiO_2成分は骨格構造を形成し，機械的，化学的安定性を支えている。反応の第一段階は，TEOS（$Si(OC_2H_5)_4$）を水と反応させる。反応の触媒としてHClを用いると，加水分解で生成したシラノールが脱水縮合してシロキサン網目構造になり易く，高分子構造を形成する。アルカリ性であるアンモニア等を触媒にすると，ナノサイズの粒状態に成長し，所謂，コロイダルシリカになる。その後，$PO(OCH_3)_3$を加えるとシリカナノ構造の表面で反応してSi-O-Pを形成したり，リン酸として存在したりしている。そのときに，ZrやTiのアルコキシドも同時に反応させることで，リンイオンをガラス骨格構造に強く固定させることもできる。これは耐久性の向上につながる。ゾル作成時に，各種界面活性剤を添加することで，得られる細孔の大きさが変えられる。加水分解後，室内あるいは乾燥器内でアルコールや水を揮発させてゲルにする。その後，空気中，400～750℃で加熱して，無機物とする。

電解質とするときに，残留水分あるいは，その後に吸着する水が重要であるので，作製した試料の細孔特性に関するデータが必要になる。細孔特性は窒素ガス吸着法で調べられる。吸着等温線を求めBJH法から細孔径分布を計算した。幾つかの条件を変えて作製したものの細孔径分布を図1に示す。図に示したものより大きな細孔を有したガラスも容易にできるが，電解質膜としての応用を考えた場合，あまり重要でない。

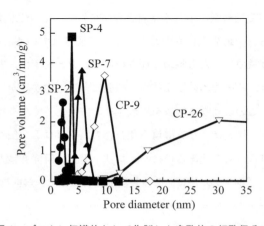

図1　プロトン伝導体として作製した多孔体の細孔径分布

図2は，3500 cm^{-1}付近の赤外線吸収スペクトルである。OH基に因るもので水素結合の強さに応じて，その位置はシフトしている。組成から考えて，3700 cm^{-1}と3300 cm^{-1}にピークをもつ吸収は，それぞれ，SiOHおよびPOHに帰属されている。POHのOHは強く水素結合しており，SiOHに比べてプロトンが乖離し易く，その分高いプロトン電導度が期待できる。

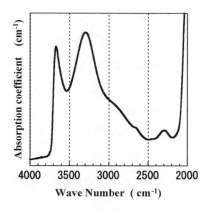

図2　P$_2$O$_5$-SiO$_2$多孔体の赤外線吸収スペクトル

3　プロトン伝導体への応用

作製した試料を一定湿度に調整した容器に入れたときの重量と電導度を測定すると，図3のような重量増と同時に電導度の上昇が認められる。電導度はインピーダンス法で測定した値である。細孔内に水が吸着されるのに応じて電導度が上昇する。伝導成分はイオンで，またアルカリ成分を含んでいないことから，伝導はプロトンの移動によると考えてよい。そこで，細孔のサイズ，表面積さらに容積の異なるものを作製し，そこに吸着する水の結合状態と量を変えながら，電導度を測定し，それらとの関係を調べることで，プロトン伝導のメカニズムを考察することができる[1,2]。プロトン伝導は細孔表面の水酸基からのプロトンの脱離と水酸基やH$_2$O分子間をホッピングすることによって移動していくものと結論されている（図4）。比表面積や細孔容積の大きい試料とすることで，そこに存在する水酸基やH$_2$Oの濃度が大きくなり，高

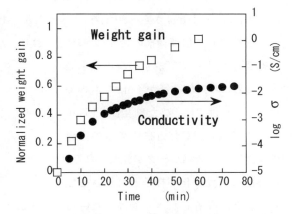

図3　多孔体を高湿度下に曝した時の重量と電導度の時間変化

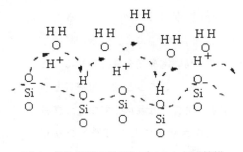

図4　細孔表面の状態とプロトン伝導機構

い電導度を達成することができる。

　細孔の大きさも非常に重要である[3]。サイズが15 nmより大きくなると，周りの湿度が80％より高くならないと細孔がH_2O分子で満たされないので，電導度が低い。また，ガス分子が細孔内を通過することにもなる。これは燃料電池への応用を考えるとき，燃料ガスの透過にもなり，好ましいことではない。細孔径が小さくなると，細孔中心部に物理的に吸着するH_2O分子の比率が高くなり，電導度が急激に上昇する。しかし，～2 nmより小さくなると，化学結合したH_2O分子の割合が大きくなり，逆に電導度が低下することも分かっている。今までの実験からは，5 nm程度の大きさの細孔を作ることで，高い電導度を示すガラスになることが分かっている。

　細孔径のプロトン伝導に与える影響として，さらに興味ある実験結果を図5に示す。100％RH中にガラスを置き，細孔に十分な水を吸着させた後，温度を下げながら電導度を測定した。細孔径が4 nmと小さいものでは，測定温度範囲でよい直線性を示し，アレニウス則に従っている。さらに温度が下がると，電導度が急激に低下する。一方，15 nm程度の大きな細孔を有したものは0℃を境に大きく電導度が低下し，また0℃以下ではプロトン伝導に伴う活性化エネルギーは0℃以上の10 kJ/molから～80 kJ/molへと大きく上昇した。活性化エネルギーの変化は，その温度を境にして伝導機構の変化に対応しており，たとえば相転移が起こった場合に見られる。DSC測定によって吸着水の凝固点を測定したところ，細孔径が4 nmのものでは，-45℃付近に，また細孔径：15 nmのものでは-18℃付近に吸着水の凝固の凝固による発熱ピークが観測された。電導度の温度変化の様子と対比させて考えると，吸着した水が凝固した時点で，プロトン移動に寄与しなくなり，電導度は大きく低下することになる。細孔径が4 nm程度にまで小さくなると，-45℃といった低温にまで，水が凝固しないので，高い電導度を維持させることが可能となる。このことは，電解質として応用する場合，低温状態ででも，燃料電池を動作させることが可能となり有利である。さらに，小さい細孔に一旦吸

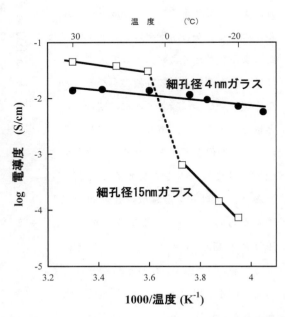

図5　異なる細孔径（4 nm，15 nm）を有したガラスの伝導度と温度の関係

着した水は，周りの湿度が低下しても水の蒸発に遅れが生じ，電導度の低下も小さくなることも分かっている。

今までの研究で得られたガラスの電導度と温度との関係を図6に示す。150℃で170 mS/cm程度の高い電導度を示し，かつ−40℃付近まで高い電導度を維持していることが理解できる[4]。シリカ系であるために，熱的安定性に優れているので，高い温度に曝されても破壊することはない。只，100℃以上になると，水が蒸発するので，このような高い電導度を維持するためには，加圧して水の蒸発を抑える必要がある。

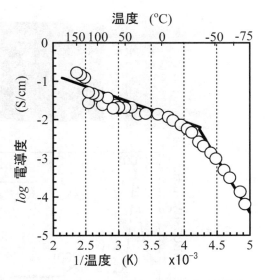

図6　ゾル−ゲル法で作製した多孔体の電導度

4　プロトン伝導性薄膜ガラスの作製

細孔壁の水酸基と細孔に吸着した水分子の働きによる高いプロトン伝導を達成しようとするものである。細孔の方向性の制御も，高プロトン伝導を得るためには興味深い課題である。

P_2O_5-SiO_2系メソポーラス体を作成する方法を述べる。細孔のテンプレートとして$EO_{20}PO_{70}EO_{20}$（P123，分子量：5800）を用いた。TEOSをHCl，P123およびエタノールの混合溶液に入れて加水分解させた後，$PO(OCH_3)_3$を加えて反応させ，シャーレに移してゲル化させる。187〜254 nmの紫外光を照射してポーラス体を作成した。図7は作成したものの写真とx線回折図である。透明性に優れたもので，そのx線回折パターンで，$2\theta = 2°$付近までに観測されるシグナルは，空間群P6mmpである二次元Hexagonalメソ構造に帰属でき，低角側から（100），（110）および（200）と指数付けでき，単位胞の大きさは，約11 nmである。P123の疎水基を中心にしてミセルが形成され，その周りにSiOHグループが取り巻いていくようにして構造が形成されていくと考えられる（図7の概念図参照）[5]。窒素ガス吸着等温線には，ガス分圧：0.6〜0.8近傍での毛細管凝縮とヒステリシスを示し，典型的なIV型メソポーラス体で，5〜7 nmの平均細孔径を有していることがわかった。電導度は，前に示したものと殆ど差は認められなかった。

上記のメソポーラス体の作成で，Hexagonal構造を有したメソポーラス体ができることを示したが，細孔組織の規則性はミクロドメイン近傍に制限されている。規則性が試料全体に行き渡っ

ゾル-ゲル法技術の最新動向

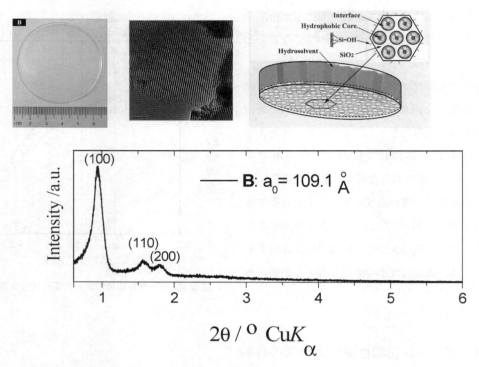

図7 EO$_{20}$PO$_{70}$EO$_{20}$(P123) を細孔のテンプレートにして作製した P$_2$O$_5$-SiO$_2$ 系メソポーラス体の写真と x 線回折図

た，所謂，単結晶のような形状を取っているわけではない。そのために，測定されるプロトン電導度に，配向した細孔の効果を見出すことは未だできていない。細孔の配向性の効果を確認するために，ここでは薄膜の作成を行った。ガラス組成を SiO$_2$ とし，細孔のテンプレートに C$_{16}$H$_{33}$(OCH$_2$CH$_2$)$_{10}$OH(C$_{16}$EO$_{10}$) を用いた。基板に製膜後，400℃で加熱してテンプレートを除き，膜厚：500 nm 程度の酸化物薄膜とした。比表面積と細孔容積は，それぞれ

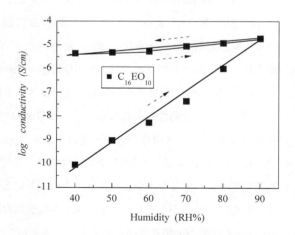

図8 プロトン伝導薄膜の電導度と湿度の関係

800 m^2/g, 0.4 cm^3/g であり，平均細孔径は約 2 nm のものであった。小角薄膜 x 線回折パターンからは Cubic 相に帰属することがわかった。作成したガラス薄膜の電導度と湿度との関係を図8に示す[6]。Cubic 状の細孔が存在し，電極に対して垂直方向に向いているものも多く存在す

ると考えてよい。そのために，低湿度では，電導度が低いものの，湿度の上昇とともに，急激に高くなっている。水の吸着とともに，プロトンの移動が容易になり高い電導度が得られることになる。しかもこの膜の特徴は，高湿度に曝して水を吸着したのち，湿度を下げても，電導度に低下がみられないことである（30％以下になると，電導度も低下した）。細孔の大きさは2 nm程度と非常に小さく，そのような細孔に吸着した水は，湿度が下がったとしても容易に蒸発しないことに因ると考えられる。

5　イオン液体をプロトン伝導パスにした電解質

今までに紹介したプロトン伝導体は，ゾル－ゲル体の細孔に水を吸着させ，その水を介してプロトンが移動するものであるために，高い電導度を得るためには，水を吸着させることが必要である。このことはナフィオン系電解質との大きな違いはなく，100℃より高温では，水を保つために加圧する必要がある。燃料電池の効率を上げるためには，例えば150℃程度の高温で，しかも特別な加湿装置を用いなくても運転可能な電解質の開発が強く望まれている。

水に替わる伝導パスの一つとしてイオン液体を用いたゾル－ゲル法電解質の開発例を説明する[7]。イオン液体として，1-ethyl-3-methylimidazolium bis (trifluoromethanesulfonyl) imide (EMITFSI) を用いて，P_2O_5-SiO_2系メソポーラス体を作成した。作製手順は，既に述べた方法と同じで，$PO(CH_3)_3$を加えた後，EMITFSIを加えてゲルを得，さらに250℃で加熱して試料とした。EMITFSIは細孔中に存在しているが，その存在空間は4 nm程度と小さく，そこに閉じ込められた分子，その中でも特に，水素イオンの動きは特異なものになっている。室温での電導度は，水系プロトン伝導体に比べて，一桁程度低く1 mS/cmであるが，湿度に依存しないことが分かった。図9に，200℃までの温度範囲，無加湿状態で測定した電導度を示す。100℃より高温でも電導度に低下が認められず，電解質としての応用が期待できる。

6　おわりに

ゾル－ゲル法の特徴を利用して，ナノオー

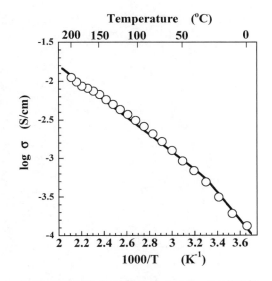

図9　EMITFSI-P_2O_5-SiO_2系メソポーラス体の無加湿下での電導度の温度依存性

ダーの細孔構造を制御することで，高いプロトン電導度を示すガラスが作製できることを示した。そこでのプロトン伝導は，細孔表面のOH基からのプロトンの離脱と，その後の水分子を介してのホッピングによるものである。更に細孔にイオン液体を閉じ込めることで，水に替わるプロトン伝導パスになり，高い電導度が保たれる。イオン液体の熱的安定性を考えると，150℃程度の温度域でも利用できることになる。さらに，これらを電解質にした燃料電池で発電も確認されており，今後の研究開発に期待がもてる。

文　献

1) M. Nogami, Y Abe, *Phys. Rev. B*, **18**, 12108（1997）
2) M. Nogami, Y. Daiko, T. Akai, and T. Kasuga, *J. Phys. Chem. B*, **105**, 4653（2001）
3) Y. Daiko, T. Kasuga and M. Nogami, *Chem. Mater.* **17**, 4624（2002）
4) Y. Daiko, T. Akai, T. Kasuga, and M. Nogami, *J. Ceram. Soc. Japan*, **109**, 815（2001）
5) L. Xiong, J. Shi, L. Zhang and M. Nogami, *J. Am. Chem. Soc.* **129**, 11878〜11879（2007）
6) H. Li and M. Nogami, *Adv. Mater.* **14**, 912（2002）
7) G. Lakshminarayana and M. Nogami, *Electrochimica Acta*, **55**, 1160〜1168（2010）

第28章　キャパシタおよびLiイオン二次電池電極材料の開発

森口　勇[*1]，山田博俊[*2]

1　はじめに

　エネルギー資源有効利用，環境負荷低減のための技術として，電池やキャパシタなどの電気化学エネルギーデバイスの開発に対する期待が高まっている。一般に，キャパシタは高出力であるがエネルギー密度が小さく，一方，Liイオン二次電池はエネルギー密度は比較的大きいものの出力が小さい。しかしながら，電気自動車（EV）の動力源，自然エネルギー負荷平準用や瞬時電圧低下対策用の蓄電システム等への応用を目指して，近年では出力密度とエネルギー密度が共に大きな高性能蓄電デバイスの開発が望まれている。このような高性能デバイスを開発するためには，高速でのイオンや電子移動を可能にする電極材料の開発が必要であり，そのためにはナノレベルからの材料設計・創製が要求されることになる[1]。ナノ材料を開発において，ソフトな条件で物質合成ができるゾル－ゲル法は大いに有用であろう。本章では，ゾル－ゲル法を利用したナノ多孔材料の開発を中心に，高速充放電電極材料の創製に関する最近の研究例を紹介する。

2　カーボンナノ多孔構造制御と電気二重層キャパシタ特性

　電気二重層キャパシタ（EDLC）は，活性炭のような電気化学的に不活性な分極性電極と電解液との界面に蓄えられる電気二重層容量を利用するものである。原理的には高比表面積であればあるほど二重層容量は増加するはずであるが，二重層形成のためには電解液から電極表面へのイオンの供給が必要であるため，細孔や表面構造，電解液の種類等によって容量特性が大きく左右される。活性炭の細孔径分布と電気二重層容量との関連性については以前より研究されてきたが，研究対象とされてきたカーボン材料の細孔径分布が幅広いものが多く，必ずしも明確な構造設計指針を得るに至っていない。ここでは，メゾ・マクロ細孔あるいはミクロ細孔を優先的に有

[*1]　Isamu Moriguchi　長崎大学　工学部　物質工学講座　教授
[*2]　Hirotoshi Yamada　長崎大学　工学部　物質工学講座　准教授

ゾル−ゲル法技術の最新動向

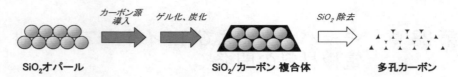

図1　多孔カーボンの合成スキーム

する多孔カーボンの合成，および細孔構造と EDLC 特性の相関性について述べる。

シリカオパールの粒子間隙にフェノール・ホルムアルデヒド溶液を充填し，酸触媒を加えて重合およびゲル化させ，炭化処理によりカーボン／シリカのコンポジットを合成し，ついで HF エッチングによりシリカ除去することにより，多孔カーボンが得られる（図1）[2〜5]。本系では，図2に示すように，シリカ粒子径に相当する球形細孔が3次元的に連結した規則多孔構造が形成される。窒素吸脱着等温線測定・解析より，テンプレート由来のメゾ・マクロ細孔と，フェノール樹脂由来のミクロ細孔からなる2元系の多孔体が得られることもわかっている。得られた多孔カーボンの電気二重層容量は，硫酸水溶液中では，メゾ・マクロ細孔の比表面積にほぼ比例して増加し，テンプレートの転写により生じた細孔表面が電気二重層容量に優先的に寄与する。メゾ・マクロ細孔の単位比表面積当たりの容量は $20\,\mu\mathrm{F\ cm^{-2}}$ 程度の理想的な値である[2]。また，一般にミクロ細孔が発達した活性

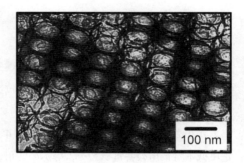

図2　多孔カーボンの透過型電子顕微鏡像
80 nm のシリカ粒子を用い，1000℃熱処理，HF エッチングで得た多孔カーボンの例

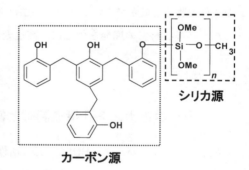

図3　有機−無機複合前駆体
荒川化学㈱製コンポセラン P502 の化学構造

炭等では電流密度を高くすると極端な容量低下が見られる[6,7]のに対し，本多孔カーボンは $100\,\mathrm{mVs^{-1}}$ の高速においても高容量を保持する[2,3]。一方，有機電解液中では，電気二重層容量へのメゾ・マクロ細孔表面とミクロ細孔表面の寄与は同程度であった[5]。

有機電解液中でのミクロ細孔の寄与について検討するために，フェノールコポリマー部位とシロキサン部位を合わせ持つ有機−無機複合前駆体（図3）のゾル−ゲル反応を利用してミクロ多孔カーボンの合成を行った[8]。前駆体を酸あるいはアルカリ条件で重合させ，得られたゲルを炭

第28章 キャパシタおよびLiイオン二次電池電極材料の開発

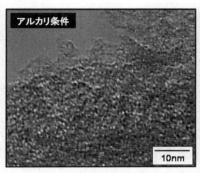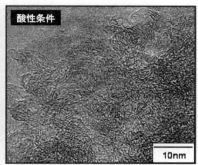

図4 前駆体をアルカリおよび酸性条件でゲル化し，熱処理，HFエッチングして得たミクロ多孔カーボンの透過型電子顕微鏡像

化，HFエッチングすることにより，0.6〜0.9 nm付近にミクロ細孔分布を有し，1200 m^2g^{-1}以上の大きな比表面積を有するミクロ多孔カーボンが得られる．酸触媒で得た多孔カーボンは，直線的なシリカ重合を反映して連続したスリット状あるいは管状のミクロ細孔を有するのに対し，塩基触媒では急速な三次元重合により不連続なミクロ細孔が形成される（図4）．有機電解液中でのEDLC特性は，酸条件で得た多孔カーボンの方がより高比表面積な塩基条件のものより容量が大きく，しかも単位面積当りの比容量は一般に報告されている値（7〜8 $\mu F\ cm^{-2}$）よりも大きくなった．細孔内全表面で電気二重層を形成するためには，少なくともイオン溶媒和サイズの2倍以上の細孔径が必要であり，既往研究では細孔径の減少とともに単位面積当りの比容量は低下する傾向があった．しかしながら，本ミクロ多孔カーボンのように，細孔径がイオン溶媒和サイズ近くになるとその傾向は逆転することが近年明らかにされ，ミクロ細孔空間における電気二重層構造の特異性（例えば，脱溶媒和など）が示唆されている[5,9]．また，本カーボンにおいては，さらに細孔の形状や表面化学構造も影響している可能性もある．

3 Liイオン二次電池電極材料のナノ構造制御と高速充放電特性

Liイオン二次電池において高速充放電を可能にするためには，①バルク電解液から電極活物質界面までのイオン移動，②電極活物質界面での電荷移動，③活物質固体内でのイオン拡散，④電気化学反応に要する電子移動，の各プロセスをスムーズに行わせる材料設計が必要である．②については，電気化学反応に伴いLiイオンが脱溶媒和して活物質内に挿入する際の活性化エネルギーが高いこと[10]が報告されているが，活物質をナノサイズ化すると，比表面積が増大し頻度因子が高くなることより反応速度が向上すると期待される．また，一般に活物質固相内のLiイオンの化学拡散係数Dは10^{-12}〜10^{-13} cm^2/sオーダと小さいために，③の過程が律速になること

も考えられるが，ナノサイズ化に伴いLi拡散距離 $L(=(Dt)^{1/2})$ が短くなれば，短時間で容量を取り出すことも可能になる．著者らは，バルク電解液から電極界面へのLiイオン移動のためのナノチャネルを有し，Li挿入・脱離反応のための界面面積が大きく，電子伝導相と活物質相のナノ複合壁からなる多孔電極材料の創製を検討してきた[11]．ここでは，TiO_2，V_2O_5 を活物質としたナノ構造制御例を紹介する．

3.1 TiO_2/カーボンナノチューブ（CNT）ナノ複合多孔体の合成と充放電特性

TiO_2 ナノ多孔体および TiO_2/CNT ナノ複合多孔体の合成は，両連続相マイクロエマルション（BME）およびポリスチレンオパール（CCT法）を用いた2つの方法（図5）により行った．BME法は，油／水／界面活性剤の三成分系マイクロエマルションではHLBが釣り合った条件において油相，水相が界面活性剤層を介して3次元的な両連続構造を形成することより，これを反応場に利用したゾル－ゲル合成である．BME溶液にTiアルコキシドを溶解し，ゲル化後，熱処理することで TiO_2 メゾ多孔体が得られる．水相に切断CNT水溶液を用いることにより複合ゲルの3次元ネットワークが形成され，これを熱処理して TiO_2/CNT 複合メゾ多孔体が得られる（図6）[12,13]．一方，CCT法では，ポリスチレン（PS）オパールを鋳型にして，粒子間隙でTiアルコキシドのゾル－ゲル反応をさせ，熱処理してPS除去することで TiO_2 マクロ多孔体が得られる（図7）[14]．PS粒子間隙に切断CNT水溶液とTi源を充填することにより，TiO_2/CNT ナノ複合マクロ多孔体（細孔サイズ120〜140 nm）も合成できる（図8）[15]．

得られた TiO_2/CNT ナノ多孔体は，TiO_2 のみのナノ多孔体に比べて分極がより抑制され，図

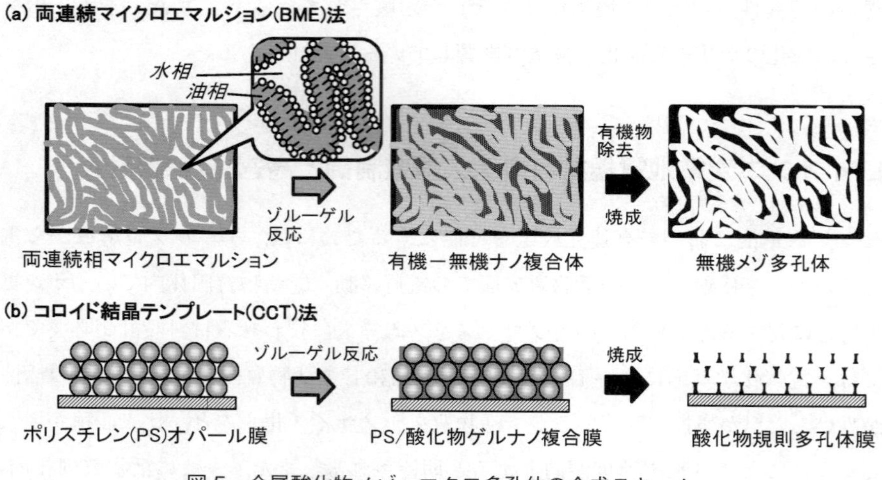

図5 金属酸化物メゾ・マクロ多孔体の合成スキーム
(a)両連続相マイクロエマルション法，(b)コロイド結晶テンプレート法

第28章　キャパシタおよびLiイオン二次電池電極材料の開発

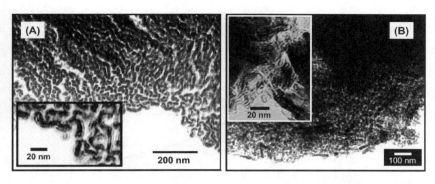

図6　BME法により作製したTiO$_2$/CNTナノ多孔・複合体の透過電子顕微鏡像[13]
(A)焼成前のゲル，(B)焼成後

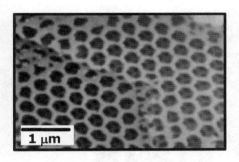

図7　CCT法で得たTiO$_2$規則マクロ多孔体の走査型電子顕微鏡像[14]

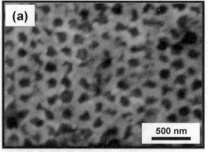

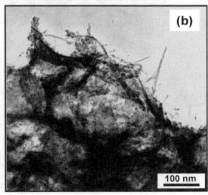

図8　TiO$_2$/CNTマクロ多孔体の合成例[15]
(a)走査型電子顕微鏡像：黒部分はナノ細孔，グレー部分が複合壁，(b) a から削り取り透過型電子顕微鏡で観察した像

9に示すように高レートでの充放電容量の大幅な増加が見られた。特にCCT法により合成したTiO$_2$/CNTマクロ多孔膜は，30 C(ca. 5 A(g-TiO$_2$)$^{-1}$)においても100 mAh^{-1} g^{-1}以上の高い容量を示した。アナターゼTiO$_2$固体中でのLi拡散が律速であると仮定した場合のTiO$_2$相厚みと実際に観察したTiO$_2$/CNTマクロ多孔膜中のTiO$_2$厚がほぼ一致しており[15]，効率的な電子伝導およびイオン移動パスを有するナノコンポジット材料が設計できることがわかった。

3.2　V$_2$O$_5$/多孔カーボンナノ複合体の合成と充放電特性

三次元的な導電フレームワーク表面に電極活物質をナノメートルオーダの厚みで均一コーティングした理想モデル（図10）を想定して，導電フレームワークをナノ多孔カーボン，活物質を

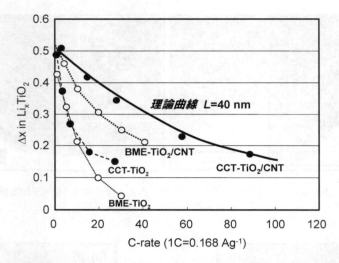

図9 TiO_2 および TiO_2/CNT ナノ多孔体の Li 挿入量のレート依存性
図中，実線は拡散律速の仮定で，拡散長 40 nm のときの理論曲線を示す。

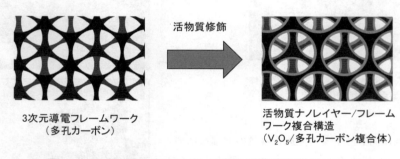

図10 活物質／導電フレームワーク複合の理想構造モデルの一例

アモルファス V_2O_5(a-V_2O_5) で構成し，a-V_2O_5 固相内での Li 拡散が電気化学反応の律速（電解質イオンや電子の移動過程はスムーズ）と仮定してシミュレーションを行うと，単極当りのエネルギー密度として 200～600 Wh/(kg-electrode)，出力密度として 60～600 kW/(kg-electrode) の大きな値が理論的には可能である。そこで，2 項で述べたナノ多孔カーボンが高速イオン移動に有効であることより，これを導電フレームワークとして V_2O_5 ゾルで表面修飾を施し，V_2O_5/多孔カーボン複合体を得た。図 11 に複合体の放電容量のレート依存性を示すが，V_2O_5 担持量の増加とともに複合体重量基準での Li 挿入脱離容量が増加し，また高い電流密度においても高容量が維持されることがわかった。電気二重層容量の寄与を差し引いた V_2O_5 重量基準の容量は，100 C 以上の高速充放電時においても 200 mAh/(g-V_2O_5) 以上の高容量を示すことも明らかにしている[16]。これらの成果は，シミュレーション結果を支持するもので，高速充放電に対するナノ

第28章 キャパシタおよびLiイオン二次電池電極材料の開発

複合多孔構造設計の有用性を示している。ところで，多孔化すると空隙が多くなるために体積当りの特性の低下が危惧されるが，本系の場合，コーティング厚みが一定であれば細孔サイズが小さいほど活物質量が増え，また空隙率も低下するため，重量と体積の両方の観点から特性最適化が可能である。

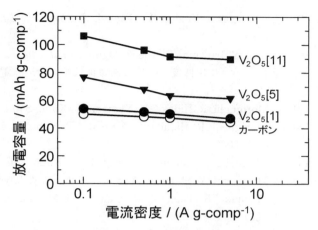

図11 110 nmのマクロ細孔からなる多孔カーボンをV_2O_5ゾルでコーティング処理して得た複合体の放電容量特性
V_2O_5［ ］の［ ］内数字はコーティング回数を示す。

4 おわりに

蓄電デバイスの高出力・大容量化に対し，電極材料のナノ構造制御は重要である。本章で紹介したナノ多孔構造制御は有効なアプローチの1つであり，最近では$LiCoO_2$のポスト正極材料として期待されている$LiFePO_4$等においても，同様のナノ多孔複合構造制御が充放電特性の大幅な向上をもたらすことも見出されている[17]。

文　献

1) I. Moriguchi, "Self-Assembly-Assisted Fabrication of Inorganic Nanoporous Electrode Materials", *In Bottom-up Nanofabrication : Supramolecules, Self-Assemblies, and Organized Films, Chapter* 17, 435, Eds. American Scientific Publishers (2009)
2) I. Moriguchi, F. Nakahara, H. Yamada, T. Kudo, Electrochem. *Solid-State Lett.*, **7**, A221 (2004)
3) I. Moriguchi, F. Nakahara, H. Yamada, T. Kudo, *Stud. Surf. Sci. Catal.*, **156**, 589 (2005)
4) H. Yamada, H. Nakamura, F. Nakahara, I. Moriguchi, T. Kudo, *J. Phys. Chem. C*, **111**(1), 227 (2007)
5) H. Yamada, I. Moriguchi, T. Kudo, *J. Power Sources*, **175**, 651 (2008)
6) E. Frackowaik, F. Beguin, *Carbon*, **39**, 937 (2001)
7) D. Qu, H. Shi, *J. Power Sources*, **74**, 99 (1998)
8) 田浦慶二，徳永紳一郎，山田博俊，森口　勇，2007年電気化学秋季大会，1P29 (2007)

9) J. Chmiola, G. Yushin, Y. Gogotsi, C. Porter, P. Simon, P. L. Taberna, *Science*, **313**, 1760 (2006)
10) T. Doi, Y. Iriyama, T. Abe, Z. Ogumi, *Anal. Chem.*, **77** (6), 1696 (2005)
11) 森口　勇，山田博俊，2008最新電池技術大全，㈱電子ジャーナル，第1編第2章第6節，40 (2008)
12) I. Moriguchi, R. Hidaka, H. Yamada, T. Kudo, *Solid Sate Ionics*, **176**, 2361 (2005)
13) I. Moriguchi, R. Hidaka, H. Yamada, T. Kudo, H. Murakami, N. Nakashima, *Adv. Mater.*, **18**, 69 (2006)
14) H. Yamada, T. Yamato, I. Moriguchi, T. Kudo, *Solid Sate Ionics*, **175**, 195 (2004)
15) I. Moriguchi, Y. Shono, H. Yamada, T. Kudo, *J. Phys. Chem. B*, **111**, 14560 (2008)
16) H. Yamada, K. Tagawa, M. Komatsu, I. Moriguchi, T. Kudo, *J. Phys. Chem. C*, **111**, 8397 (2007)
17) 森口　勇，山田博俊，電池技術，**21**, 17 (2009)

〈その他の応用〉

第29章　銀製品の防錆コーティング

田淵智美*

1　はじめに

　造幣局(1871年4月4日創業)では，流通貨幣のほか，天皇陛下御在位20年記念金貨幣や地方自治法施行60周年記念銀貨幣をはじめとする記念貨幣，及び勲章や銀盃，メダルなどの金属工芸品を製造しており，これらの製品の中には，銀を素材とするものが数多くある。銀製品は，いぶし銀と言われるように，硫化処理により硫化銀の黒い膜を利用してレリーフの凹凸を浮き出させる場合があるが，特別に鏡面や梨地加工を施した記念銀貨幣や銀盃となると，いつまでも銀白色を保ちたいという要求がある。銀は傷つきやすく再結晶化温度が低いことから，比較的硬い保護膜を凹凸のある製品に低温で作製するためには，低温合成，常温・常圧プロセス，スプレーコーティングが可能などのメリットを持つゾル－ゲル法が適している。しかし，熱膨張係数が大きく，他の金属に比べて酸化物皮膜を形成しにくい銀表面に塗布した場合，数μmの厚膜になると硬化過程での収縮応力に耐え切れず亀裂を発生しやすく，不活性面に対して付着障害を起こしやすい。これらの問題を改善するために，有機成分をソフトセグメントとして複合化することによって硬くて柔軟性のある膜を合成し，かつ，銀と化学結合しやすいイオウ成分を修飾した原料を用いることによって密着性を向上させた。複合膜の硬さや耐熱性は無機成分が支配し，柔軟性や付着性は主に有機成分が支配するという，相補的な機能をその配合割合によって調整でき，また無機成分と有機成分が分子レベルで融合しているために安定した膜を形成できるなど，ゾル－ゲル法のメリットを生かした。

2　銀製品の保護膜に要求される特性

　銀は，他の金属に比べて大気中において酸化膜が形成されにくく(図1)不活性な表面であるため，塗料がはじき易いという欠点を持っている。また，金属の中で可視光の反射率が最も高く，鏡面研磨した純銀は200℃を超えると再結晶化前の回復と呼ばれる現象が生じ，原子の再配列に伴う白濁化が現れる(図2)。したがって，銀製品の防錆コーティング剤として要求される特性は，

---

*　Satomi Tabuchi　㈱造幣局　貨幣部　管理環境課　企画調整官

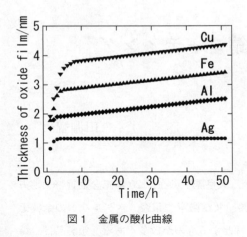

図1　金属の酸化曲線

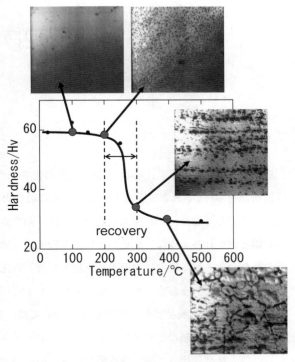

図2　銀の焼鈍曲線と各温度における表面（光学顕微鏡写真）

耐腐食性，密着性，耐摩擦性といった一般的なものに加えて，透明性と低温硬化性が挙げられる。膜厚が薄くてもある程度の硬さと柔軟性をもち，200℃未満で硬化する材料を求めた結果，ゾル－ゲル法による有機高分子・無機ハイブリッド塗料にたどりついた。

3　有機高分子・無機ハイブリッド塗料

アルコキシシラン系塗料はアルキルシリケートを加水分解した4～5量体が用いられ，高い透明性を有し，高硬度，高耐候性等の特徴を有する反面，通常の有機系塗料と比較して，①塗料の固形分が低く超薄膜となり干渉色が見える，②硬い膜を形成するが脆く少し厚膜になると乾燥硬化過程での収縮応力に耐えきれず，割れを生じやすい，③不活性面に対しては付着しにくい，④低温硬化といえども400～500℃の加熱が必要であるため銀の表面が再結晶化する，などの欠点がある[1]。

こうした欠点を補うために，無機成分に有機成分を複合化（ハイブリッド化）するのが一般的である。ここでは，無機成分としてテトラエトキシシラン（TEOS）を選び，有機材料には，金属製品の塗装によく使われるのがアクリル樹脂系であることから，メタクリロイル基の末端反応性基をもつアルコキシシランであるγ-メタクリルオキシプロピルトリメトキシシラン（MPTMS）とγ-メタクリルオキシプロピル（ジメトキシ）メチルシラン（MPDMS），更に，メチルメタクリレート（MMA）とMPDMSの共重合を行ったものの計3種類を選んだ。このような組み合わせ

の有機・無機ハイブリッド材料は，先に加水分解・脱水縮合してシロキサンネットワークを形成した後にラジカル重合を行う場合と，先にラジカル重合を行って加水分解・脱水縮合する場合とがある。前者は無機ポリマー（シロキサン）ネットワーク中で有機ポリマーネットワークが形成されるのに対して，後者は有機ポリマーの側鎖に無機ポ

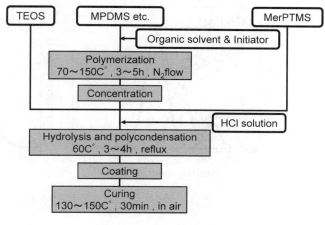

図3　膜の作製方法

リマーのネットワーク体が形成される。試行錯誤の結果，再現性の良かった後者の方法を用いてハイブリッド膜を作製（図3）し，アルコキシシランの種類と配合比率による膜の特性を比較し，最適な合成条件を見つけた。

4　ハイブリッド膜の特性

4.1　アルコキシシランの種類と耐溶剤性

　MPTMS，MPDMS及びMMA-MPDMSコポリマーの3種類のアルコキシシランから得たハイブリッド膜について，エタノール，アセトン，THF，トルエンに対する溶解性を表1に示す。MMA-MPDMSコポリマーはMMAの比率に関わらずエタノールを初めとする全ての溶剤に容易に溶けたが，MPTMSまたはMPDMSはいずれの溶剤にも溶けなかった。溶剤に対する溶解性は有機成分の本質であることから，コポリマーから成る膜は加水分解に続く脱水縮合が充分に進んでおらず，シロキサンネットワークが未発達であるため，無機成分の機能が発現されていないと推測

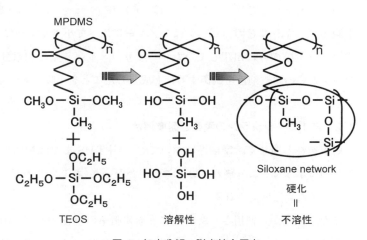

図4　加水分解－脱水縮合反応

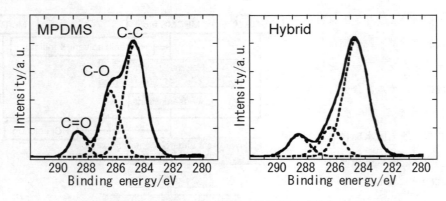

図5 モノマーとハイブリッドのXPS（C1s）

される（図4）。そのことを確かめるために，XPSを用いてMPDMSのモノマーとハイブリッド膜のCの結合状態を調べた結果，MPDMSモノマーでは，C-O単結合に帰属されるピークの強度がC=O二重結合に帰属されるピークよりかなり高くなっているのに対して，ハイブリッド膜ではC-O単結合のピーク強度がモノマーに比べて低くなっていた（図5）。これは，ハイブリッド膜におけるMPDMSのメトキシ基が加水分解し

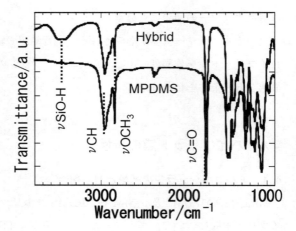

図6 モノマーとハイブリッドのFT-IR

ていることを示している。このことは，FT-IRのチャートからも確認できた（図6）。ハイブリッド膜のメトキシ基起因のピークはモノマーに比べて小さく，逆にSiO-H結合起因のピークがハイブリッド膜のみに出現していた。つまり，メトキシ基の加水分解が進み，シロキサンネットワークが膜の耐溶剤性を制御するほど成長したことを示唆している[2]。

4.2 アルコキシシランの種類と耐摩擦性

耐溶剤性と同じく耐摩擦性についても，MPTMSまたはMPDMS単独の膜の方が，いずれの配合のコポリマーより優れていることがわかった（表1）。これは，単独膜は無機成分の性質が優勢であるためと考えられる。

また，従来から使用されているフッ素樹脂系の膜（Z-002）とMPDMS-TEOSハイブリッド膜（SG-2）について，ボールオンディスク法（ステンレスボール）で摩擦試験を行った痕跡を見ると，

第29章 銀製品の防錆コーティング

表1 有機高分子の種類とハイブリッド膜の特性

Organic polymer	Molar ratio MMA/MPDMS	Appearance as prepared	Resistance		
			solvent[a]	wear	moisture
PMPTMS	—	transparent	insoluble	transparent	peeled[b]
PMPDMS	—	transparent	insoluble	transparent	peeled[c]
P(MMA-co-MPDMS)	4	transparent	soluble	opaque	not peeled
P(MMA-co-MPDMS)	2	transparent	soluble	cloudy	not peeled
P(MMA-co-MPDMS)	1	transparent	soluble	translucent	not peeled

[a]Ethanol, THF, acetone, toluene. Results were same in any solvents
[b]Peeled off after 6 days of the test
[c]Peeled off after 10days of the test

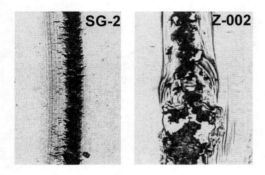

図7 ボールオンディスクテスト痕

Z-002は破れて下地が露出していたのに対して，SG-2には亀裂が認められた(図7)。このことは，ハイブリッド膜にはガラスに近い物性が備わっていることを示している。

4.3 アルコキシシランの種類と密着性

次に，MPDMSとMPTMSから作製した膜の銀に対する密着性を比較すると，MPDMSの方が優れていた(表1)。これはMPDMSの方がMPTMSより分子内振動の自由度が大きいため，膨張・収縮に対する応力を緩和したためと考えられる。

また，MPDMSから成るコーティング膜の密着性については，後述のとおり，膜と金属の界面の相互作用に起因していることがわかった。

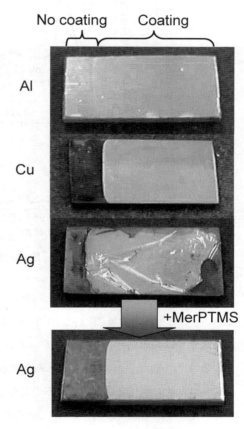

図8 金属と膜の密着性
銅と銀は硫化により剥離部分が黒く見えるようにした。

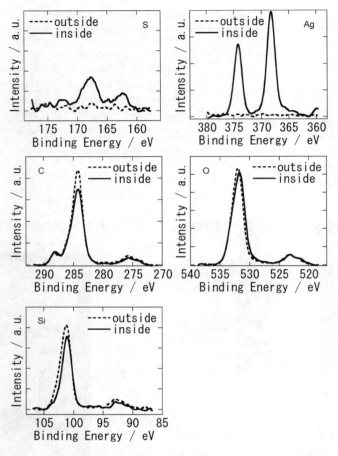

図9 剥離膜のXPS(内外)

　表面の酸化層が,比較的厚いCu,Cuより薄くても不働態膜を形成するAl,ほとんど形成しないAgの3種類の金属(図1)とMPDMSから成るコーティング膜との密着性を評価した結果,AlとCuでは膜の剥離は見られなかったのに対して,Agは周囲から剥離してしまった(図8)。この結果は,AlとCuにおいては表面酸化層や水酸化物層とハイブリッド膜に含まれるシラノールやシロキサンが化学結合していることを示唆している。そこで,Agと化学結合しやすいS成分をハイブリッド膜に導入すれば,Agと膜の界面で化学結合が生じ,密着性を高められるのではないかという発想で,チオール基を持つγ-メルカプトプロピルトリメトキシシラン(MerPTMS)を合成段階で添加した結果,銀板にコーティングしたハイブリッド膜の剥離を抑制することができた(図8矢印の下)。

　更に,AgにコーティングしたMerPTMS入りハイブリッド膜を強制的に剥離し,その外側と内側の表面をXPSで分析した結果,CとOとSiはどちらの面にも検出されたのに対して,Sと

第 29 章　銀製品の防錆コーティング

Ag は膜の内側だけに検出された（図 9）。このことは，膜の内側に S が偏在しており，Ag が膜の中に拡散していることを示している。すなわち，酸化膜を形成しやすい金属の場合は，金属酸化層とシロキサンネットワークとの化学結合が膜の密着性に寄与しているのに対して（図 10a），Ag の場合は，シロキサンネットワーク末端のチオール基と Ag との化学結合が寄与していると考えられる（図 10b）。これは，Ag の不活性面に対して反応性の高い官能基を持つアルコキシシランが膜構造の一部になって有効に働いた例であるが，ゾル－ゲル法の分子レベルでの複合化というメリットを最大限に活用したものである。こうして，MPDMS と TEOS を原材料とし，有機ポリマーの側鎖にシロキサンネットワークを構成したハイブリッド体に MerPTMS を添加して Ag との結合力を付加することによって，銅合金だけでなく銀の製品をターゲットとしたコーティング剤が完成した[3]。この後，溶媒と開始剤を変えた改良版を作製した[4]。

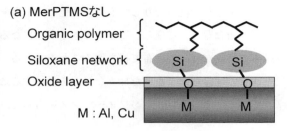
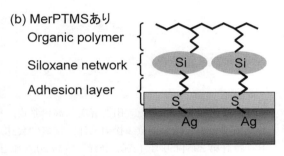

図 10　金属と膜の界面（イメージ図）

4.4　コーティング膜としての硬さ，耐候性

TEOS の含有率または硬化温度で膜の硬さは変わるが，TEOS 10％で 150℃，30 分の乾燥硬化により鉛筆硬度約 5 H の膜を得た。

また，JIS K-5600 準拠の温湿度サイクル試験，及び太陽光に近い波長を持つキセノンアークと蛍光灯による光照射試験の結果，銀メダルに塗布した膜は変色や剥離等の異常は見られなかった。尚，サイクル条件は，50℃/90%/18 時間→ −20℃/3 時間→ 23℃/50%/3 時間を 1 サイクルとして 10 回繰り返した。照射条件は，キセノンアークが 180 kW/ 距離 480 mm/40℃/180 時間，蛍光灯が 32 W/ 距離 100 mm/ 室温 /110 日である。

5　おわりに

今回開発した銀製品用コーティング剤を銀盃に塗布した場合，日本酒を飲んだり，その後に洗

剤とスポンジで洗ったりしても傷や変色の心配は全くなくなり，今まで飾るものと思っていた銀盃が，銀食器として楽しむことができるようになる。また，銀メダルに塗布した場合は，素手で触って指紋がついても布で拭き取ることができる。ゾル－ゲル法を応用することで，従来の有機系塗料では得られなかった様々な機能を付加することができるものの，原料コストの課題が残されている。原料のコストパフォーマンスを含めて，今後のコーティング材料の開発動向に注目したい。

文　　献

1) 延命正敏，米倉忠史，田淵智美，高橋雅也，科学と工業, **73** (9), 438 (1999)
2) 田淵智美，延命正敏，松川公洋，接着学会誌, **42** (2), 12 (2006)
3) 特許第3954450号（2007登録，特願2002-182913）
4) 特願2006-311954

第30章　ガスバリアコーティング膜

忠永清治*

1　はじめに

　高分子材料は，安価で軽量であり，フレキシブルであるという利点を有することから，様々な用途に使われている。しかし，水蒸気，酸素などのガスの透過率が大きいために，使用できる分野が限定されたり，食品や様々な製品の寿命を制限する場合がある。従って，気体透過性の小さい高分子材料は，食品の包装材料や電子・光学素子のパッケージなどの様々な分野で重要である。その中で，食品の包装材料では，現在の高分子基材よりも高いバリア性を有する透明な材料が求められている。また，近年，携帯機器の発展やディスプレイの大画面化に伴い，軽量でフレキシブルなディスプレイの実現が求められている。これらのことより，透明高分子基材に様々なコーティングを行うことによってガスバリア性を向上させることが検討され，一部はすでに実用化されている[1]。現在，実用化されている例として，スパッタ法やプラズマCVD法といった気相法によって作製されるSiO_xやAlO_x薄膜を挙げることができる。また，プラズマ法を用いて，PETボトルにDiamondlike carbon（DLC）をコーティングしたものも実用化されている。ただし，これらの無機膜は柔軟性に乏しいので，成形段階における亀裂の発生や剥離が起こる可能性がある。また，フレキシブルディスプレイに応用する場合にも，変形した場合に亀裂が入れば，ガスバリア性が低下してしまう可能性が高い。これらが原因となって，通常ガスバリア性には限界があり，有機ELデバイスのような極めて低いガス透過性が要求される用途に使用するには十分なバリア性が得られないことが多い[2]。

　一方，ゾル－ゲル法によるコーティング薄膜の形成では，無機骨格に有機成分を導入した有機－無機ハイブリッドを容易に作製することができるので，ガスバリア性を示す無機骨格に柔軟性を付与できること，気相法に比べると装置が比較的簡便であり，大面積化が可能なこと，また，低コストで連続的に製造できると考えられるので，ガスバリア性コーティング膜の作製方法として重要である[1〜4]。特に，気相法により作製される無機膜の亀裂発生や剥離を防ぐために，中間層として有機－無機ハイブリッド膜を用いることが注目されている。期待されている機能についてその概要を図1に示している。

＊　Kiyoharu Tadanaga　大阪府立大学　大学院工学研究科　応用化学分野　准教授

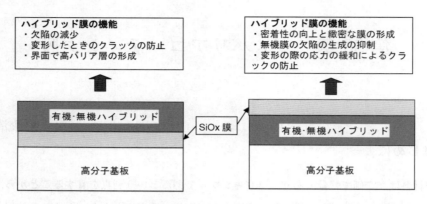

図1　積層の順序によるハイブリッド膜の機能の違い

本章では，ゾル－ゲル法を用いたガスバリア性膜の形成に関して，①高分子フィルへの直接コーティング，②気相法による無機膜形成と有機－無機ハイブリッドを組み合わせたガスバリアコーティング，に関する最近の報告例を紹介する。

2　高分子フィルムへの有機－無機ハイブリッド膜の直接コーティング

2.1　基板の前処理の影響

我々の研究グループでは，以前，PET基板の表面を，シランカップリング剤であるアミノプロピルトリエトキシシラン（APTES）の加水分解物であらかじめ処理し，その上にTEOS-MTES系をコーティングした場合には，前処理を行わない場合に比べて，水蒸気透過率を大きく抑制できることを見出している[5]。最近，ポリカーボネート（PC）基板に有機－無機ハイブリッド膜を形成する場合にも，アミノプロピルトリエトキシシランによる基板の前処理が有効であることが報告されている[6]。末端にアクリル基を含むポリエステル，1,6-ヘキサジオールジアクリラート，テトラエトキシシラン，トリメトキシシリルメタクリラートを原料とした有機－無機複合体をPC基板に直接コーティングした場合は，酸素透過性が約30〜50%低下させることができるが，PC基板をあらかじめAPTESで処理し，それから上記の有機－無機複合体膜をコーティングすることによって酸素透過性が40分の1以下になることがわかった。APTESで前処理することによって，高分子基板とコーティング膜の密着性が向上し，さらに密着性の向上に伴って界面付近に緻密な層が形成されることが酸素透過性の抑制に非常に重要であると考えられる。

これとは別に，加水分解したAPTESから得られる厚さ10μmの膜をポリプロピレン（PP）

第 30 章　ガスバリアコーティング膜

フィルムにコーティングした場合でも，ガスバリア性が得られることが報告されている[7]。

2.2　耐摩耗性とガスバリア性を兼ね備えた有機−無機ハイブリッドコーティング

　高分子基材に有機−無機ハイブリッド膜をコーティングする場合，ガスバリア性の向上だけでなく，表面硬度あるいは耐摩耗性も兼ね備えたコーティング膜が望まれる。例えば，ポリビニルアルコール（PVA），ポリアクリル酸（PAA）およびシリカをナノレベルで複合化することによって，ガスバリア性と耐摩耗性の両方を兼ね備えた有機−無機ハイブリッドコーティング材料が得られることが報告されている[8]。テトラメトキシシラン，アミノプロピルトリメトキシシラン，PVA および PAA から得られる溶液を PC 基板にコーティングした場合，酸素透過率は膜中のシリカ含量に大きく依存し，シリカの含有率が高くなるに従って，酸素透過率が大きく低下することがわかった。この膜の場合，有機ポリマーとシリカ層の層分離構造が膜の酸素透過性に大きく影響していると考えられている。

2.3　マイクロ波処理による低温緻密化

　ゾル−ゲル法によって高分子基板上にシリカ系膜を形成しバリア性能を期待する場合，ガラスそのものあるいは SiO_x の類似という点では，Si-O-Si 骨格がより発達した膜であることが望ましいと考えられる。しかし，熱処理温度に制限があるために，SiOH の残留が大きな問題である。SiOH が存在すると水分子との親和性が大きくなり，このことは透過性の増大を意味する。したがって，SiOH の脱水縮合を促進して Si-O-Si 骨格を発達させるために，長時間の熱処理が行われるが，長時間の熱処理は，実用化にむけては大きな問題となる。Kuraoka らは，この問題を解決するために，シリカ系コーティング膜のマイクロ波処理について検討している[9]。酸素バリア性が期待されるポリビニルアルコール−シリカ系のコーティング膜をポリプロピレン基板上に形成し，10 分間のマイクロ波照射を行ったところ，100℃で 10 時間熱処理した場合に比べて，酸素透過性が抑制されることが確認された。また，このコーティング膜も，ハードコートとしての機能も同時に有しており，コーティングによって鉛筆硬度が大きく上昇することが確認されている。

2.4　生分解性プラスチックへの応用

　近年，環境問題への関心の高まりによって，高分子の包装材においても，生分解性高分子の利用が進んでおり，生分解性高分子フィルムの食品用への応用が期待されている。その代表的なものの 1 つがポリ乳酸である。ポリ乳酸は他の包装材と同等の機械的強度，透明性を有する材料であるが，酸素や水蒸気の透過性は非常に大きく，食品用包装材には適していない。そこで，有

機-無機ハイブリッド膜をポリ乳酸上に形成し，ガスバリア性を向上させる試みが報告されている[10]。ポリεカプロラクトン，ポリエチレンオキシドまたはポリ乳酸のいずれかとテトラエトキシシランから作製した有機-無機複合体膜をポリ乳酸フィルムにコーティングすると，いずれの場合も緻密で密着性にすぐれたコーティング膜が得られ，酸素透過率が1桁小さくなることが確認された。したがって，このようなバリア膜をコーティングしたポリ乳酸は，食品包装材へ応用されることが期待できる。

2.5 その他の例

その他の例としては，TEOS，イソシアナトプロピルトリエトキシシラン，ポリエチレン-ポリエチレングリコール共重合体から作製した有機-無機ハイブリッド膜を低密度ポリエチレンLDPE上に形成した場合に酸素，窒素などのガスバリア性が向上すること[11]，ポリビニルアルコール／シリカ系コーティング膜を2軸延伸プロピレンフィルム上に形成した場合に酸素バリア性が向上すること[12]などが報告されている。また，ガスバリアコーティングではなく，膜そのもののガスバリア性を向上させる場合には，層状の粘土鉱物の板状結晶をフィラーとして添加する手法がよく用いられている[1]。これに対して，ゾル-ゲル法ではないが，粘土鉱物の板状結晶とポリアクリルアミドを用いて交互積層法によりPET基板上に形成した薄膜が非常に大きなガスバリア性を示すことが報告されており，注目される[13]。

3 気相法による無機膜形成と有機-無機ハイブリッドを組み合わせたガスバリアコーティング

3.1 気相法によりSiO_2がコーティングされた高分子フィルムへの有機-無機ハイブリッド膜のコーティング

気相法により高分子基板上に形成したSiO_x膜などのクラック発生を防ぐことを主な目的として，その表面に有機-無機ハイブリッド膜をコーティングする方法が検討されている。例えば，Singhらは，プラズマCVD法によりSiO_2がコートされたPET基板に，加水分解アミノプロピルトリエトキシシラン（APTES）をコーティングした場合のガスバリア性について評価している[14]。気相法により形成されたPET基板上のSiO_2膜には多くの欠陥が存在し，この欠陥がガスバリア性が十分に発揮されない原因となっている。加水分解したAPTESをコーティングすることにより，この欠陥の濃度が大きく減少し，ガスバリア性も向上することが確認された。また，APTES溶液のpHがより塩基性の場合，SiO_2層の表面がわずかに溶解し，そこに緻密なポリシロキサン層が形成されるために，よりガスバリア性が大きくなることもわかった。

3.2 中間層として有機-無機ハイブリッド膜を用いる場合

高分子基板に SiO_xN_y をプラズマ CVD 法で作製する際に，直接形成する代わりに，中間層として有機-無機ハイブリッド膜を形成することによって，バリア性の向上や変形による耐久性が向上することが報告されている[15]。例えば，ポリエーテルスルホン（PES）基板に，シロキサン系の有機-無機ハイブリッド膜を形成し，その上にプラズマ CVD 法を用いて SiO_xN_y を形成した場合の酸素透過性を表1に示す。ここでは，直径 30 mm の円筒にフィルムを巻きつけることによる変形試験を行ったあとの酸素透過速度についても同時に示してある。中間層として使用した有機-無機複合膜のみをコートしただけでは酸素透過率はあまり変化しないが，中間層として有機-無機複合膜を形成してから SiO_xN_y 膜を形成することによって，直接 SiO_xN_y 膜を形成するよりも，さらに酸素透過性が抑制されることがわかる。中間層を形成したあとの表面は，基板そのものに比べて非常に平滑性が高くなっており，平滑性が高くなったことによって欠陥の無い緻密な SiO_xN_y 膜が形成できたことが酸素透過性の抑制の原因の一つとして考えられている。また，表1より，厚い（150 nm）SiO_xN_y 膜を形成した場合，基板を変形させた場合に酸素バリア性の大きな劣化が観察されるが，中間層を形成することによって変形試験によっても酸素バリア性が変化しないことがわかる。これは変形によるクラックの発生を抑制したことによるものと考えられる。

上記の例と同じグループから，高分子基板に無機膜を直接形成する，あるいは有機-無機複合体膜を形成してから無機膜を形成するのではなく，高分子基板上に形成した有機-無機ハイブリッド膜をプラズマ処理することにより，表面部分のみ SiO_x へと変化させることによってガスバリア性を高める方法も提案されている[16]。コーティング膜の組成については明記されていないが，シロキサン系の有機-無機ハイブリッド膜をポリエーテルスルホン（PES）基板上に形成し，酸素プラズマによって表面を処理している。酸素プラズマ処理により，ハイブリッド膜中の有機成分が酸化され，表面に SiO_x 層が形成された。酸素透過速度は 0.2 cm^3/m^2 day まで抑制することが可能であり，表1の数値と比較すると，PE-CVD 法で作製した無機膜とほぼ同様のガス

表1 SiO_xN_y をコートした PES 基板の曲げ試験前後の酸素透過速度[8]

酸素透過速度（cm^3/m^2 day）

	PES	PES/ハイブリッド	25 nm SiO_xN_y		150 nm SiO_xN_y	
			PES/SiO_xN_y	PES/ハイブリッド/SiO_xN_y	PES/SiO_xN_y	PES/ハイブリッド/SiO_xN_y
変形なし	394	340	1.5	0.2	0.4	0.3
膜を外側にして変形			変化なし	変化なし	変化なし	変化なし
膜を内側にして変形			変化なし	変化なし	〜29	変化なし

バリア性であることがわかる。この膜は，表面部分は SiO_x であり，基板方向に向かって組成が少しずつ変化して本来の有機−無機ハイブリッド膜の組成になることが確認されており，傾斜組成膜となっている。このことにより，変形試験を行っても表面の SiO_x 層には亀裂が発生せず，ガスバリア性が維持できることがわかった。

4 おわりに

様々な高分子基材に対してガスバリア性を付与する際に，ゾル−ゲル法によるコーティング膜が用いられている例について紹介した。ほとんどの場合において，ガスバリア膜と高分子基材との密着性が，ガスバリア性の向上に大きな役割を果たしていると考えられ，ガスバリア性を向上させるためには，その界面の設計が非常に重要であることを示している。

ゾル−ゲル法によるガスバリア性膜の形成に関しては，フレキシブルな基材への適用が可能なこと，また，大面積化，低コスト化などの観点から期待は非常に大きく，今後さらにその適用が広がっていく分野であると期待される。

文　献

1) ハイバリア材料の開発―成膜技術とバリア性の測定・評価方法―，技術情報協会（2004）
2) 忠永清治，セラミックス，**37**, 165-168（2002）
3) 忠永清治，目的を達成するためのゾル−ゲル法における構造制御ノウハウ集，p. 342, 技術情報協会（2003）
4) 忠永清治，ハイバリア材料の開発−成膜技術とバリア性の測定・評価方法−，p. 162, 技術情報協会（2004）
5) K. Tadanaga, K. Iwashita, T. Minami, N. Tohge, *J. Sol-Gel Sci. Techn.*, **6**, 107（1996）
6) S. Lee, K. K. Oh, S. Park, J. S. Kim, H. Kim, *Korean J. Chem. Eng.*, **26**, 1550（2009）
7) K. Jang, H. Kim, *J. Sol-Gel Sci. Techn.*, **41**, 19（2007）
8) 西浦克典，高木斗志彦，中浦　誠，日本ゾル−ゲル学会第5回討論会講演予稿集，p. 82（2007）
9) K. Kuraoka, A. Hashimoto, *J. Ceram. Soc. Jpn.*, **116**, 832（2008）
10) M. Iotti, P. Fabbr, M. Messori, F. Pilati, P. Fava, *J. Polym. Environ.*, **17**, 10（2009）
11) M. Minelli, M. G. De Angelis, F. Doghieri, M. Marini, M. Toselli, F. Pilati, *Euro. Polymer J.*, **44**, 2581（2008）
12) S. W. Kim, *Korean J. Chem. Eng*, **25**, 1195（2008）

13) W.S. Jang, I. Rawson, J. C. Grunlan, *Thin Solid Films*, **516**, 4819 (2008)
14) B. Singh, J. Bouchet, Y. Leterrier, J. -A. E. Manson, G. Rochat, P. Fayet, *Surface Coating Techn.*, **202**, 208 (2007)
15) J. Shim, H. G. Yoon, S. H. Na, I. Kim, S. Kwak, *Surface Coating Techn*, **202**, 2844 (2008)
16) S. Kwak, J. Jun, E-S. Jung, *Langmuir* **25**, 8051 (2009)

第31章　眼鏡レンズ用ハードコート材料

清水武洋*

1　はじめに

眼鏡レンズの素材は長いあいだガラスが使われてきたが，現在ではプラスチック素材のレンズが広く普及している。眼鏡レンズの素材に要求される基本的特性としては，透明度，耐候性，加工性，研磨性，耐擦傷性などがある。ガラス素材のレンズはほぼ全ての特性を満たしているが，プラスチック素材のレンズは，軽量，耐衝撃性，染色性などガラス素材にない特性があるが，耐候性，耐擦傷性においてガラス素材には及ばない。

これを解決するためにレンズ表面にハードコート処理などの表面処理を施している。

ハードコートの素材としては，シリコーン系やウレタン系，メラミン系などの熱硬化塗料や生産性に優れたアクリル系 UV 硬化塗料などがある。ウレタン系やメラミン系，アクリル系 UV 硬化塗料は表面硬度においては十分ではなく，眼鏡レンズ用ハードコート剤としてはシリコーン系熱硬化塗料が用いられている。

表1　材料特性

特性	プラスチック	ガラス
比重	○	×
耐衝撃性	○	×
伸縮性	○	×
熱成形性	○	×
機械加工性	○	×
耐擦傷性・硬さ	×	○
熱寸法安定性	×	○
耐熱性	×	○
染色性	○	×

表2　コート液原料特性

硬化反応	熱硬化	UV 硬化
代表例	シリコーン系	アクリル系
表面硬度	○	△
耐候性	○	×
耐薬品性	○	×
硬化時間	×	○
生産設備	×（大型）	○（小型）
ポットライフ	×	○

---

*　Takehiro Shimizu　伊藤光学工業㈱　技術部　技術課　マネージャー

第31章 眼鏡レンズ用ハードコート材料

2 ゾル-ゲル法によるハードコート材料

シリコーン系熱硬化塗料はゾル-ゲル法を利用して作製される。ゾル-ゲル法とは溶液を出発原料とし、溶液のゲル化を利用して固体材料を作る方法である。目的とする材料の構成成分のもととなるのは、アルコキシド、アセチルアセトナート、酢酸塩、無機塩などの金属材料である。

図1に示すように、原材料の金属アルコキシドの他に、加水分解に必要な水、溶媒としてのアルコール類、触媒としての酸または塩基からなる溶液を調合し、溶液中で加水分解と重合反応を起こさせる。これによって溶液は液状のゾルを経て固体状のゲルに変わり、水分、溶媒を気化させて乾燥ゲルが得られる。乾燥ゲルを得るには100〜150℃の加熱処理が必要であるが、

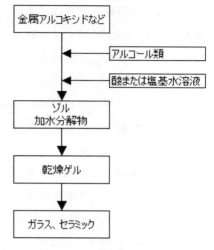

図1 作製プロセス

この温度では有機物の分解が起こらないので、有機・無機ハイブリッドなどをつくることも可能である。また加熱ゲルをさらに加熱するとガラスやセラミックを得ることが出来る。

このように、ゾル-ゲル法は低温合成法であり、プラスチックなどの耐熱性の高くない材料に使用することが可能である。

3 眼鏡レンズ用ハードコート材料の構成

表3にハードコートの原材料例を示した。原材料の金属アルコキシドとしてはシラン化合物が用いられる。テトラエトキシシラン、有機官能基を有するシランカップリング剤が用いられている。

シランカップリング剤とは分子内に有機材料、有機材料それぞれに反応・結合する官能基を有する有機ケイ素化合物である。有機材料と反応・結合する官能基としては、ビニル基、エポキシ基、アミノ基などがあり、コーティングするプラスチック素材により選択される。

次に溶媒としては、加水分解時にアルコールが必要であり、また乾燥性の調節やコート膜の平滑性を持たせるための中沸点溶媒などが用いられる。

次にシリカゾルなどの金属微粒子ゾルが用いられる。役割としてはハード膜が硬化する際の収縮抑制や、表面硬度を付与する。また、シリカゾルの他にはチタニア、ジルコニアなど高屈折率

の金属微粒子ゾルがあり屈折率を調節するために用いられる。

これら金属微粒子ゾルは粒子系が数十nmであり，またその表面はシラノール基などで修飾されているため，加水分解したシランカップリング剤との相溶性がよく，また架橋反応が可能である。

次に硬化触媒としては，シラノール基の縮合により架橋の進行を促進するものが使用される。アルミニウム，チタン，鉄などの金属アルコキシドやキレート化合物や，ジカルボン酸などの有機酸，アミン類などが使用される。

次にレベリング剤としては，フッ素系あるいはシリコーン系界面活性剤が用いられる。コート液のぬれ性の向上や，コート膜表面の平滑性を向上させる。

4 ハードコート液の調合の注意点

図2に調合手順を示した。

第1段階：シラン化合物の加水分解

各種シラン化合物あるいは金属アルコキシドは，酸または塩基性触媒によって水と容易に反応しシラノール基に変換される。生成したシラノール基は不安定で，放置しておくと縮合が進行し最終的にはゲル化してしまう。従って，加水分解する場合，反応液濃度，希釈溶媒の種類，加水分解触媒の種類，反応温

表3 ハードコート材料

構成物	例	機能／効果
シラン化合物	シランカップリング剤 テトラエトキシシラン	耐擦傷性 密着性 耐溶剤性 耐候性
溶剤	アルコール エステル ケトン	濃度調整 密着性改善 ポットライフ延長
硬化触媒	金属錯体 ジカルボン酸 アミン類	低温硬化
金属微粒子ゾル	シリカゾル ジルコニアゾル チタニアゾル	耐擦傷性 屈折率調整 硬化収縮の緩和
レベリング剤	フッ素系界面活性剤 シリコン系界面活性剤	表面張力低下 ぬれ性改善

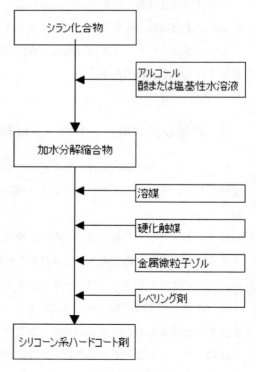

図2 調合手順

度などを制御する必要がある。

第2段階：その他の調整

溶媒，硬化触媒，金属微粒子ゾル，レベリング剤などを順次添加し，ハードコート剤が調製される。

5 ハードコートの塗布方法

塗布方法には，ディップコート法，スピンコート法，スプレーコート法などがある。

ディップコート法とは，コート液中にレンズを浸漬した後，引き上げることで塗布される方法であり，レンズの両面へのコーティングが可能である。これらの利点から，眼鏡レンズのハードコートにおいては最も広く用いられている。コート膜厚はコート液の固形分濃度あるいは粘度と，引き上げ速度により制御することが出来るが，引き上げ方向での膜厚ムラが生じることが難点である。この膜厚ムラは屈折率が異なる基材とハードコートの組み合わせにおいては，虹色の干渉（干渉縞）の原因となり，外観上の問題となる。最近では引き上げ速度を可変制御することで，この膜厚ムラを解決する試みもみられる。

スピンコート法とは，レンズ上にコート液を垂らし，回転によって塗布する方法である。利点としてはコート膜の均一化が可能である。コート膜厚は，ディップコートと同様にコート液の固

図3-1　一般的な引き上げ

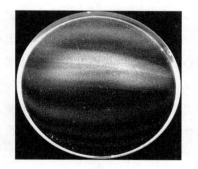
図3-2　可変制御による引き上げ

表4　コート方法比較

塗布方法	ディップコート法	スピンコート法	スプレーコート法
膜厚の均一性	×	○	△
量産性	○	×	×
形状対応性	○	×	△〜○
コート液消費量	×	○	△

形分濃度あるいは粘度と回転速度により制御される。難点としては、レンズの片面毎の処理となり、両面をコートするには2回処理が必要な点である。

スプレーコート法とは、コート液をレンズ上に噴霧し塗布する方法である。利点としては、噴霧時に希釈溶媒が気化することで、コート膜を厚くすることが可能であるが、飛散したコート液成分の除去に排気設備が必要となる。

6 塗布条件，塗布環境

コート液の使用、保管条件としては、シラノール基の縮合反応を抑制するために、10～15℃の低温である。また、使用中は常時フィルターを通して循環濾過を行っている。コート液中には、アルコールを多く含んでいるため、吸湿による水分混入がある。特に湿度の高い夏場などは使用環境、保管環境に注意する必要がある。塗布環境においては、温度、湿度などの制御や、塵埃のないクリーンな環境にも十分な管理が必要である。

7 高屈折率ハードコート材料

近年、レンズをより薄く、より軽くするために素材の高屈折率化が進んでおり、プラスチック素材でも屈折率が1.60以上の高屈折率なレンズモノマーが開発されている。

ハードコートの塗布方法でも述べたように、屈折率の異なるレンズ素材とコート液の組み合わせにおいては干渉縞がみられ、外観上の不具合となる。このため、ハードコート液の屈折率はレンズ素材の屈折率に近くなるよう調整する必要がある。

ハードコート液の高屈折率化としては、シリカゾルよりも屈折率が高い、ジルコニア系、チタニア系の金属微粒子ゾルを用いることで可能となる。より高屈折率を望むのであれば、チタニア系金属微粒子ゾルが有効であるが、チタニアは光触媒作用があるため、材料の選択や使用には注

表5 眼鏡用レンズ素材

	素材名	屈折率	アッベ数	比重
ガラス	クラウンガラス	1.525	58	2.54
	フリントガラス	1.704	40	2.57
プラスチック	PMMA	1.49	58	1.20
	PC	1.59	30	1.20
	ADC (CR-39)	1.50	58	1.30
	チオウレタン系樹脂	1.60～1.70	32～36	1.20～1.60
	エピスルフィド系樹脂	1.74～1.76	33	1.70

第31章 眼鏡レンズ用ハードコート材料

表6 金属微粒子ゾルの特徴

金属微粒子ゾルの種類	粒子サイズ	膜屈折率	対応基材
シリカ系微粒子ゾル	数十 nm	1.50	CR-39（屈折率 1.50）
ジルコニア系微粒子ゾル	数十 nm	1.60	チオウレタン系樹脂（屈折率 1.60）
チタニア系微粒子ゾル	数十 nm	1.70	チオウレタン系樹脂（屈折率 1.67～1.70） エピスルフィド系樹脂（屈折率 1.74～1.76）

図4-1 均一分散系

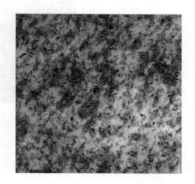

図4-2 不均一分散系

意が必要である。ジルコニア系金属微粒子ゾルは光学活性がないが，ハード膜屈折率は1.60程度であり，より高屈折率のレンズ素材へは展開することが出来ない。

　粒子サイズも重要な要素である。眼鏡レンズの基本的特性として透明性が重要であるが，粒子サイズが大きかったり，凝集しやすい材料では透明性が得られない。また，これら金属微粒子ゾルは分散を保つために表面処理が施されている。金属微粒子ゾルとシラン化合物を始め，その他構成成分とのマッチングも重要である。

8 耐衝撃性付与コート材料

　プラスチック素材のレンズは，軽量，耐衝撃性，染色性などガラス素材にない特性があるが，耐擦傷性においてガラス素材には及ばないと言う課題から，ハードコート技術は研究され発展してきた。さらに，反射防止膜，撥水撥油材料などを積層することで，ガラス素材のレンズとほぼ同等とも言われる商品が開発され，商品化されている。

　しかし，表面硬度と引き替えにプラスチック素材の特性である耐衝撃性が損なわれている面もある。このため，レンズ基材とハードコートの間に特殊コートを施している。

　このコーティングは，外的要因で加わった衝撃力を分散させることで衝撃を和らげる働きをしている。耐衝撃性コートの評価規格としては，FDA規格（127 cmの高さから質量16.2 gの鋼鉄

ゾル－ゲル法技術の最新動向

図5　耐衝撃性コートイメージ図

のボールを落下させても割れないこと）が一般的に知られている。また，特殊樹脂と無機微粒子からなる耐衝撃性のプライマーコート，耐衝撃性と耐擦傷性の両方を得たコートなど，耐衝撃性コートに別の機能を合わせ持つコーティングなども開発されている。

文　　　献

・作花済夫著，『ゾル－ゲル法の科学』，アグネ承風社（1988）
・作花済夫著，『ゾル－ゲル法の応用』，アグネ承風社（1997）
・作花済夫著，『ガラス科学の基礎と応用』，内田老鶴圃（1997）
・日本化学会編，『無機有機ナノ複合材料』，学会出版センター（1999）

特　　　許

・特開 2009 － 61364
・特開 2007 － 119635
・特開 2003 － 55601
・特再ＷＯ 01/088048

第32章　有機-無機ハイブリッド材料の合成と細胞・組織適合性評価

城﨑由紀[*1]，都留寛治[*2]，早川　聡[*3]，尾坂明義[*4]

1　はじめに

1.1　ハイブリッドとコンポジット

　異なる物質成分同士の混合体は，ハイブリッドやコンポジットとよばれている。ハイブリッドは異質な物質同士の原子や分子レベルの混合物を指すが，ミクロ（nm～μm）サイズの粒子の分散系も均質な混合体であればハイブリッドとよぶ。レジンセメントのように，50μm前後のセラミック粒子の高分子マトリックスへの分散系や繊維強化プラスチック（FRP）はやはりコンポジットとすべきであり，異種合成高分子成分の混合体（＝高分子ブレンド）も，パイロセラム®のような結晶粒子分散系ガラス（ガラスセラミックス）等も，混合成分が異なっても互いに異質でないので，ハイブリッドとはいい難い。有機-無機ハイブリッドは互いに異質な有機化学成分と無機化学成分が分子レベルで混ざり合っている混合体である。本章では，医療応用を目指したいくつかのこれらハイブリッドのゾル-ゲル合成と，細胞や生体組織との適合性を評価した例を紹介する。

1.2　有機-無機ハイブリッドの歴史

　有機-無機ハイブリッドは1980年代のゾル-ゲル法研究の黎明期～進展期に，多くの研究グループが着目して盛んに研究された（例：Wilkes[1]，Mackenzie[2]，Shcmidt[3]等のグループ）。ゾル-ゲル法は基本的には，金属塩と有機分子またはそれらの中間反応生成物（その多くはキレート）の溶液からゾル状態を経てゲルを生成し，有用な化合物を合成するルートである[4]。このとき，有機-無機ハイブリッド系はセラミックスの基本である金属-酸素結合を含むことができるので，Ormocer（オーモサー）[3]と呼ばれた。また，セラミックス材料の合成にあっては，シリ

---

*1　Yuki Shirosaki　岡山大学　大学院自然科学研究科　機能分子化学専攻　助教
*2　Kanji Tsuru　九州大学　大学院歯学研究院　口腔機能修復学講座　准教授
*3　Satoshi Hayakawa　岡山大学　大学院自然科学研究科　機能分子化学専攻　准教授
*4　Akiyoshi Osaka　岡山大学　大学院自然科学研究科　機能分子化学専攻　教授

ゾル-ゲル法技術の最新動向

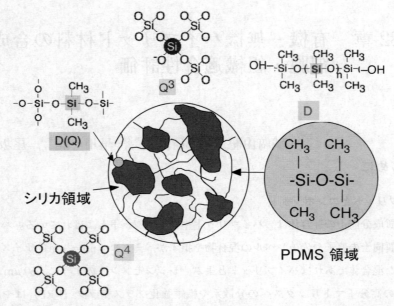

図1　オーモシルの構造[2]と ^{27}Si NMR スペクトルに現れる Q 型および D 型構造
シリカ領域は Q^3 と Q^4 型構造単位のみで構成されている[5]。D(Q) の Si は，PDMS とシリカ領域との接合点。

カまたはケイ酸塩が最も身近であったせいか，シリコンアルコキシド (alkoxysilane) の加水分解と重合反応がよく検討された。さらに，ケイ酸塩と類似の -Si-O-Si- シロキサン骨格を持つポリジメチルシロキサン (poly(dimethylsiloxane)；シリコンゴムの主成分）との複合化（＝ハイブリッド化）が盛んに検討された。特にケイ酸塩と有機物とのハイブリッド体はシロキサン結合を骨格とすることから，Ormosil（organically modified silicate：オーモシル）[1]と呼ばれることが多い。図1はその大まかな構造[2a]と，それを構成する Q^n（$=SiO_n(O^-)_{4-n}$）および D（$=R_2SiO_2$）構造単位で，その構成は ^{27}Si NMR スペクトルで明らかとなっている[5]。

1.3　医用応用を目指す生体適合ハイブリッドの設計指針

これら有機物と無機物のハイブリッドの医用応用を初めて提案したのは，Shcmidt[3]のグループで，屈折率を高める Ti-O 結合を含む Ormocer をコンタクトレンズ材料に応用した。しかし，体内に埋入するには高い細胞適合性や硬（骨）組織・軟組織適合性・結合性が求められる。人工材料の生体適合性で特筆すべきは，1970 年に Hench[6]が Bioglass® と呼ばれる骨と直接結合する一連のガラス材料を発明したことである。人工材料では初めてのことであり，セラミックス系生体材料の開発研究に大きなインパクトを与えた。結合の機構は，現在では，ガラス材料表面にア

第32章 有機-無機ハイブリッド材料の合成と細胞・組織適合性評価

パタイト層が自発的に析出し，その層が糊となって両者を結合させると，考えられている[7]。ただし，ゾル-ゲル法で得られた多孔質シリカゲルや酸化チタン（チタニア）ゲルは活性な水和層をもち，体液を模した溶液（ISO標準化されている小久保の擬似体液；SBF[7]）内でアパタイトを自発析出する[8]。したがって，Si-OやTi-O結合を含むハイブリッドは，骨組織に対しては適合性があると期待できる。ここで注意しておくべきは，SBFは蛋白質等の有機物は含まないのでヒトの血漿とは異なり，その利用や結果の解釈についてはある制限が存在する。しかし，材料の血漿中でのアパタイト析出はよく再現するので，動物実験の前駆段階のスクリーニングとして頻用される。

表1には，ハイブリッドの構成成分やその医用応用の概要を示す。多孔質ハイブリッド埋入材（インプラント）の孔内に細胞や組織が侵入すれば，埋入組織と埋入材とは面で接触し大きな固定力が発揮される。また，そのハイブリッドが生体内溶解性であれば，細胞・組織の侵入に従い，徐々に置き換わって最終的には元の生体組織が再建（tissue regeneration）される。そのようなハイブリッドの合成には適切な生体分解性の有機物／ポリマーとシランの選択および組み合わせが必要で，シランはエポキシ，アルコキシ，あるいはメタクリル等重合性の官能基をもつもの，また，生分解性天然ポリマーには，コラーゲン，ゼラチン，キトサン，ポリ乳酸等が用いられる。さらに，それらハイブリッドもしくは粒子分散系であっても，薬剤を溶解したゾル状態で体内患部に注入できてそこでゲル固化するものであれば，低侵襲性の医用材料として有用である。

生分解性でない場合でも，例えば臓器細胞が多孔質体の内部に固定できれば，その臓器機能を発揮する体内型／体外型人工臓器あるいはバイオリアクターとして利用できる。いずれも，薬剤を保持してそれを徐放する等の機能を付与することは，ゾル-ゲル法の柔軟性から十分可能である。このとき，生体無害性の観点から，重合開始材・触媒の選択と使用には細心の注意が必要で

表1 ハイブリッドの設計と医用応用

		生分解性	生体内残留性	摘要
高分子成分		天然高分子 （コラーゲン，ゼラチン，キトサン等）	合成高分子 （PDMS等）	生体無害性
無機成分		重合性または反応性官能基つきシラン等 $(X-Z(OR)_3 : Z=Si, Ti ; R=$有機修飾基, $X=$重合基：ビニル基，グリシドキシ基，メタクリロキシ基等）		生体無害性
用途	緻密体	組織再建・再生用充填材	組織再生・再建用充填材	各種形状 （顆粒，ビーズ，シート，チューブ）
	多孔質体	組織再建・再生用充填材 組織工学用足場材 創傷被覆材	人工臓器 バイオリアクター 組織工学用足場材	
	固化性ゾルまたはゲル	注入ゲル剤	注入ゲル剤／組織充填	注射器注入

ある。ただし，医療現場からは素原料についても医療グレードを求められる頻度も大きい。これは筆者の私見であるが，それらの化学的純度がある程度保証されていれば，最終的には動物実験や治験（ヒトによる効果の確認）を確認することになっているので，その段階で為害性が認められなければ，材料としては合格であるといえないか。以下，医用応用を目指した代表的な有機－無機ハイブリッドについて紹介する。

2 オーモシル型ハイブリッド

PDMSのオリゴマーとテトラエトキシシラン（tetraethoxysilane；TEOS）とをエタノール・水混合溶液中塩酸触媒下で反応させると，一部PDMSのシロキサン結合が加水分解を受けて$-Si(CH_3)_2-OH$が生成し，それらとTEOSの中間的加水分解物$(-O-)_m(RO)_n SiOH (m+n=3$；$R=H, C_2H_5)$とが重合しハイブリッド化する，というシナリオである。TEOSは独自に加水分解均一重合を繰り返し，微細なシリカ領域を形成する[2,9]。このオーモシルは十分な量のSi-OH基も存在するが，カルシウムイオンを添加して初めてSBF中でアパタイトを析出する。TEOSの代わりにチタンアルコキシド（通例，チタン2-プロポキシド；$Ti(OCH(CH_3)_2)$と溶媒に2-プロパノール・水を用いると，一連のオーモシル型の有機修飾チタナート（organically modified titanate）が得られる。これらもカルシウムイオンが存在すれば，SBF中でアパタイトを自発析出させる[10]。

このオーモシル型ハイブリッドの強度は皮質骨よりも格段に弱く，ほぼ海綿骨に近い。通常の取り扱いには十分な強度をもつので，骨代替材料としてよりも，多孔質体として人工臓器やバイオリアクターとしての応用が適当である。ゾル（組成例：TEOS：PDMSのモノマー単位＝8：1）に，蔗糖顆粒を添加してゲル化させ，温水で蔗糖を溶かしだせば，多孔質オーモシルが得られる。

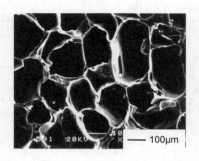 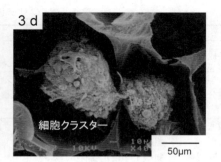

図2　ヒト肝臓がん細胞（HepG2）の増殖
（左）多孔質オーモシル足場材料（TEOS：PDMS＝8：1；孔径0.1～0.3 mm）
（右）3日間培養して生成した細胞クラスター[11]

第32章 有機−無機ハイブリッド材料の合成と細胞・組織適合性評価

多孔導入剤（porogen）である蔗糖顆粒は岩塩顆粒等でもよく，多孔率は顆粒投入量で制御できる。約 0.6 mm 大の顆粒で孔径 0.3～0.6 mm の多孔を導入した多孔率～90% の多孔体は，1000 回の 80% 圧縮テストで疲労が見られない。骨芽細胞様細胞 MC3T3-E1 等をよく増殖させる他，マウス皮膚線維芽細胞や，ヒト表皮細胞（HaCaT），ヒト骨芽細胞様細胞（HuO-3N1），ヒト肝細胞（OUMS-29）等が孔壁に沿って細胞増殖しているのが観察される。図2 は，ヒト肝臓がん細胞（hepatocellular carcinoma cells（HepG2））を 3 日間培養して生成した細胞クラスターである[11]。この系で，期待をもってアルブミンの代謝を測定したところ，従来提案されているポリビニルアルコール多孔体（コード PVA#200）よりも 10～15% の改善が観察されている。

3 ゼラチン−シロキサン型ハイブリッド

ゼラチンは生体内溶解性でそのままでは溶解が早すぎて材料としては使用しにくい。しかし，X-Si(OR)3 型（X：重合性官能基；OR：アルコキシ基）のシランを組み合わせれば生分解性／溶解性を制御できる。図3 は，3-glycidoxypropyltrimethoxysilane（GPSM または GPTMS）とゼラチンとのハイブリッドの構造模式図である。GPSM 分子のエポキシ基はゼラチン骨格のリジン（Lys）およびヒスチジン（His）残基と選択的に重合して，ゼラチン骨格を橋掛けする。

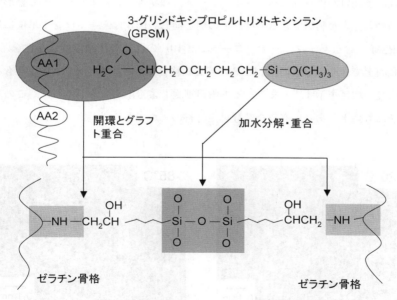

図3 ゼラチン−GPTMS ハイブリッドの構造模式図
AA1，AA2：エポキシ基と重合するゼラチン骨格中のアミノ残基。

その結果，GPSMの重量混合比が0.5以上であれば，塊状試料はトリス緩衝溶液（pH 7.4, 36.5℃）浸漬後40日で20〜25%の減少率（重量）にとどまる。GPSMの混合比が33%以下であれば，30日でほぼ完全に溶解する。

この系はゲル状態でも水分を多く含むことができるので，湿潤ゲルを凍結乾燥すれば多孔性が付与できる。凍結温度が−196℃で孔径5〜10μm，−80℃で30〜50μm，−17℃で300〜500μmである。また，−17℃で一度凍結した後再度−196℃で凍結すると，最初の壁がさらに微細な多孔質壁となる[12]。MC3T3-E1を培養したところ，カルシウムイオンを含有させたこれらの多孔質体は，増殖を促進し，3週間以内にコラーゲンフィブリルを産生し石灰化（アパタイト顆粒産生）も見られる。マウスの下腿筋肉内に埋入しても2週間で石灰化が確認できる。すなわち，骨伝導・骨誘導にも優れた材料である。また，マウス脳内に埋入しても全く炎症を引き起こさないし，ある種の成長因子を含浸させてやれば，脳組織の再生も観察されている[13]。

4 キトサン−シロキサン型ハイブリッド

キトサンもGPSMと有用な医用ハイブリッドを構成する。キトサンは酸性水溶液にのみ溶解するので，一度ゲル固化・整形の後希カセイソーダ等で中和する。橋掛け構造は，上のゼラチン系と同様，キトサン骨格状のアミノ基がGPSMのエポキシ基と反応して構成される。透明膜や，凍結乾燥すれば多孔質が得られ，ペレット，シート，塊状等，いかような形にも整形できる。凍結温度で孔径や多孔率が制御できるのは，上の例と同じ。図4は，キトサン1単位に対してモル比10%のGPSMを含むハイブリッド（コードChG10）の孔径の凍結温度依存性を示している。透明膜や多孔膜上で骨芽細胞様細胞MG63の培養試験をすると，キトサン単体よりもハイブリッドははるかに良い増殖を示す[14]。また，ヒト歯肉細胞もよく増殖する。さらに，この多孔体は神経細胞の増殖にも効果があり，有望な神経再生材料の一つである[15]。

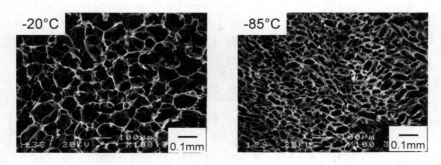

図4 キトサン−GPSM系ハイブリッド（試料コードChG10）の多孔構造と凍結温度[14]

第 32 章　有機-無機ハイブリッド材料の合成と細胞・組織適合性評価

5　おわりに

　各種の有機-無機ハイブリッドが展開されており，その医用応用も検討されている。大切なことは，生体無害性はもちろん，生体内溶解性の制御，細胞増殖性・生体組織再建性をいかに高度化するか，にある。このためには医療分野からのフィードバックが欠かせない。医歯工学連携の重要性はますます高まっている。

文　　献

1) J. Wen and G. L. Wilkes, *Chem. Mater.*, **8**, 1667 (1996)
2) J. D. Mackenzie, Qi-X. Huang, and T. Iwamoto, *J. Sol-Gel Sci. Tech.*, **7**, 151 (1996)
3) H. Schmidt, *J. Non-Cryst. Solids*, **100**, 51 (1988)
4) a) D. C. Bradley, R. C. Mehrotra, and D. P. Gaur, "Metal Alkoxides", Academic Press, New York (1978) ; b) Better Ceramics Through Chemistry VII: Oraganic/Inorganic Hybrid Materials (Mat. Res. Soc. Symp. Proc., Vol. 435), B. Coltrain, C. Sanchez, D. W. Schaefer, and G. L. Wilkes 編集，米国 Materials Research Society, Warrendale, Pa (1996)
5) T. Yabuta, E. P. Bescher, J. D. Mackenzie, K. Tsuru, S. Hayakawa, and A. Osaka, *J. Sol-Gel Sci. Technol.*, **26**, 1219 (2003)
6) L. L. Hench, *J. Am. Ceram. Soc.*, **74**, 1487 (1991)
7) a) T. Kokubo, *J. Ceram. Soc. Japan*, 99, 965 (1991) ; b) T. Kokubo and H. Takadama, *Biomaterials*, **27**, 2907 (2006)
8) P. Li, C. Ohtsuki, T. Kokubo, K. Nakanishi, N. Soga, T. Nakamura, and T. Yamamuro, *J. Am. Ceram. Soc.*, **75**, 2094 (1992)
9) a) K. Tsuru, C. Ohtsuki, A. Osaka, T. Iwamoto, and J. D. Mackenzie, *J. Mater. Sci.: Mater. Med.*, **8**, 157 (1997) ; b) K. Tsuru, Y. Aburatani, T. Yabuta, S. Hayakawa, C. Ohtsuki, and A. Osaka, *J. Sol-Gel Sci. Technol.*, **21**, 89 (2001)
10) a) Q. Chen, M. Kamitakahara, N. Miyata, T. Kokubo, and T. Nakamura, *J. Sol-Gel Sci. Technol.*, **19**, 101 (2000) ; b) Q. Chen, N. Miyata, T. Kokubo, and T. Nakamura, *J. Mater. Sci.: Mater. Med.*, **12**, 515 (2001)
11) K. Kataoka, Y. Nagao, T. Nukui, I. Akiyama, K. Tsuru, S. Hayakawa, A. Osaka, and N.-H. Huh, *Biomaterials*, **26**, 2509 (2005)
12) L. Ren, K. Tsuru, S. Hayakawa, and A. Osaka, *J. Non-Crsyt Solids*, **285**, 116 (2001)
13) a) K. Deguchi, K. Tsuru, T. Hayashi, M. Takaishi, M. Nagahara, S. Nagotani, Y. Sehara, G. Jin, H.-Z. Zhang, S. Hayakawa, M. Shoji, M. Miyazaki, A. Osaka, N.-H. Huh, and K. Abe, *J. Cereb. Blood Flow Metab.*, **26**, 1263 (2006) ; b) H. Zhang, T. Kamiya, T. Hayashi, K. Tsuru, K. Deguchi, V. Lukic, A. Tsuchiya, T. Yamashita, S. Hayakawa, Y. Ikeda, A.

Osaka, and K. Abe, *Curr. Neurovasc. Res.*, **5**, 112 (2008)
14) Y. Shirosaki, K. Tsuru, S. Hayakawa, A. Osaka, M. A. Lopes, J. D. Santos, and M. H. Fernandes, *Biomaterials*, **26**, 485 (2005)
15) Y. Shirosaki, K. Tsuru, S. Hayakawa, A. Osaka, M. A. Lopes, J. D. Santos, M. A. Costa, and M. H. Fernandes, *Acta Biomaterialia*, **5**, 346 (2009)

第33章　固定化酵素担体への応用

宇山　浩*

1　はじめに

　酵素の重要な産業利用のひとつに物質変換用の触媒が挙げられ，固定化酵素がよく用いられる[1,2]。酵素固定化は担体結合法，架橋法，包括法に分類され，担体結合法には共有結合法，イオン結合法，物理吸着法がある。担体結合法が一般的であり，共有結合法では酵素タンパク質のアミノ基，カルボキシル基，水酸基，チオール基などの反応性基を利用して担体と共有結合させる。イオン結合法では酵素タンパク質のイオン性基（アミノ基，カルボキシル基など）を利用して担体とイオン的に結合させる。物理吸着法では疎水性作用やvan der Waals力を利用して酵素タンパク質と担体を物理的に吸着させる。酵素固定化のメリットとして，①酵素の繰り返し使用が可能，②酵素と反応基質との分離が容易，③酵素活性の安定化（温度や反応条件による不安定化の低減），④プロセスの多様化（バッチ法，カラム法のいずれにも対応可能）が挙げられる。

　多孔材料として，貫通した孔と骨格（材料部分）から構成され，網目状の共連続構造をもつ一体型のナノ多孔体（モノリス）が次世代型多孔材料として注目され，高機能材料へ応用されている。モノリスでは骨格と流路となる孔のサイズを独立して制御可能であり，それらのサイズは均一である。更に材料の部分である骨格も流路と同様に連続したネットワーク構造を形成しているため，高い強度を示すといった特徴が知られている。ゾルゲル法を利用したシリカモノリスはHPLCカラム等へ応用されている[3]。本章ではバイオディーゼル（BDF）製造用の固定化酵素触媒を中心にシリカモノリスの固定化酵素担体への応用について述べる。

2　酵素法によるバイオディーゼルの製造

　近年，二酸化炭素排出量の増加による地球温暖化，石油資源枯渇などの地球環境問題は深刻であり，循環型社会構築に必要な技術開発が急がれている。バイオマスは燃焼により二酸化炭素の絶対量が増加しない"カーボンニュートラル"な原料であるため，バイオマスを利用したエネルギー開発が積極的に研究されてきた。その中でバイオエタノールはブラジルをはじめとして一部

---

*　Hiroshi Uyama　大阪大学　大学院工学研究科　応用化学専攻　教授

表1 バイオディーゼル製造方法の比較

製造技術	グリセリン汚染	反応速度	反応条件	遊離脂肪酸の除去処理
均相アルカリ法	あり	速い	60℃，大気圧	必要
金属酸化物法	若干あり	やや遅い	60℃，大気圧	必要
超臨界アルコール法	なし	速い	350℃，43 MPa	不要
固定化酵素法	なし	遅い	40℃，大気圧	不要

の国で商業化され，日本でも開発が急ピッチで進んでいる．

バイオエネルギーに関し，日本ではバイオエタノールの注目度が高いが，バイオエタノールより省エネルギーで生産できるBDFもグローバルなバイオエネルギー供給の観点から重要である．ヨーロッパではBDF製造が活発に行われており，全世界のBDF生産量の90%以上を占めている．BDFの発熱量は9006 kcal/Lであり，エネルギー効率がガソリンと比較し大きいため，動力源用燃料としての利用が期待されている．BDF製造用の不均相固体触媒の開発が盛んに行われており，最も高活性なものは金属酸化物触媒である（表1）．しかし，触媒活性部位の溶液中への溶出，原料中に含まれる遊離脂肪酸と触媒とのケン化（副反応）といった問題が解決できていない．また，均相アルカリ法ではアルカリによるグリセリン汚染が問題視されている．このように化学的手法によるバイオディーゼル製造にはクリアすべき課題が多く，バイオエタノールと比して研究開発の進展が鈍いのが現状である．

一方，固定化酵素法は低エネルギーで副生成物を出さずにバイオディーゼルを製造できる環境対応型技術として期待されている．BDFの製造には脂質を基質としてそのエステル結合を加水分解する酵素であるリパーゼが用いられる．固定化酵素を用いるBDF製造では純度の高いグリセリンが得られるメリットがあるが，酵素の高価格と触媒活性の低さ，固定化酵素触媒の繰り返し使用回数の限度等の課題のために実用化には至っていない．

福田らはWhole cell biocatalystという新概念を提案し，効率的なBDF製造法を開発した[4]．菌体内リパーゼを多孔性細胞保持粒子（Biomass Support Particles）固定化微生物として用いる技術により，微生物を培養と同時に固定化が可能となった．酵素の繰り返し利用が容易であり，微生物の固定化により菌体内リパーゼ活性が飛躍的に向上した．また，多孔質樹脂を担体とする*Candida antarctica*リパーゼの固定化によってもBDF製造用の高性能固定化酵素が開発されている．

3 シリカモノリスを担体とする固定化リパーゼの開発

筆者らはエポキシ基を表面に有するシリカモノリスを用いて共有結合法により固定化リパーゼ

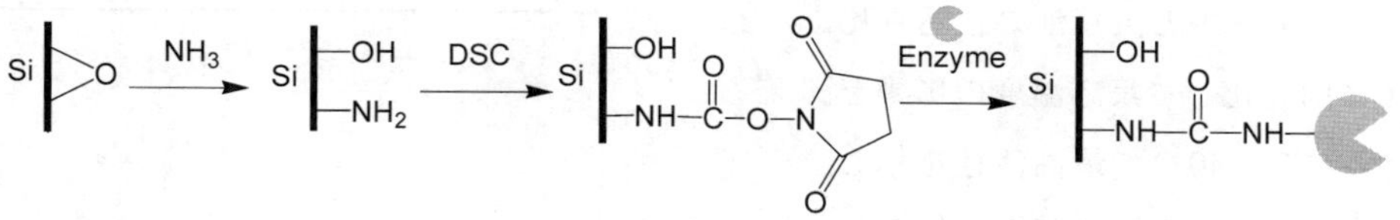

第33章 固定化酵素担体への応用

図1 シリカモノリスへのリパーゼの固定化

を調製し，BDF合成の触媒に用いた。このエポキシ基とリパーゼのアミノ基を直接反応させた場合，固定化率が低かった。そのため，スクシンイミジル活性化エステルを利用して固定化を行った（図1）。このエポキシ基修飾シリカモノリスをアンモニア水で処理してアミノ基を導入した後，ジ（N-スクシンイミジル）カーボネート（DSC）で活性化させた。その後，*Rhizomucor miehei* 由来のリパーゼ溶液に活性

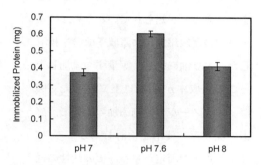

図2 酵素固定化量に及ぼすpHの影響

化後のモノリスを含浸し，酵素を固定化した。エポキシ基に直接，酵素のアミノ基を結合させた場合に比して，この方法のほうが酵素の固定化量が著しく増大した。リパーゼ固定化におけるpHの影響を調べたところ，pH 7.6で酵素の固定化量が最大になった（図2）。

固定化量の異なる触媒を調製し，大豆油とメタノールの反応による脂肪酸メチル（バイオディーゼル）の合成を検討した。メタノールと大豆油の仕込み比を4：1に固定化し，40℃，無溶剤でエステル交換反応を行った（図3）。酵素の固定化量が多いほど反応が迅速に進行したが，収率は約70％で頭打ちとなった。メタノールと大豆油の仕込み比の影響を調べたところ（図4），3：1〜4：1の仕込みにより収率約70％でBDFが得られたが，メタノールの仕込み比が高くなると，急激に収率が低下した。これは過剰のメタノールによる酵素の失活によるものと推測され

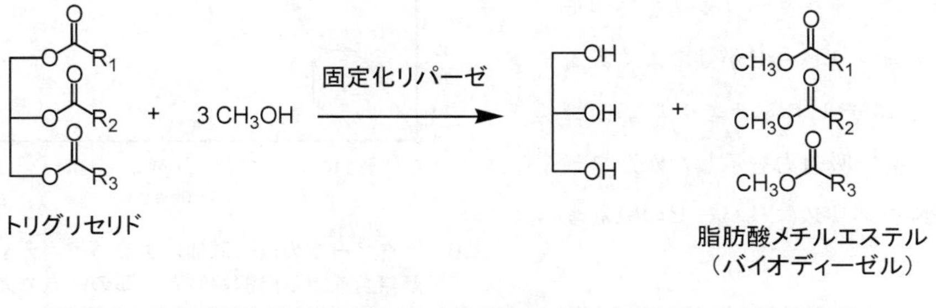

図3 トリグリセリドとメタノールの反応によるバイオディーゼルの合成

る。メタノールと大豆油の仕込み比を4:1に固定化して反応温度の影響を調べたところ,40℃で最高活性を示し,60℃を超えると大幅に収率が低下した(図5)。

メタノールはリパーゼの活性に悪影響を及ぼすことが知られているため,メタノールの逐次添加による収率改善を検討した。大豆油に対し,等量ずつ添加したところ,収率が90%以上に達した(図6)。メタノールの分割添加の条件で,酵素の繰り返し使用を検討したところ,7サイクルまで固定化リパーゼの活性の低下が見られず,高い活性を保持した(図7)。この結果から,この固定化酵素の優れた安定性が明らかになった。

また,物理吸着法やイオン結合法による固定化リパーゼ触媒も開発した。モノリス表面にオクタデシル基,フェニル基,N-ジエチルアミノエチル基を持つモノリスを用いた。オクタデシル基はタンパク質との疎水相互作用,フェニル基はタンパク質との$\pi-\pi$相互作用,N-ジエチルアミノエチル基はタンパク質とのイオン結合により非共有結合で酵素を固定化できる。オクタデシル基を持つモノリスの場合,リパーゼが効率よく吸着した。N-ジエチルアミノエチル基修飾モノリスも高い吸着力を示したが,フェニル基修飾モノリスはリパーゼの吸着率が低かった。

これらの非共有結合タイプの固定化酵

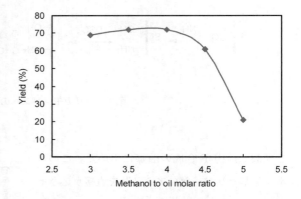

図4 バイオディーゼル合成におけるメタノールと大豆油の仕込み比の影響

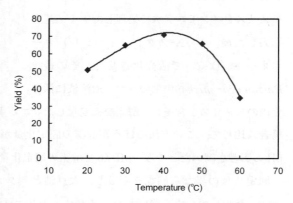

図5 バイオディーゼル合成における反応温度の影響

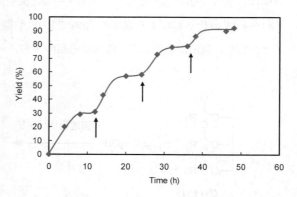

図6 メタノールの逐次添加によるバイオディーゼルの酵素合成(反応開始時と矢印の時点で大豆油に対する等量のメタノールを添加)

素のBDF製造における触媒活性を調べたところ，同じタンパク質固定化量のサンプルでは共有結合タイプと同等の触媒能を示した。また，繰り返し使用の検討では，オクタデシル基修飾モノリスでは7サイクルまで酵素活性の低下が見られなかった。しかし，N-ジエチルアミノエチル基修飾モノリスでは4サイクルからBDFの収率が著しく低下した。この結果から，オクタデシル基による疎水性相互作用ではリパーゼを強く

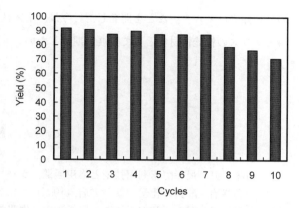

図7 バイオディーゼル合成における固定化酵素の繰り返し使用

保持できるが，イオン結合を介する場合には酵素が徐々にモノリスから離脱することが推測された。

4 おわりに

本章ではシリカモノリスのリパーゼ固定化担体としての可能性を紹介した。現時点ではバッチ法のみの検討であるが，今後，カラム法での性能評価によりモノリス構造の特徴を活かした固定化酵素が開発されると思われる。モノリスカラム法を用いることで低圧損による高速通液が可能となるため，固定化酵素担体として高い潜在性がある。最近，市販のシリカモノリスをオリゴ糖の迅速合成・精製に利用する研究が報告された[5,6]。エポキシ基を有するモノリスにペクチンリアーゼを固定化し，オリゴ糖の合成触媒に用いられた。固定化ヒアルロニダーゼを用いる多糖類の分解による有用オリゴ糖の生産研究も行われている。

また，シリカのみならず，有機ポリマーのモノリスの開発も活発に行われている。シリカはアルカリ性条件では溶解するために，シリカモノリスはアルカリ条件で使用できず，また，シリカ担体表面が弱酸性を示すためにペプチドやタンパク質等生体関連試料の非特異的な吸着が起こるといった問題が指摘されてきた。そのため，固定化酵素担体としてモノリスを利用する場合，広範囲なpHにおいて化学的安定性を示し，非特異的な吸着を起こさない有機ポリマーのモノリスの開発が望まれている。

筆者らは重合過程を経ずに市販ポリマーの溶液からの相分離によるポリマーモノリスの新規合成法を開発した[7]。エポキシ基含有ポリマーモノリスの修飾により，この技術をバイオメディカル用途や環境用途に応用可能な新材料に展開し，エンドトキシン除去フィルター，ヒ素・ホウ素

の高速除去フィルターなどを開発した。今後，重要性が益々高くなることが予想される無機・有機モノリスの機能性材料として発展に期待したい。

文　　　献

1) 相澤益男，最新酵素利用技術と応用展開，シーエムシー出版,(2001)
2) 一島英治，酵素の化学，朝倉書店,(1995)
3) 中西和樹，ゾル－ゲル法技術の最新動向，作花済夫監修，シーエムシー出版，13章（2010）
4) 福田秀樹，微生物によるものづくり―化学法に代わるホワイトバイオテクノロジーの全て―，植田充美監修，シーエムシー出版，pp316,(2008)
5) C. Delattre, P. Michaud, M. A. Vijayalaet, *J. Chromatogr. B.*, **861**, 203（2008）
6) C. Delattre and M. A. Vijayalakshmi, *J. Mol. Catal. B.*, **60**, 97（2009）
7) 宇山　浩，繊維と工業，**65**, 272（2009）

ゾルーゲル法技術の最新動向《普及版》(B1181)

2010年 5 月 7 日　初　版　第 1 刷発行
2016年10月11日　普及版　第 1 刷発行

監　修	作花済夫	Printed in Japan
発行者	辻　賢司	
発行所	株式会社シーエムシー出版	
	東京都千代田区神田錦町 1-17-1	
	電話 03(3293)7066	
	大阪市中央区内平野町 1-3-12	
	電話 06(4794)8234	
	http://www.cmcbooks.co.jp/	

〔印刷　あさひ高速印刷株式会社〕　　　　　　　　　　© S.Sakka, 2016

落丁・乱丁本はお取替えいたします。

本書の内容の一部あるいは全部を無断で複写（コピー）することは，法律で認められた場合を除き，著作権および出版社の権利の侵害になります。

ISBN978-4-7813-1123-4　C3058　¥4400E